李智 徐灿 霍俞蓉 方宇强 编著

空间目标
光学特性
原理与应用

U0214324

清华大学出版社
北京

内 容 简 介

本书共分为 10 章。第 1~2 章主要介绍空间目标散射特性产生与获取的基本原理与方法；第 3 章主要介绍空间目标表面材质散射特性的建模方法，包括基础 BRDF 模型与冯模型，以及研究提出的改进 BRDF 模型、改进冯模型等；第 4~5 章重点介绍空间目标光学散射截面面积的仿真建模与实验测量方法；第 6 章重点介绍基于变分模态分解算法的自旋目标运动状态分析方法；第 7 章主要介绍多种基于深度神经网络的空间目标识别算法与三轴稳定目标的姿态指向估计方法；第 8~9 章重点介绍光谱散射特性的建模方法与基于光谱特性数据的空间目标材质识别方法；第 10 章介绍利用深度神经网络实现基于可见光图像的空间目标检测与位置、姿态估计方法。

本书可作为高等院校相关专业本科生和研究生空间态势感知课程的辅助教材，也可供从事空间态势感知领域研究应用的科技工作者学习、参考。

图书在版编目(CIP)数据

空间目标光学特性原理与应用/李智等编著. —北京：清华大学出版社，2024.4
ISBN 978-7-302-65867-2

Ⅰ. ①空… Ⅱ. ①李… Ⅲ. ①外太空－光学跟踪 Ⅳ. ①V11

中国国家版本馆 CIP 数据核字(2024)第 064856 号

责任编辑：戚　亚
封面设计：常雪影
责任校对：欧　洋
责任印制：杨　艳

出版发行：清华大学出版社
   网　　　址：https://www.tup.com.cn，https://www.wqxuetang.com
   地　　　址：北京清华大学学研大厦 A 座   邮　　编：100084
   社 总 机：010-83470000   邮　　购：010-62786544
   投稿与读者服务：010-62776969，c-service@tup.tsinghua.edu.cn
   质量反馈：010-62772015，zhiliang@tup.tsinghua.edu.cn
印 装 者：涿州汇美亿浓印刷有限公司
经　　销：全国新华书店
开　　本：170mm×240mm   印　张：16.5   字　　数：329 千字
版　　次：2024 年 6 月第 1 版   印　　次：2024 年 6 月第 1 次印刷
定　　价：119.00 元

产品编号：089569-01

前 言

PREFACE

空间目标被广泛地认为是距离地球约 100km 以外的目标,包括人造目标和自然天体。随着人类航天需求的拓展,越来越多的人造飞行器被送入太空。此外,由于碰撞、失效、故障产生了数以万计的废旧空间物体,威胁着各国的太空资产。空间目标的探测、识别和监视,尤其针对非合作目标特征判定,是当前空间态势感知领域的热点问题。空间目标光学观测是获取空间目标,尤其是中高轨目标平台外形、工作状态、姿态等信息的重要手段,而空间目标光学特性是反演空间目标特征的重要基础,主要包括散射特性、辐射特性和偏振特性。空间目标光学散射特性的研究涉及紫外线到近红外线波段(200～2500nm),在这个波段中,可见光波段(400～900nm)的能量约占总能量的 50%。同时,当前地基和天基配备的光学设备的波长范围也主要集中在可见光波段,因此,本书以空间目标的可见光散射特性为对象,介绍其产生原理、建模方法、分析算法等内容。编著本书的目的就是为空间态势感知领域的科学家和工程师提供一些关于空间目标特性的基础知识,填补空间目标特性分析理论与实践的间隙。

本书包括三大部分。第 1～7 章介绍空间目标光学散射特性分析的基本技术和理论方法;第 8～9 章介绍空间目标光谱散射特性分析的基本技术和理论方法;第 10 章介绍空间目标光学成像特性分析的原理和基本技术方法。章首的二维码中提供了彩色图片,读者可以配合阅读。本书可作为空间态势感知方向研究生课程的辅助教材。

在本书的编写过程中参考了国内外众多学者的学术成果,其中,团队内李鹏博士在攻读硕士学位及博士学位期间的部分研究成果分别被置于本书的第 2、5、8、9章,第 3 章参考了刘程浩同学在攻读硕士学位期间的部分学术成果,第 6 章参考了田琪琛、张峰两位同学在攻读硕士学位期间的部分研究成果。除此之外,汪夏同学在攻读博士学位期间为第 2、6、7 章的技术方法耗费了较长时间并为书稿的形成提供了大量建议,谨对这些学者表示由衷的感谢。科研团队中的各位老师和同学们对本书也提出了宝贵意见,在此谨一并致谢。

李 智 徐 灿 霍俞蓉 方宇强

2023 年 10 月

目 录

CONTENTS

第 1 章

绪 论

第 1 章图片

1.1 概述

随着人类航天活动的发展,越来越多的航天器被送入空间。同时,由于卫星碰撞、解体、失效、故障等事件的发生,产生了数以万计的空间垃圾,威胁着各国的空间资产。针对空间目标,尤其是针对非合作空间目标的监视是当前空间态势感知领域的热点问题。目前,研究人员主要通过雷达、无线电侦收等设备实现对空间目标的监视。由于雷达为主动探测设备,探测信号的能量与探测距离的 4 次方成反比,所以,雷达设备主要实现对低轨目标的监视。光学探测为无源探测,具有探测距离远、精度高的特点,具备监视低轨和中高轨目标的能力。在获取观测目标位置的基础上,可以进一步获取目标的散射强度和辐射强度,通过研究空间目标的光学特性可以分析目标的外形、状态,甚至姿态等信息,它们是天域感知的重要内容。

研究空间目标光学特性,首先应清楚其特点。就空间目标所处的照射环境而言,目标受月球、地球大气反射光在内的其他光源的照射较少,其入射光可以近似为平行的太阳光;且入射光源单一,这一点与计算机图形学中常见的环境光照射显著不同。就目标本身而言,空间目标在正常工作状态下,光源入射方向和探测器观测方向时刻保持变化(高轨目标主要是太阳入射方向在变化),从而使其光学特性处于持续变化状态。就目标光学特性的类别与应用而言,光学特性虽然包含了散射特性、辐射特性、偏振特性、成像特性等,但目前易获取且较为常用的为散射特性。由于空间目标光学散射特性的变化可以反映目标外形、材质和运动状态等信息,所以,分析目标光学散射特性也能够获取目标运动、形态、姿态、材质等信息。

本书以空间目标光学散射特性为研究对象,从基本原理、材质散射特性描述、非分辨光学特性数值模拟、实验测量、实测光度特性反演等方面,全面介绍空间目标光学散射特性研究的相关技术,为理解空间目标光学特性、开展目标特性分析奠定基础。

1.2　空间目标光学观测

1.2.1　光学观测基本原理

空间目标光学探测技术是指基于光学波段传感器对空间目标进行探测和跟踪的技术,可以提供目标的尺度、形状、轨道参数和光学(光度、光谱)特性等数据。空间目标光学探测的基本原理如图 1.1 所示,典型光学系统如图 1.2 所示。

图 1.1　光学探测基本原理

图 1.2　光学望远镜实物

已获中国科学院国家天文台长春人造卫星观测站授权

目标发出的辐射光进入光学系统,光学系统中的滤波或色散元件将入射宽带辐射分解为具有一定分辨率的窄带辐射,汇聚在探测器表面,由探测器响应并输出与入射辐射能量成比例的电信号,电信号经电子系统增益放大后,再经过 A/D 转换,最终成为量化的强度或者按波长分布的强度数字信号。

根据平台位置的不同,光学探测技术可分为地基探测技术和天基探测技术;根据探测频段的不同,可分为可见光探测技术、红外探测技术等;根据照明方式的

不同,又可分为被动探测技术和主动探测技术。目前,红外探测主要用于导弹早期
预警,监视导弹的发射情况;用于目标探测的装备主要还是采用被动探测技术。
本书不对光学探测的原理进行详细介绍,只对探测过程中与目标特性相关的内容
进行描述。

1) 光学观测的定位原理

光学系统测量目标位置的方法有两种,即轴系定位和天文定位。轴系定位是
指根据望远镜轴系的指向和目标偏离轴系的角度确定目标位置的方法。系统根据
空间目标的预报位置等待,发现目标后,计算机根据目标图像,计算引导数据(对于
已知目标,引导数据可事先算好),以引导驱动系统跟踪目标,并采集 CCD 图像,进
而给出目标脱靶量,采集码盘数据和时钟信号,最终给出目标的轴系定位结果。对
于天文定位,首先需要确定图像中的恒星和恒星位置,以此拟合图像像素位置与天
文位置的关系,并确定目标的位置。在处理 CCD 图像时,除了给出目标的位置,还
要给出定标星(背景恒星)的位置,通过目标与定标星的相对位置和定标星的星表
位置,给出目标的赤经和赤纬。

根据测量方式的不同,光学观测可以分为跟踪和搜索两种模式。跟踪模式要
求事先知道目标的轨道根数或者由其他设备确定目标出现的位置,预测目标的位
置,并据此控制望远镜的指向,保持目标在视场范围内。目前,可通过两种方式保
持目标在视场范围内:一种是利用目标的轨道根数预测目标的运动速度和位置,
以确定望远镜的运动速度;另一种是根据目标在图像中位置的变化,闭环修正望
远镜指向,保持目标在视场的中心。在跟踪低轨目标时,望远镜会跟随目标运动,
背景恒星快速移动;而在跟踪高轨目标时,背景和目标运动速度均较慢。搜索模
式则是控制望远镜对探测区域进行探测,从图像中检测目标。低轨目标会快速从
图像中穿过,背景恒星运动缓慢,如图 1.3 所示;高轨目标则保持不动,恒星慢速
运动,如图 1.4 所示。

图 1.3　低轨凝视望远镜观测结果

图 1.4　高轨凝视望远镜观测结果

2）光度特性测量

除了目标位置,光学测量系统还需要提取目标的亮度信息。不同大小、不同材质、不同距离及不同外形的目标,亮度均不同。星等用于衡量光度的大小,它在天文学领域常用于表示天体亮度。计算星等的基准是:星等相差 1 倍,亮度相差2.512 倍。若有 A、B 两个目标,其中 A 是参考恒星,B 是待测目标,对应的强度测量(衡量功率的单位)分别为 E_A 和 E_B(可以根据图像灰度值确定),星等分别为m_A(已知量)和 m_B,则有以下关系:

$$m_A - m_B = 2.5\lg(E_B/E_A) \tag{1.1}$$

利用光度测量系统在相近的太阳高度角、观测仰角、大气背景下拍摄卫星等空间目标图像与恒星图像后,卫星等空间目标的星等可由目标的灰度、恒星的灰度和恒星的已知星等来计算。由于探测器响应的差异性,对同一天体,不同的探测器常常可以获得不同的星等,甚至在用同一探测器探测同一天体时,由于所加的滤光片不同,也可以获得不同的星等。这表明,对同一天体而言,存在各种不同系统下的星等,如目视星等(视星等)、照相星等、UBV 三色星等、UVBY 四色星等和 UBVRI五色星等。

如果将测量的亮度在波长域展开,则可以得到目标的光谱散射特性。利用恒星星表中已知的恒星星等信息测量空间目标在各波长范围内的星等信息。卫星等空间目标一般不发光,主要靠反射太阳光进行测量。根据光谱型分类,太阳为 G型光谱型恒星,所以测量波段主要集中在 $500\sim700\mathrm{nm}$。在测量空间目标光谱散射特性时,需要将恒星亮度和卫星亮度分别分配到对应的波长范围。

1.2.2　空间目标光学观测的可视条件

1）几何可见

几何可见是指观测平台和空间目标之间互相可见。观测平台与目标的观测几何示意图如图 1.5 所示。

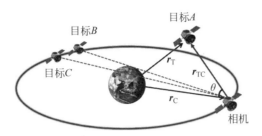

图 1.5 观测平台与目标的观测几何示意图

从图 1.5 可以明显看出,目标 A 可见,目标 B 处于临界区域,目标 C 不可见。令观测平台(相机)的地心矢量为 r_C,观测目标的地心矢量为 r_T,观测目标到相机的距离矢量为 r_{TC},地心-相机-观测目标之间的夹角为 θ(取值范围是 $0°\sim180°$),地球半径为 R_E,则观测平台和目标满足几何可见的条件为

$$\begin{cases} \cos\theta = \dfrac{r_C \cdot r_{TC}}{|r_C| \cdot |r_{TC}|} \\ \cos\theta < \dfrac{\sqrt{r_C^2 - R_E^2}}{|r_C|} \end{cases} \tag{1.2}$$

则

$$r_C \cdot r_{TC} < \sqrt{r_C^2 - R_E^2} \cdot |r_{TC}| \tag{1.3}$$

2)光学可见

可以将光学可见简单地概括为太阳-观测平台-观测目标和月球-观测平台-观测目标的几何可见。光学可见应满足:①对于地基观测而言,通常要求观测站不被照亮,或者照亮时杂散光得到抑制。对于天基观测而言,由于没有杂散光,观测时要求太阳不直射观测平台的镜头。②空间目标不在地影区。对于条件①,如果太阳光直射镜头,不仅会使视场处于高亮的背景中,无法对观测目标进行成像,还会对相机造成损坏;对于条件②,无论观测平台携带的是 CCD 相机还是 CMOS 相机,其对观测目标成像的原理都是接收观测目标反射的太阳光,通过感光元件等结构将光信号转换为电信号,对目标进行成像。若观测目标处于地影区域,无法反射太阳光,则观测平台无法成像。因此,在对目标观测成像时,要避免观测目标处于地影区域内。避免阳光直射条件的示意图如图 1.6 所示。要避免阳光直射,就要避免观测平台出现在太阳的视圆面及其附近区域内。

令观测平台到太阳的距离矢量为 r_{CS},相机与观测目标间的距离矢量为 r_{CT},太阳的视半径与光散射角之和为 α(非负锐角),r_{CS} 与 r_{CT} 的夹角为 β,则避免太阳直射的条件可表示为

$$0 < \alpha < \beta < \pi \tag{1.4}$$

式(1.4)可写为

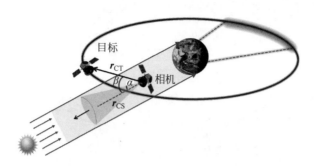

图 1.6 避免阳光直射条件的示意图

$$\cos\alpha > \frac{\boldsymbol{r}_{CS} \cdot \boldsymbol{r}_{TC}}{|\boldsymbol{r}_{CS}| \cdot |\boldsymbol{r}_{TC}|} \tag{1.5}$$

同时,光学可见还应满足空间目标处于地影区域外,地影条件如图 1.7 所示。

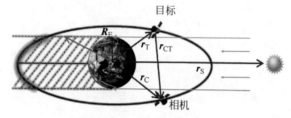

图 1.7 地影条件示意图

图 1.7 中,阴影上下边界为地影区域的临界位置。令目标地心矢量 $\boldsymbol{r}_T$ 和太阳地心矢量 $\boldsymbol{r}_S$ 的夹角为 λ,则如果要使目标处于地影区域外,需要满足下述条件:

$$\cos\lambda > \frac{-\sqrt{\boldsymbol{r}_T^2 - R_E^2}}{|\boldsymbol{r}_T|} \tag{1.6}$$

式(1.6)可以等效为

$$\boldsymbol{r}_T \cdot \boldsymbol{r}_S > -\sqrt{\boldsymbol{r}_T^2 - R_E^2} \cdot |\boldsymbol{r}_S| \tag{1.7}$$

对于地球同步轨道(geosynchronous orbit,GEO)目标,在光学观测时会受到月光的影响,由于月球反射太阳光,目标不能出现在月球视圆面上,在满月前后也不能出现在月球附近区域,目标应满足月光条件。与日光条件相同,令目标地心矢量 $\boldsymbol{r}_T$ 和月球地心矢量 $\boldsymbol{r}_M$ 的夹角为 ϕ,则月光条件下的目标可见应满足:

$$\cos\phi > \frac{\boldsymbol{r}_{MC} \cdot \boldsymbol{r}_{TC}}{|\boldsymbol{r}_{MC}| \cdot |\boldsymbol{r}_{TC}|} \tag{1.8}$$

3)相机视场可见

假设相机安装在天基观测平台的二轴转台上,相机的视场角为 $\varphi_h \times \varphi_v$,并可以绕 z_t 轴平转,也可以绕平转后的 y_t 轴上下旋转。相机视场图如图 1.8 所示。

假设在某一瞬时,相机光轴绕 z_t 轴平转 α_0(方位角),绕平转后的 y_t 轴上下旋转 β_0(俯仰角)。此时,在 J2000 坐标系中,目标卫星相对于观测卫星的矢量为

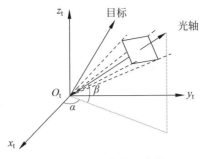

图 1.8　相机视场示意图

r_{TC},观测平台在 J2000 坐标系中的姿态矩阵为 T。如果要判断目标是否在相机视场内,只需在本体坐标系中比较相机光轴方向、目标方向和视场角之间的关系。

首先,将 r_{TC} 转换到本体坐标系,假设在观测平台本体坐标系中,目标矢量为 $r'_{TC}(x,y,z)$,则

$$r'_{TC}=T \cdot r_{TC} \qquad (1.9)$$

进而计算目标矢量在本体坐标系中的方位角 α、俯仰角 β:

$$\begin{cases} \beta = \arcsin(z/|r'_{TC}|) \\ \alpha = \arctan(x/y) \end{cases} \qquad (1.10)$$

那么,当目标与光轴的方位角之差小于或等于 $\varphi_h/2$、俯仰角之差小于或等于 $\varphi_v/2$ 时,目标即可被相机观测到。相机视场角的判断模型为

$$\begin{cases} |\beta-\beta_0| \leqslant \varphi_v/2 \\ |\alpha-\alpha_0| \leqslant \varphi_h/2 \end{cases} \qquad (1.11)$$

1.3　空间目标光学散射特性研究现状

1.3.1　空间目标光学散射特性的仿真计算研究

空间目标光学散射特性的理论研究主要分为两方面,一方面是分析目标表面材质的光学散射特性,如双向反射分布函数(bidirectional reflectance distribution function,BRDF)的测量、拟合与建模等;另一方面是分析空间目标整体的光学散射特性,如测量、计算目标的光学散射截面(optical cross section,OCS),以及分析其随各影响因素变化的情况等。

在 BRDF 的研究方面,美国学者 Nicodemus 于 1970 年首先提出了 BRDF 理论[1]。BRDF 理论从辐射度学出发,基于几何光学,描述了各种材质表面的光反射特性,在光学工程、目标散射计算、辐射定标和地物遥感等领域有广泛的应用[2]。各国学者和研究机构相继对 BRDF 理论、测量设备进行了大量的研究和

探索。目前,国内外研究者通常将 BRDF 模型分为三类:理论模型、经验模型和实验模型。

理论模型是指应用严格的物理定律对光学散射进行精确推导而得到的模型。相比于经验模型和实验模型,理论模型常具有较高的准确度、较复杂的表达式和较大的计算量,一般用于准确度要求较高的研究领域。比较著名的理论模型有康奈尔大学的 Robert L. Cook 和 Kenneth E. 提出的 He 模型[3]。He 模型是一个基于物理光学的 BRDF 模型,也是最为完整和复杂的 BRDF 模型之一。它广泛适用于各种材质和不同粗糙度的物体,但相比于其他模型,He 模型的计算量非常大,在很大程度上限制了该模型的应用。

经验模型是指可以为某一特定情况下产生的反射现象提供一个简单计算式的模型。经验模型一般具有计算速度快的特点,且模型中的参数可以调整,但是经验模型并未充分考虑散射过程中的物理原理,因此,该模型常用于计算机图形学的仿真模拟[4]。犹他大学的 Bui Tuong Phong 提出了第一个适用于计算机图形学的经验模型,即著名的冯模型(Phong model)。该模型具有实时性较好的特点,目前已经成为计算机图形学中应用最广泛的模型之一[5]。此外,西安电子科技大学的吴振森根据粗糙表面激光散射特性,提出了一种基于 BRDF 测量数据的五参数统计模型[6],该模型的精度较高,也已经得到了广泛应用。

实验模型是指在通过现有仪器设备得到一部分 BRDF 数据的基础上,通过分析和拟合方法得到的模型。实验模型对实验数据准确性的依赖较强,适用范围一般仅限于已经测量的实验材质。法国波尔多大学的 Schlick 提出了一种通用模型[7-9]。该模型将目标表面材质分成单面材质和双面材质两种。康奈尔大学的 Eric P. F. Lafortune、Sing-Choong Foo、Kenneth E. Torrance 和 Donald P. Greenberg 提出了 Lafortune 模型[10]。Lafortune 模型中有非线性参数,具有准确、高效的特点。该模型适用于粗糙金属和漆层,但不适用于漫反射特性很强的材质。

在 OCS 的研究方面,美国桑迪亚国家实验室的研究院员对低轨微小卫星的光学散射特性进行了研究。他们推导了球体、立方体、棱柱等空间目标不同表面材质的 OCS 的计算公式,并根据这些材质的 BRDF 实测数据仿真推算了不同外形结构和材质组成的小卫星在不同姿态情况下的 OCS[11]。波音公司的研究员搭建了一个正六面体的卫星模型,该模型 6 个面的组成包括铝合金、太阳能电池、隔热涂层、聚酯薄膜等。研究员借助该模型对多种波段光学观测时空间目标的光学散射特性进行了研究,他们根据建立的 TASAT 数据库中上述材质的 Maxwell Beard BRDF 模型参数,仿真分析了卫星模型旋转运动和在轨正常三轴稳定运动两种条件下的卫星模型 OCS 随时间的变化情况[12]。可以说,国外在研究目标特性方面最大的特点是形成了 BRDF 的描述规范,并以此为基础开展了光学散射特性的研究。

复杂目标的 OCS 没有解析解,需要使用数值方法进行计算。航天工程大学的徐灿针对以面元网格法计算 OCS 存在的实时性差和以计算机图形学方法计算

OCS 存在的对材质 BRDF 描述能力弱等问题,提出了一种基于开放式图形库 (open graphics computing,OpenGL) 拾取技术的空间目标在复杂结构外形与运动状态下的 OCS 计算方法[13]。在确定卫星的外形结构和姿态状态的情况下,该方法通过 OpenGL 拾取技术、改进 Z 缓冲技术实现了对被遮挡、被消掩面元的剔除,进而筛选能被光源照射到的有效面元,通过面元 OCS 计算与累加的方法获取卫星整体 OCS。经检验,这种方法能有效提高目标 OCS 的计算精度,具有广阔的应用前景。

此外,国内外越来越多的学者利用 TracePro[14-16]、卫星工具包仿真软件 (Satellite Tool Kit,STK)[17] 等相关软件对空间目标的光学散射特性进行研究。TracePro 是一款标准商品化的光迹模拟仿真软件,目前广泛应用于照明系统分析、光学分析、辐射度分析等领域。TracePro 软件内部使用蒙特卡罗光线追迹法 (monte carlo ray tracing,MCRT) 和解析法,通过目标反射背景辐射在探测器入瞳面处所产生的辐射照度分布对空间目标的光学散射特性进行描述。TracePro 的界面简洁,操作容易,使用者可以通过构建目标几何模型、设定目标材质类型、设置光照条件、完成光线追迹、分析模拟结果来研究空间目标的光学散射特性。

中国科学院光电研究院的孙成明将测量的空间目标材质的离散 BRDF 数据导入 TracePro Converter,通过软件的表单延伸和内插功能,实现了 BRDF 的连续分布,完成了空间目标光学散射特性的精确建模[15]。

STK 由美国 AGI 公司开发,是用于卫星及航空航天工业系统化分析的标准商品化软件[16]。在 STK 光电红外探测器模块(STK/EOIR)中[17],使用者可以设定卫星、导弹等目标的材质参数和形状参数,EOIR 模块内部采用 BRDF 四参数模型,可输出仿真时段内空间目标和背景在紫外线到红外线波段范围的辐射亮度、辐射照度等参数随时间变化的报告和图表。

1.3.2　空间目标光学散射特性的实验测量研究

总的来说,目前国内外在光学散射特性方面的研究还是以仿真分析与实际天文观测为主。随着研究的不断深入,越来越多的学者发现,计算机仿真难以建立精确还原空间目标光学特性的数理模型,从而造成仿真结果较为粗略。幸运的是,实验手段可以弥补此类缺陷,也可以解决实际观测存在的效率较低的问题,是研究利用空间目标光学散射特性分析其运动状态不可或缺的手段。因此,越来越多的国内外研究者正在建立实验平台,以对空间目标的光学散射特性进行研究。

在空间目标的材质 BRDF 特性研究实验平台方面,2005 年,意大利伽利略航空公司的 Barilli 等研制了一套自动化三维空间的 BRDF 测量系统(图 1.9)。该系统采用 650nm 激光器作为光源,可以测量铝合金、钛等金属等材质的激光 BRDF 特性[18]。

2013 年,美国国家标准技术研究所设计了一套自动化设备(图 1.10)测量材质

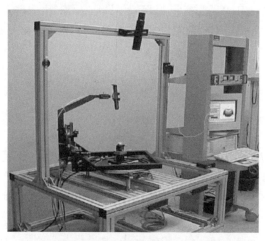

图 1.9　自动化三维空间的 BRDF 测量系统

表面 BRDF。该设备使用六轴机械手来实现被测样品的旋转和平移,探测器安装在一个连接在转台上的机械手臂上,可以使探测器绕样品中心旋转。这套系统将光源、探测器、转角系统进行融合式控制,从而实现自动化测量[19]。

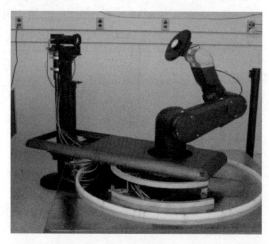

图 1.10　美国国家标准技术研究所 BRDF 自动化探测设备

安徽光学精密机械研究所的李俊麟、张黎明等解决了高精度 BRDF 绝对测量的关键技术,研制了高精度、无遮挡、全自动化的 BRDF 测量装置,实验设备如图 1.11 所示[20]。

在空间目标整体光学散射特性研究方面,美国光学测量中心的实验室模拟了真实的空间碎片光照条件与观测条件,可以研究空间目标形状、材质、运动特征,实验室布局如图 1.12 所示[21]。

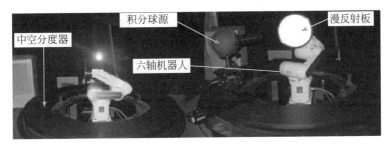

图 1.11　安徽光学精密机械研究所 BRDF 全自动测量装置

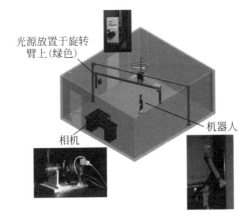

图 1.12　美国光学测量中心实验室布局图

　　在实验室正中央固定机械臂,目标模型置于机械臂顶端,从而实现对目标模型的多自由度姿态控制。长条状支架横跨房间中央,下方悬有一条杠杆,杠杆两端有两条长短不同的下垂悬臂。长臂上放置模拟光源,短臂上放置吸光材料。当系统启动时,氙灯发光,悬挂杠杆通过转动实现不同相位角的光照模拟,机械臂操控目标姿态,探测器采集目标在不同情况下的亮度、反射率等信息。实验的整个过程由计算机远程控制,最终测量数据输入计算机进行后续处理。该系统结构简单,自动化程度较高,缺点是机械臂的旋转角度范围有限,无法实现目标全姿态遍历测量,且只能针对样片进行研究。

　　上海宇航系统工程研究所的研究人员建立了一套空间目标可见光散射动态特性测试校验系统,用于测量空间目标在不同姿态下的光学散射特性,该系统的组成如图 1.13 所示。系统由太阳模拟器提供光源,采用三轴转台操控目标姿态,探测器可在半圆形的滑轨上移动,从而进行大范围的空间目标光学散射特性测量。全实验流程受中央控制系统集中控制,适用于大型卫星模型的光学散射动态特性测试[22]。但是由于该系统俯仰角模拟范围只有 $0°\sim30°$,模拟空间目标运动状态的能力有限。

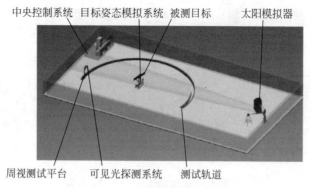

中央控制系统　目标姿态模拟系统　被测目标　　　　太阳模拟器

周视测试平台　　可见光探测系统　　　测试轨道

图 1.13　上海宇航系统工程研究所实验室布局图

1.3.3　光学观测设备现状

光学设备探测空间目标散射及辐射的光学信号具有探测距离远、角度分辨率高的特点,在空间目标的监视任务中发挥了重要作用。光学设备用于空间目标监视的历史也较为悠久,本节仅介绍当前具有代表性的光学设备情况。

1. 美国空间目标监视系统

1) 美国地基光学监视系统

美国拥有世界上最完善的空间目标监视网(space surveillance network, SSN),其地基光学监视系统主要包括地基光学深空监视(ground-based electro-optical deep space surveillance,GEODSS)系统、空间监视望远镜(space surveillance telescope,SST)、毛伊岛空间监视系统(Maui space surveillance system,MSSS)和莫隆光电空间监视(Moron optical space surveillance,MOSS)系统[23-24]。

(1) 地基光学深空监视系统

GEODSS 系统由 3 个光学观测站组成,分别位于迪戈加西亚岛、毛伊岛和美国新墨西哥州的索科罗。每个观测站装备两台主望远镜和一台副望远镜。主镜是口径为 1m 的反射式望远镜,视场角为 2°,主要用于探测暗弱的高轨目标;副镜是口径为 38cm 的施密特相机,视场角为 6°,主要用于探测低轨目标。GEODSS 系统承担了超过 65% 的深空目标的跟踪和识别。图 1.14 为 GEODSS 系统的迪戈加西亚观测站。

(2) 空间监视望远镜

SST 部署于澳大利亚西部的哈罗德·霍尔特海军通信站,采用梅森-斯密特同轴三反光学系统,如图 1.15 所示。SST 的口径为 3.5m,视场角为 6 平方度*,主

---

　　* 平方度是用来衡量球面上的一块区域的视角大小。一个半径为 R 的圆,1°的弧长为 $\pi R/180°$。若一个球面正方形的边长是 1°,则其面积就是 1 平方度,整个球面的面积是 $4\pi(180°/\pi)^2 \approx 129600/\pi \approx 41525.96$。所以 1 平方度就是整个球面的 1/41525.96。

图 1.14　GEODSS 系统的迪戈加西亚站

图 1.15　空间监视望远镜

要用于地球同步轨道(GEO)区域的探测。同时,SST 配备电机驱动的转台,能够实现对空间的快速稳定跟踪。SST 是美国最灵敏的陆基望远镜系统,其搜索速度和灵敏度比现有望远镜系统提高了一个数量级,其于 2016 年 10 月正式交付,有效填补了美国在东半球和南半球的监视盲区。

SST 与名为"空间篱笆"的雷达探测系统一起构成了美国新一代地基空间态势感知系统。

(3) 毛伊岛空间监视系统

MSSS 位于夏威夷毛伊岛的哈雷卡拉山顶,海拔为 3000m,如图 1.16 所示。MSSS 包括多种用于空间跟踪、成像和目标识别的传感器。它有两个口径为 1.2m 的望远镜,可以进行可见光和红外热成像,这意味着该系统可以在白天工作。MSSS 还包含一台口径为 1.6m 的望远镜和一台口径为 3.67m 的望远镜,用于空间目标的跟踪和成像。

(4) 莫隆光电空间监视系统

MOSS 系统部署于西班牙的美国空军莫隆基地[25]。MOSS 系统与 GEODSS 系统一同运行,主要用于监视高轨目标。望远镜的口径为 55.88cm,焦距为 129.54cm。

美国的地基目标监视系统[26-30]的作用距离能够达到 40000km。在 6400km 以下高度可以精确地跟踪、定位 10cm 以上的目标,并且可以探测到直径大于 1cm

图 1.16　毛伊岛空间监视系统

的目标。在 GEO 高度上,MOSS 系统可以探测直径大于 10cm 的目标。

2)美国天基光学监视系统

随着天基观测技术的日益成熟,基于天基观测平台对空间目标进行近距离的光学探测成为空间目标特性识别的重要手段之一。在天基目标监视领域,美国一直走在前列,并已经将天基监视系统纳入了自身的空间态势感知体系大框架。进入 21 世纪后,美国对空间态势感知系统的发展思路转变为以地基系统为基础,充分并优先发展天基系统[31-32]。

受地理位置、观测天气条件等因素限制,地基观测设备无法对 GEO 目标进行成像观测。同时,马斯克的星链项目计划发射约 42197 颗卫星,将在很大程度上干扰地面观测[32]。因此,基于天基的观测系统成为弥补地基观测短板的有效手段。天基观测系统的具体优势包括[33]:

(1)覆盖全、频次高。天基系统可通过一颗卫星或卫星组网,实现对在轨空间目标的巡视探测;相较于地基观测,天基观测对目标的观测频次明显提高。

(2)无云雨、全天候。天基观测系统一般为平视或上视观测,由于无对流层的影响,所以天基观测可以实现对空间目标的全天候观测。

(3)距离近、精度高。天基系统可实现抵近观测,获得较高的距离分辨率。

美国将低轨、高轨和感知/攻防两用系统这 3 条路线交互在一起,以建设和发展天基观测系统。表 1.1 列出了美国天基目标监视系统的发展历程[33]。

表 1.1　美国天基目标监视系统的发展历程

类　　型	任　　务	卫 星 项 目	
		年份	项目名称
低轨系统	低轨监视	2012—2016	可操作精化星历表天基望远镜第 1 阶段 3 颗卫星星座(STARE)
		2017—2020	STARE 第 2 阶段 15 颗卫星星座
	中高轨监视	1996—2008	中段空间试验卫星(MSX)
		2011—2018	天基监视系统-1(SBSS-1)
		2017	作战响应空间-5 卫星(ORS-5)
		2021	SBSS 后续 3 颗卫星

续表

类　　型	任　　务	卫星项目	
		年份	项目名称
高轨系统	高轨监视	2006	微卫星技术实验-A/B(MiTex-A/B)
		2014	地球同步轨道空间态势感知计划-1/2(GSSAP-1/2)
		2016	GSSAP-3/4
		2016—2020	GEO目标监视纳卫星星座
		2018	EAGLE卫星
		2018	麦克罗夫特(Mycroft)可分离式卫星
		2019	S5微卫星
感知/攻防两用系统	抵近监视攻击	2003	低轨试验系统-10卫星(XSS-10)
		2005	XSS-11卫星
		2012	高轨局部空间自主导航与制导系统卫星(ANGELS)

目前,天基监视平台所携带的载荷主要为光学载荷,从表1.1中也可以看出,天基监视系统的重点监视目标为高轨目标,尤其是GEO目标。表1.2详细列出了美国目前在轨工作的天基监视卫星基本情况。

表 1.2　美国目前在轨工作的天基监视卫星基本情况

卫星名称	轨道	发射时间	载荷类型	工作模式	空间分辨率
SBSS-1	LEO	2010/9/26	光学设备	探测与识别	5cm(LEO)/50cm(GEO)
ORS-5	LEO	2017/8/26	光学设备	探测与识别	未知
GSSAP-1/2	GEO	2014/7/28	光学设备	探测与识别	厘米级(GEO)
GSSAP-3/4	GEO	2016/8/19	光学设备	探测与识别	厘米级(GEO)
EAGLE	GEO	2018/4/14	光学设备*	探测与识别	未知
Mycroft	GEO	2018/4/14	光学设备*	探测与识别	未知
S5	GEO	2019/2/22	光学设备	探测与识别	未知
GSSAP-5/6	GEO	2022/1/21	光学设备	探测与识别	厘米级(GEO)

注:"＊"表示推测结果

天基观测设备可以利用天基系统的优势对重要目标进行高分辨率成像,获得比一维光度曲线更加丰富的二维信息,从而对空间目标进行识别。因此,天基观测系统所获得的可见光图像是空间目标特征识别不可缺少的重要数据。天基监视系统也是空间态势感知系统未来发展的重点方向。所以,本书在研究基于光度数据识别空间目标并估计目标姿态的同时,还研究了利用天基可见光图像对空间目标进行识别与位姿估计的相关方法。

2. 俄罗斯空间目标监视系统

俄罗斯拥有世界第二大空间目标监视网络,其地基光学目标监视系统主要包括"窗口"（Okno）系统和国际科学光学观测网（International Scientific Optical Network,ISON）[34]。"窗口"系统是苏联在1980年开工建设的地面有源光电空间监视与跟踪系统，位于塔吉克斯坦境内，如图1.17所示。近年来，俄罗斯对该系统进行了升级。"窗口"系统由20多套光学设备组成，能够探测轨道高度在2000～40000km的空间目标。ISON是由俄罗斯科学院管理运行的光学望远镜网络，由10多个国家的30多个观测站组成，拥有口径为12.5cm～2.6m的80多台望远镜。ISON不仅能够跟踪空间目标，也能够观测小行星。

图1.17   俄罗斯"窗口"系统

3. 欧洲空间目标监视系统

欧洲的态势感知系统与美、俄相比存在较大差距，现有地基光学监视系统包括欧洲航天局（European Space Agency,ESA）的空间碎片望远镜（space debris telescope, SDT）、法国的 TAROT 望远镜和天空观测系统、英国的 Starbrook 广角望远镜和 PIMS 望远镜、瑞士的 ZIMLAT 望远镜、德国的 SMARTnet 等[35-36]。

ESA 的空间碎片望远镜位于西班牙的特内里费岛，口径为1m，视场角为0.7°，能够跟踪 GEO 直径为15cm 以上的目标。

法国的 TAROT 系统的望远镜有两种，口径分别为0.25m、1m，视场角分别为2°、0.1°，焦距分别为0.8m、8m。其中，0.25m 口径的望远镜用于目标搜索和跟踪，1m 口径的望远镜用于目标识别。天空观测系统则拥有50°超大视场，能够探测大量空间目标。

英国的 Starbrook 望远镜口径为0.1m，视场为10°×6°，能够探测 GEO 直径大于1.5m 的目标。

ZIMLAT 望远镜由瑞士伯尔尼大学运行，口径为1m，视场角为0.5°，探测范围可以覆盖100°的 GEO 带。

4. 国际合作空间目标监视系统

由于空间目标运动的特殊性质，多国合作、资源共享模式在空间目标监视中发挥着越来越重要的作用。除上文所述国际科学光学观测网外，还有联合空间目标监视网（"5-eyes"）、大视场巡天望远镜网络（Optical Wide-field Patrol Network,

OWL-Net)等。

　　联合空间目标监视网[37]由美国、英国、新西兰、加拿大和澳大利亚 5 个国家联合建设,在目标监视、空间碎片光度测量等任务中实现资源和数据共享。

　　OWL-Net[38]由位于蒙古国、摩洛哥、以色列、韩国和美国 5 个国家的望远镜组成,总部位于韩国大田。OWL-Net 望远镜的口径为 0.5m,视场角为 1.1°,旨在以较低的成本跟踪 LEO 卫星。

　　图 1.18 总结了美国、俄罗斯及欧洲主要地基空间目标监视系统[39]的望远镜口径及视场角(部分视场角为估计值)。表 1.3 列出了国外典型地基空间望远镜的基本情况。

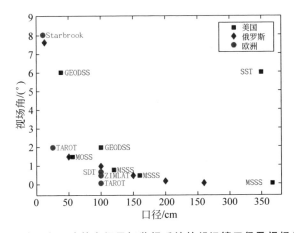

图 1.18　主要地基空间目标监视系统的望远镜口径及视场角

表 1.3　国外典型地基空间望远镜的基本情况

国　　家	组　　织	望远镜口径/m	视场角/(°)	探测星等
美国	航空航天局(NASA)	0.32	1.5	17.1
美国		3	0.3	21.5
俄罗斯	俄罗斯科学院	0.6	0.2	18
俄罗斯	俄罗斯航天局	0.6	0.2	19
法国	国家空间研究中心(CNES)	0.9	0.5	19
英国	皇家格林尼治天文台	0.4	0.6	18
瑞士	伯尔尼大学	1	0.5	19.5
日本	航空宇宙技术研究所(NAL)/宇宙开发事业团(NASDA)	0.5	2	18.5
日本	骏台(Sundai)	0.75	0.04	17
日本	CRL	1.5	0.28	18.7

5. 中国空间目标监视系统

　　中国开展空间目标监视的单位主要有国家天文台的空间碎片研究与应用中心、长春人造卫星观测站、云南天文台、紫金山天文台的空间目标与碎片观测研究中心、中国科学院光电技术研究所、上海天文台等。从 20 世纪 70 年代开始,经过近 40 年的发展,中国的地基空间望远镜在探测灵敏度和精度上已接近世界领先水平。

中国从 20 世纪 70 年代研制人造卫星观测设备并开始组建人造卫星观测网。 20 世纪 80 年代后期,"863 计划"启动后,中国科学院紫金山天文台、云南天文台和 光电技术研究所等单位开始对空间目标观测、空间目标轨道预报、空间目标定位和 编目等方面展开工作。1995 年 6 月,中国申请加入机构间空间碎片协调委员会 (Inter-Agency Space Debris Coordination Committee,IADC),成为该委员会的 11 个成员之一。2000 年,中国启动了"空间碎片行动计划",全面规划了空间碎片研 究的目标。2004 年 10 月,中国科学院紫金山天文台成立了中国科学院空间目标 与碎片观测研究中心,集中力量研究空间碎片监测及应用。2015 年 6 月 8 日,中国 科学院国家天文台成立了空间碎片监测与应用中心,旨在通过对空间碎片的监测、 预警,保障中国在轨航天器的安全,并维护中国外空间的发展权益。目前,中国已 建成一批光电望远镜观测设备,并建立了空间碎片检测、跟踪和定轨软件,完善了 空间目标的数据库,并且已经基本掌握了空间目标的监视和轨道预警技术,在中国 航天器发射中起到了重要的安全保障作用。

目前,国家天文台、中国科学院长春光学精密机械与物理研究所、中国科学院 光电技术研究所和国防部主要承担中国空间目标监视与识别的任务。中国新型的 光学观测系统具有较强的观测能力,它们的平均口径可达 1m 以上,其极限探测能 力可达 16MV,定位精度在 5″ 以内。近年来,除了大口径望远镜,采用小口径望远 镜阵列观测空间目标也引起了各国的重视。在 2018 年毛伊岛的光学会议上,来自 波兰的学者提出了一种用于高效空间监视和跟踪的新型光学传感器集群,它由位 于同一地点的 5 个独立望远镜组成,其中口径最大的为 70cm,最小的为 30cm。通 过软件控制,可以实现望远镜的动态任务分配、自动目标识别、新物体的即时跟踪 和每次观测后的轨道数据库自动更新。该望远镜集群能够实现对 5cm 以上的低 轨空间目标的跟踪观测(图 1.19)。

图 1.19　波兰公布的低轨望远镜阵列

2018 年,中国科学院紫金山天文台提出了"近邻宜居行星巡天计划"(close by habitable exoplanet survey,CHES)[40]。该计划的系统由 12 台口径为 28cm 的望远镜和 2 台口径为 80cm 的望远镜组成。其中,12 台小口径望远镜用于天区的普扫,单台望远镜视场角为 7°,拼接视场可达 600 平方度;80cm 望远镜视场角为 2°。望远镜配备高精度转台,既可实现天区的普扫,也可进行目标跟踪和特殊区域扫描。将测站上空可视区域分成 6 个天区,每个天区扫描 3min,曝光时间为 4s。这样,CHES 的系统每 18min 即可对整个 GEO 带完成一次扫描。

针对地球同步轨道卫星的监测,中国科学院上海天文台研制了一套地球同步轨道动态监测光学系统(FocusGEO)(图 1.20)[41-42]。FocusGEO 由 3 台口径为 18cm 的望远镜组成,采用单机架三镜筒赤道式结构。3 台望远镜的拼接视场为 $9.5° \times 28°$,观测精度优于 3″。该系统将 GEO 带划分为 12 个天区,每 15min 可完成一次扫描。

图 1.20　中国科学院上海天文台研制的地球同步轨道动态监测光学系统

中国科学院国家天文台长春人造卫星观测站研制出阵列结构型空间碎片光电望远镜(space debris photoelectric telescope array, SDPTA)系统(图 1.21),于 2017 年 6 月正式运行[43]。该系统由 8 个望远镜组成,拼接天区达到 1500 平方度。观测天区仰角为 18°～32°,能够探测 500km 轨道高度上直径大于 0.5m 的空间碎片。

图 1.21　中国科学院国家天文台长春人造卫星观测站阵列结构型空间碎片光电望远镜系统

此外,国家天文台建设了一套地基广角相机阵(ground wide angle cameras, GWAC),主要用于光学瞬变源(如伽马暴)的搜寻[44]。GWAC 由 36 个广角望远镜组成,望远镜口径为 18cm,单个视场优于 100 平方度。

1.3.4　空间目标光学散射特性分析发展概述

空间目标光学特性是反演空间目标特征的重要基础,主要包括散射特性、辐射特性、偏振特性、成像特性等。空间目标光学散射特性的研究涉及紫外线到近红外线波段(200~2500nm),其中红外线波长的探测器常被用来在白天探测,相关技术仍在持续发展[45]。其中,可见光波段(400~900nm)的能量约占总能量的 50%。当前地基的光学设备波长范围主要集中在可见光波段。并且,就目前的天基观测平台来看,用于空间观测的天基观测平台也多携带可见光载荷。因此,以地基设备所获取的光度曲线数据,与以天基光学设备所获取的可见光图像数据为代表的可见光特性数据,成为 GEO 目标特征识别的重要数据来源之一。目前,国内外众多机构都着力研究基于可见光特性数据的空间目标特征(例如外形、大小、姿态、角速度、反射率、材质等)反演技术。

随着空间目标监视系统的不断完善,能够获取的目标观测数据越来越多,先前的人工分析已无法再适用于当前和未来的空间目标特性识别。另外,数据虽然增多,但也出现了"数据过剩""数据坟墓"等现象,分析人员无法对获取的空间目标特性数据进行充分挖掘,也无法快速地从观测数据中得到有效的信息。因此,需要探索一种新途径来解决上述问题。近几年,人工智能、分布式处理等技术取得快速发展,基于数据驱动的智能算法也取得了长足的进步。此类算法以机器学习,尤其是以深度学习为代表,通过对大量样本的学习,使计算机具备认知和推理能力。对这些先进技术的研究与利用,为解决海量、多源空间目标特性数据的处理提供了有效的途径。

本书将在后续章节结合特定数据分别介绍相关技术的发展现状和趋势。

第 2 章

空间目标光学散射特性的基本理论

空间目标的光学散射特性是表征空间目标亮度的特性。其过程可以简单概括为入射光照射到目标表面,目标表面对入射光进行散射,散射的部分能量经过传播后到达探测器,探测器根据探测信号的强弱衡量目标的散射特性。因此,目标的散射特性涉及光照、材质散射特性和目标散射特性描述的相关理论。

2.1 辐射度相关理论

在介绍目标受到照射的辐射源情况后,进一步分析辐射照度的相关理论。为了方便理解书中涉及的辐射度学的基本概念和定义,本节将系统地进行介绍。

立体角 Ω:球面上面积 A 与球半径 r 平方之比(图 2.1),单位为球面度(sr)。

1sr 等于球面面积为 r^2 时的立体角,因此整个球面对球心所张的立体角为 4πsr。当立体角非常小时,可以用锥体底面面积来代替球面面积进行计算:

$$\Omega = \frac{\pi\left(r\sin\dfrac{\alpha}{2}\right)^2}{r^2} = \pi\sin^2\left(\frac{\alpha}{2}\right) \quad (2.1)$$

式中,α 为圆锥顶角。当 α 很小时,上式可以写为

$$\Omega = \frac{1}{4}\pi\alpha^2 \quad (2.2)$$

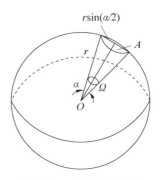

图 2.1 立体角示意图

辐射能 Q:通过辐射的方式发射、传播或者接收的能量,单位为焦耳(J)。

辐射通量 Φ:通过辐射的方式来发射、传播或者接收能量的功率,单位为瓦特(W)。辐射通量的表达式为(t 表示时间)

$$\Phi = \frac{\mathrm{d}Q}{\mathrm{d}t} \tag{2.3}$$

辐射强度 I：在指定方向立体角范围内辐射源发出的辐射通量 $\mathrm{d}\Phi$ 与该立体角元 $\mathrm{d}\Omega$ 之比，单位为瓦/球面度（W/sr），其表达式为

$$I = \frac{\mathrm{d}\Phi}{\mathrm{d}\Omega} \tag{2.4}$$

辐射照度 E：被照射面单位面积上入射的光通量，单位为瓦每平方米（W/m²），其表达式为

$$E = \frac{\mathrm{d}\Phi}{\mathrm{d}A} \tag{2.5}$$

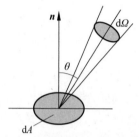

辐射亮度 L：在指定方向上（包含该点）面元 $\mathrm{d}A$ 的辐射强度 $\mathrm{d}I$ 与该面元在垂直于指定方向平面上的正投影面积之比。辐射亮度的定义如图 2.2 所示，单位为瓦每球面度平方米（W/(sr·m²)）。

$$L = \frac{\mathrm{d}I}{\mathrm{d}A\cos\theta} = \frac{\mathrm{d}^2\Phi}{\mathrm{d}\Omega\,\mathrm{d}A\cos\theta} \tag{2.6}$$

图 2.2　辐射亮度的定义示意图

式中，$\mathrm{d}\Omega$ 是立体角元；θ 是表面法线 n 与辐射方向的夹角；$\mathrm{d}A$ 是辐射源面元。

辐射出射度 M：辐射源发出的辐射通量与面积之比，单位是瓦每平方米（W/m²），即

$$M = \frac{\mathrm{d}\Phi}{\mathrm{d}A} \tag{2.7}$$

发射率 ε：辐射源的辐射出射度 M 与同温度下的黑体辐射出射度 M_b 之比。

上述变量通常与波长 λ 有关，一般用 λ 表示这种关系，称为"光谱量"。本书研究可见光波长范围内（380～780nm）的光学散射特性。

2.2　空间目标光照情况

空间目标主要运行在地表上空 100～36000km 的近地空间，其主要入射光源是太阳。同时，太阳入射到地球表面的反射光、太阳入射到地球大气或者云层表面的反射光、月球的反射光，都会照射到目标表面。其中，太阳直接照射的部分也称为"直接辐射"；其他部分包括太阳辐射经过地球、月球等星体的反射后再照射到卫星表面的辐射，称为"间接辐射"。间接辐射主要来源于地气反照光和月球反照光。

本章首先分析各个入射源的影响，并给出定量分析；在此基础上对目标表面反射的基本理论进行介绍。

2.2.1　太阳光照

在空间中,太阳的光谱接近于黑体辐射,可视为一个平行光源。若给定波长为λ,则太阳光的辐射出射度$M_{sun}(\lambda)$为

$$M_{sun}(\lambda) = \frac{2\pi hc^2}{\lambda^5} \cdot \frac{1}{e^{ch/\lambda kT} - 1} \tag{2.8}$$

式中,h为普朗克常数($h = 6.626 \times 10^{-34}$ J·s),c为真空中的光速($c = 3 \times 10^8$ m/s),$k = 1.381 \times 10^{-23}$ J/K,T为太阳黑体的绝对温度,5900K。太阳辐射中95%的能量集中在$0.29 \sim 3\mu$m的波段。

给定波长λ的太阳光辐射通量$\Phi_{sun}(\lambda)$和辐射强度$I_{sun}(\lambda)$分别为

$$\Phi_{sun}(\lambda) = M_{sun}(\lambda) \cdot 4\pi R_{sun}^2 \tag{2.9}$$

$$I_{sun}(\lambda) = \frac{\Phi_{sun}(\lambda)}{4\pi} = M_{sun}(\lambda) R_{sun}^2 \tag{2.10}$$

式中,R_{sun}为太阳半径,约为6.6599×10^8 m。

设处于太阳光照区的目标卫星距太阳的距离为R_0,并与相对距离为R_1的探测系统几何可见(二者之间无遮挡),则在目标处波长为λ的太阳光的辐射照度$E_{sun}(\lambda)$为

$$E_{sun}(\lambda) = \frac{I_{sun}(\lambda)}{R_0^2} = \frac{R_{sun}^2}{R_0^2} \cdot \frac{2\pi hc^2}{\lambda^5} \cdot \frac{1}{e^{ch/\lambda kT} - 1} \tag{2.11}$$

式中,R_0通常取作日地之间的平均距离,大小为1.495×10^{11} m。

目标处的太阳光谱辐射照度曲线如图2.3所示。

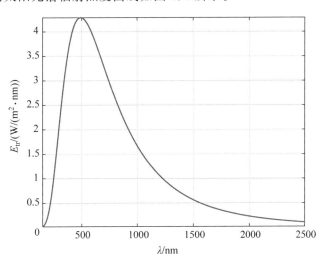

图2.3　目标处的太阳光谱辐射照度曲线

ASTM G173-03给出的太阳光谱辐射照度如图2.4所示。

设探测系统的有效工作范围处于可见光波段,为$400 \sim 700$nm,则对$E_{sun}(\lambda)$

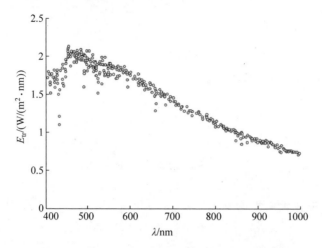

图 2.4　ASTM G173-03 给出的太阳光谱辐射照度

进行积分运算,得到可见光波段的太阳辐射照度 E_{sun} 为

$$E_{sun} = \frac{R_{sun}^2}{R_0^2} \int_{0.4}^{0.7} \left(\frac{2\pi hc^2}{\lambda^5} \cdot \frac{1}{e^{ch/\lambda kT} - 1} \right) d\lambda = 438.9 (W/m^2) \qquad (2.12)$$

对 $E_{sun}(\lambda)$ 进行全波段积分可得太阳的辐射照度为 $1366W/m^2$(太阳辐射照度也称为"太阳常数")。实际上,由于地球的公转轨道是椭圆轨道,日地距离不断变化,太阳辐射照度 * 在一年的周期内存在 3.4% 的上下浮动($1320\sim1412W/m^2$),如图 2.5 所示。除了日地几何位置关系上的变化,太阳内部活动导致的照度变化约为 0.1%,通常在进行高辐射分辨率观测时加以考虑。

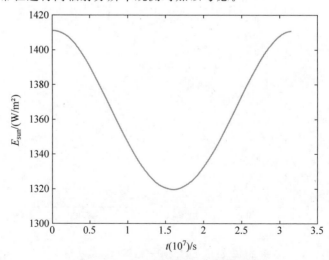

图 2.5　一年内太阳辐射照度的变化曲线

---

　* 最新的太阳辐射照度数据可参考:https://lasp.colorado.edu/home/sorce/data/ssi-data/。

2.2.2 地气反照光

在间接辐射中,地气反照光是主体。地气反照光包括大气反照光、地球表面反照光和云反照光。地球反射率指在总的入射太阳辐射中,被地球反射到空间的百分比。

卫星受到的地气反照光主要取决于星下地表的类型和气象条件,其次是周日和季节性变化的太阳高度角,以及入射太阳光的光谱。地表因素包括不同的地球表面,即有不同反射特性的土壤、水、冰和叶类。气象因素包括大气的成分、密度和云的构造。云反射的入射太阳辐射可达 75%,它与云的面积、厚度、高度、湿度和云底层的反射有关。按年平均计算,入射的太阳辐射约有 30% 被地球反射回空间,约有 70% 被地球吸收。

因此,测站从目标卫星接收到的光学信号,不仅来源于对太阳直射光的反射,也可能来自地球反照光或者月球反照光。需要进一步分析不同来源的光学信号对卫星观测造成的影响程度。

在夜间(卫星星下点为夜间或测站所在位置为夜间)观测中,卫星反射光的主要来源是太阳。对于白天观测来说,以地球为光源的观测几何结构有时会更有利,因此,无法断定测站接收的卫星反射光的主要来源。另外,由于分子的吸收降低了不同近红外线波段的地球光,地气反照光和太阳直射光的相对光谱强度(谱形)是不同的,如图 2.6 所示。由卫星反射的光信号可以被认为是这两种光源的混合叠加。

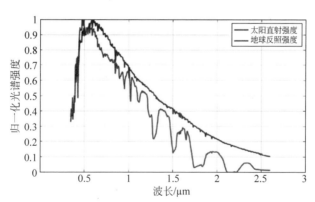

图 2.6 地气反照光和太阳直射光的谱线特征

太阳辐射光进入地球大气层,经大气和地表物质的反射和散射投射到空间目标上,再经过空间目标表面的反射进入探测器入瞳。其中,大气和地表物质对太阳光的散射和反射是一个很复杂的过程。为简化问题,通常将地球和大气看作一个朗伯球体。

等效的朗伯球面反射称为"地球顶部反射",地球顶部反射包括地球大气层和地表地物的漫反射。对应的地球顶部反射率称为"地球表观反射率"[45]。在地表温度和光谱反射率等参量确定后,在特定的大气辐射传输模型和测量条件下,地球表观反射率是确定的。在某一大气条件下,应用 MONTRAN 软件计算得到不同地物对应的地球表观反射率如表 2.1 所示。

表 2.1　不同地物对应的地球表观反射率

地 物 类 型	地物反射率	地球表观反射率
绿色植物	0.105	0.1318
湖水	0.078	0.1104
沙子	0.134	0.1549
水	0.049	0.0876
干草牧场	0.03~0.06	0.0728~0.0962
秃的山顶	0.24	0.2408
柏油路	0.08	0.1120

由于卫星距离地球较近,地球此时不宜被视为一个点源,在计算地球照度时通常按单位经纬度对地球表面进行面元划分,如图 2.7 所示,每一个面元可以视为中心位于经纬点 $(i,j)(i,j \in \mathbf{N})$,长和宽分别为一个纬度距离和一个经度距离的长方形平面。

将地球近似为规则球体,则不同经度圈的周长相同,为 $2\pi R_E$,故每个地表面元的长均为 $l_j = 2\pi R_E/360$。不同纬度圈由于周长不同,在计算地表面元的宽度时,需要根据该地表面元当前所处的纬度进行计算,纬度为 i 的纬度圈周长为 $2\pi R_E \cos i$,如图 2.8 所示,故对于纬度 i 处的地表面元,宽度为 $d_i = 2\pi R_E \cos i/360$,则地表面元的面积为 $s_{ij} = l_j d_i$。

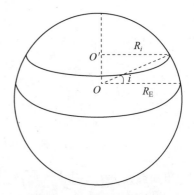

图 2.7　将地球按照经纬度进行面元划分　　　图 2.8　不同纬度圈的周长

能量传递的整个过程分为两步,即太阳照亮地球表面和地球表面作为光源照亮空间目标表面。以中心点位于 (i,j) 处的地表面元 s_{ij} 为例,具体分析如下:

设地球表面的太阳照度为 Q_0,由于太阳距离地球较远,各面元的入射光向量可以近似为太阳指向地球的向量 $\boldsymbol{SN}_{ij} = \boldsymbol{SE}$，设面元法向量为地心指向地表面元中心的向量 $\boldsymbol{ON}_{ij}$，面元指向目标卫星的向量为 $\boldsymbol{N}_{ij}\boldsymbol{T} = \boldsymbol{OT} - \boldsymbol{ON}_{ij}$。上述几何关系如图2.9所示，入射天顶角为 θ_{in}，反射天顶角为 θ_{out}。

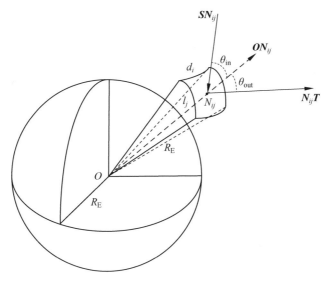

图2.9　地球反照模型

将地表面元视为反射率为0.3的朗伯平面。受照后，各方向产生的辐射亮度 L_{ij} 相等，为

$$L_{ij} = \frac{0.3 E_{\text{sun}} \cos\theta_{\text{in}}}{\pi} \tag{2.13}$$

式中，$E_{\text{sun}}\cos\theta_{\text{in}}$ 为地表面元接收的太阳辐射照度，则根据辐射亮度至辐射照度的传递公式，得到地表面元在 $\boldsymbol{N}_{ij}\boldsymbol{T}$ 方向目标卫星处产生的辐射照度为

$$E_{ij} = L_{ij} \cdot \Omega_{ij} = L_{ij} \cdot \frac{s_{ij}\cos\theta_{\text{out}}}{\|\boldsymbol{N}_{ij}\boldsymbol{T}\|^2} \tag{2.14}$$

式中，$\Omega_{ij} = \dfrac{s_{ij}\cos\theta_{\text{out}}}{\|\boldsymbol{N}_{ij}\boldsymbol{T}\|^2}$ 为地表面元相对目标卫星所呈立体角；s_{ij} 为经纬度位于 (i,j) 的地表面元面积；$\|\boldsymbol{N}_{ij}\boldsymbol{T}\|$ 为地表面元中心至目标卫星的距离。

因此，目标卫星表面接收的地表面元辐射照度为 $E'_{ij} = E_{ij}\cos\theta_i$，其中 θ_i 为地表面元反照光入射卫星的方向向量与卫星表面法向量的夹角，即入射天顶角。实际上，卫星所受辐射照度为所有有效地表面元共同作用的结果。有效地表面元需要满足的条件为

$$\begin{cases} \theta_{\text{in}} < 90°, & \text{面元处于阳光直射范围内} \\ \theta_{\text{out}} < 90°, & \text{面元反射光可以直射卫星} \end{cases}$$

则卫星所受地表总辐射照度为各有效面元照度的叠加,设卫星所受地表总辐射照度为 E_e,有:

$$E_e = \sum_{S_{有效}} E_{ij} \tag{2.15}$$

式中,$S_{有效}$为地表有效面元区域。

在图 2.10 中,卫星可见区域上的光线可以照亮空间目标表面。光照区域是太阳光可以照亮的地球表面,那么地球反照的有效区域面积为光照区域与卫星可见区域的交集。

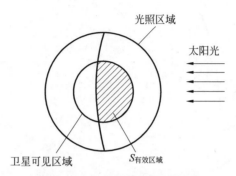

图 2.10　地表有效区域示意图

基于网格化的地球模型,通过 MODTRAN 模型对不同经纬度的大气进行模拟后,得到高度 400km 处的地球辐射亮度图,如图 2.11((a)为不考虑大气的地表反照辐射亮度,(b)为 400km 处的地球大气反照辐射亮度)所示。通过这张图可以很清楚地辨别地球上各区域对卫星的反照作用。如图 2.12 所示为高度 400km 处低轨目标受到大气及地表反照影响的光谱强度。

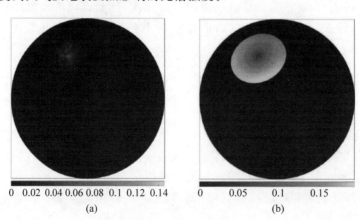

图 2.11　地球辐射亮度图

(a)不考虑大气的地表反照辐射亮度;(b)400km 处的地球大气反照辐射亮度

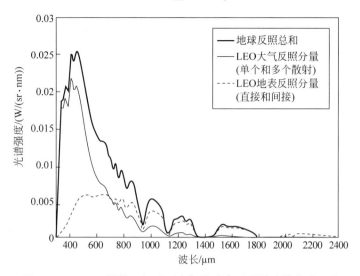

图 2.12　400km 低轨目标受到大气及地表反照影响的光谱强度

2.2.3　月球反照光

通常称太阳、月球、地球构成的夹角为"月相角",记为 θ_p;由于此处研究的是月球对卫星的反照影响,所以月相角引申为太阳、月球、卫星的夹角,称作"广义的月相角",记为 θ'_p。设地球、月球、卫星的夹角为 θ''_p,太阳和卫星间的距离为 R_0,太阳和月球间的距离为 R_2,月球和卫星间的距离为 R_3,月球和地球间的距离为 R_4,日地间的距离为 R_5,月球半径为 R_M,各参数间的关系如图 2.13 所示。

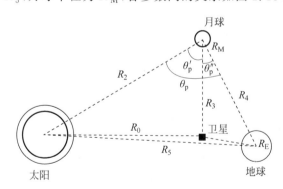

图 2.13　广义月相角定义

满足目标卫星能够接收到月球反照光的条件有 3 个:

(1) 太阳光直射月球不被地球遮挡,即排除月食的情况,如图 2.14(a)所示;

(2) 月球受光照表面与卫星覆盖区域存在重合区,如图 2.14(b)所示;

(3) 月球反照光直射卫星,不被地球遮挡,如图 2.14(c)所示。

对应以上 3 种情况的约束公式分别为

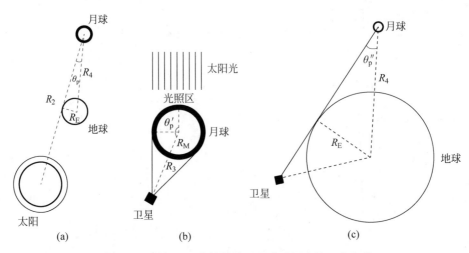

图 2.14 目标卫星能够接收到月球反照光的 3 个条件

(a) 排除月食示意图；(b) 月球受光照表面与卫星覆盖区域；(c) 月球反照光直射卫星

(1) $\theta_p > \arcsin\left(\dfrac{R_E}{R_4}\right)$；

(2) $\theta_p' < \left(\dfrac{\pi}{2} + \arccos\left(\dfrac{R_M}{R_3}\right)\right)$；

(3) $\theta_p'' > \arcsin\left(\dfrac{R_E}{R_4}\right)$。

当满足以上 3 个约束条件时，即可认为月球反照光对卫星观测产生了影响。

计算太阳到月球处的实时辐射照度。设太阳到月球的距离为 R_2，太阳常数为 Q_0，日地之间的平均距离为 R_0，则根据太阳到目标处的辐射照度与目标距离的平方成反比，可以计算得到月球处的太阳辐射照度为

$$E_{sm} = Q_0 \cdot \left(\frac{R_2}{R_0}\right)^2 \tag{2.16}$$

由于月球质量小，产生不了足够的引力，不能将气体分子大量吸附在月球的表面，通常被认为是被真空环绕，故只需考虑月球的平均反射率。月球距离目标距离较远，可以被视为点光源，通常对实测月球辐射照度进行分析，以拟合月球辐射照度或月球圆盘反射率随月相角的变化规律。

2.3 双向反射分布函数定义及相关理论

2.3.1 粗糙面及其分类

对某一材质而言，影响其表面散射特性的根本因素是表面粗糙度。表面粗糙

度是指材质表面具有的微小间距和峰谷的不平度。一般来说,根据表面粗糙程度可以将材质分为两类:光滑表面和粗糙表面,粗糙表面又可分为完全粗糙表面和一般粗糙表面。不同粗糙表面的反射情况如图 2.15 所示。当光线入射到材质表面时,其对光的散射主要由两部分组成:镜面反射部分(相干部分)和漫反射部分(非相干部分)。材质的表面粗糙度越大,其反射光的漫反射所占比例就越高,材质的漫反射特性就越强;反之,镜面反射特性越强。

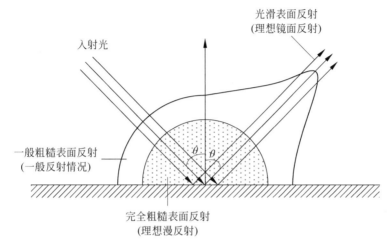

图 2.15　不同粗糙表面的反射情况

设 h 是材质表面任意两位置的相对高度差,λ 为入射光的波长,θ 为入射天顶角。表面粗糙程度的一种划分标准如下:

$h < \dfrac{\lambda}{25\cos\theta}$,光滑表面

$\dfrac{\lambda}{25\cos\theta} < h < \dfrac{\lambda}{8\cos\theta}$,一般粗糙表面

$h > \dfrac{\lambda}{8\cos\theta}$,完全粗糙表面

由此可以看出,材质的表面粗糙度的划分与入射光波长有关,不同波长的光线入射到相同材质表面,表现出的散射特性也不相同。因此,在测量或者比较不同材质的散射特性时,要明确入射光的波长范围。

一般情况下,上述 3 种情况也称为"理想镜面反射""理想漫反射"和"一般反射情况"。在真实条件下,理想镜面反射和理想漫反射都是不存在的。在实验测量中,通常认为经过表面抛光的镜子的反射为理想镜面反射,聚四氟乙烯压制的白板的反射为理想漫反射。

2.3.2　双向反射分布函数

双向反射分布函数(BRDF)的提出是为了更好地研究材质对某一入射光线在

上半球空间内的散射情况。目前,该函数在空间目标光学散射截面计算、空间目标特征反演、空间目标识别,以及地背景光学特性、计算机图像处理等领域有广泛的应用。其表达式为[1]

$$f_r(\theta_i, \varphi_i; \theta_r, \varphi_r) = \frac{\mathrm{d}L_r(\theta_i, \varphi_i; \theta_r, \varphi_r)}{\mathrm{d}E_i(\theta_i, \varphi_i)} \tag{2.17}$$

式中,(θ_i, φ_i)为入射光线的天顶角和方位角,(θ_r, φ_r)为出射光线的天顶角和方位角。$\mathrm{d}E_i$是入射光线在(θ_i, φ_i)方向,于空间角 $\mathrm{d}\omega_i$ 内入射到面元 $\mathrm{d}A$ 上的辐射照度;$\mathrm{d}L_r$是入射光线照射面元 $\mathrm{d}A$ 后于(θ_r, φ_r)方向,在空间角 $\mathrm{d}\omega_r$ 内的出射光辐射亮度;双向反射分布函数 f_r 为微分量,单位为 sr^{-1},其在理想情况下,当入射天顶角为$90°$或观测天顶角为$90°$时取值均为 0,无法直接测量得到。相关的几何关系如图 2.16 所示。

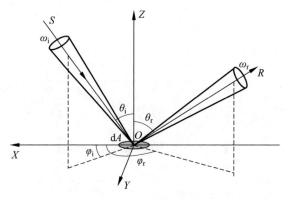

图 2.16　BRDF 的几何关系

由式(2.17)可知,BRDF 为辐射照度与辐射亮度之比,具有两种特性:

(1) 能量守恒

从任意方向入射材质表面,其反射率不大于 1,即

$$\int f_r \cos\theta_r \mathrm{d}\omega_r \leqslant 1$$

(2) 亥姆霍兹互易性

亥姆霍兹互易性(Helmholtz reciprocity principle)是指将入射光方向与出射光方向互换,可以得到相同的散射情况。即

$$f_r(\theta_i, \varphi_i) = f_r(\theta_r, \varphi_r)$$

在空间目标观测等应用中,与 BRDF 直接相关的物理量主要包括半球反射率和光学散射截面,下面分别进行介绍。

2.3.3　半球反射率

半球反射率 $\rho_{2\pi}$ 被定义为上半球空间内材质的反射功率与入射功率之比,是

描述材质表面散射特性的物理量[47]:

$$\rho_{2\pi} = \frac{\int_{2\pi} \mathrm{d}P_r}{\mathrm{d}P_i} = \frac{\mathrm{d}\Phi_r}{\mathrm{d}\Phi_i} \tag{2.18}$$

式中，P_i 为光源入射到材质表面的功率，$\int_{2\pi} \mathrm{d}P_r$ 是材质在上半球空间内的反射功率。

$\mathrm{d}\Phi_i$ 为光源在空间角 $\mathrm{d}\omega_i$ 内入射到面元 $\mathrm{d}A_i$ 上的辐射通量：

$$\mathrm{d}\Phi_i = \mathrm{d}A_i \int_{\omega_i} L_i(\theta_i, \varphi_i) \cos\theta_i \mathrm{d}\omega_i \tag{2.19}$$

$\mathrm{d}\Phi_r$ 为探测装置在空间角 $\mathrm{d}\omega_r$ 内接收到的辐射通量：

$$\mathrm{d}\Phi_r = \mathrm{d}A_i \int_{\omega_r} L_r(\theta_r, \varphi_r) \cos\theta_r \mathrm{d}\omega_r = \mathrm{d}A_i \int_{\omega_r} f_r \mathrm{d}E_i(\theta_i, \varphi_i) \cos\theta_r \mathrm{d}\omega_r$$

$$= \mathrm{d}A_i \int_{\omega_i} \int_{\omega_r} f_r L_i(\theta_i, \varphi_i) \cos\theta_i \cos\theta_r \mathrm{d}\omega_i \mathrm{d}\omega_r \tag{2.20}$$

则半球反射率 $\rho_{2\pi}$ 可以表示为

$$\rho_{2\pi} = \frac{\mathrm{d}\Phi_r}{\mathrm{d}\Phi_i} = \frac{\int_{\omega_i} \int_{\omega_r} f_r L_i(\theta_i, \varphi_i) \cos\theta_i \cos\theta_r \mathrm{d}\omega_i \mathrm{d}\omega_r}{\int_{\omega_i} L_i(\theta_i, \varphi_i) \cos\theta_i \mathrm{d}\omega_i} \tag{2.21}$$

如果光源发出的入射光线是均匀的，并且材质是各向同性的，则式(2.21)中的 L_i 为常数，可得

$$\rho_{2\pi} = \frac{\int_{\omega_i} \int_{\omega_r} f_r \cos\theta_i \cos\theta_r \mathrm{d}\omega_i \mathrm{d}\omega_r}{\int_{\omega_i} \cos\theta_i \mathrm{d}\omega_i} \tag{2.22}$$

在入射空间角 ω_i 很小的情况下，可认为材质的 BRDF 在 ω_i 内保持不变，此时，对 ω_i 在上半球空间(2π)内积分即可求得该材质的半球反射率：

$$\rho_{2\pi} = \int_{2\pi} f_r \cos\theta_r \mathrm{d}\omega_r \tag{2.23}$$

对于理想朗伯体，其不吸收外部辐射，即表面总反射功率等于入射功率，则有 $\rho_{\mathrm{lambert}} = 1$，$f_r = 1/\pi$。而在真实情况下，不同材质表面的 BRDF 分布各不相同，因此可以利用标准板的 BRDF 与各种材料的 BRDF 进行比较测量，下文关于 BRDF 测量使用的就是这种方法。

2.4 光学散射截面

2.4.1 空间目标光辐射

当空间目标处于太阳光照区，并且和探测器满足几何可见条件(二者之间无遮

挡)时,其相对几何关系如图 2.17 所示,此时探测器可以接收到由目标卫星反射出的太阳辐射。

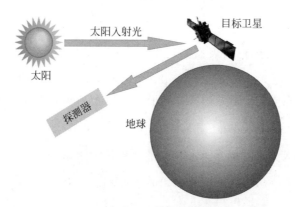

图 2.17 　太阳、目标卫星、探测器之间的相对几何关系

目标卫星面元 dA 接收到的太阳辐射通量 dΦ_i 和辐射照度 dE_i 分别为

$$\mathrm{d}\Phi_i = E_{\mathrm{sun}}\cos\theta_i \mathrm{d}A, \quad \mathrm{d}E_i = \frac{\mathrm{d}\Phi_i}{\mathrm{d}A} = E_{\mathrm{sun}}\cos\theta_i \tag{2.24}$$

设面元 dA 在观测方向上的辐射通量为 dΦ_r,辐射亮度为 dL_r,辐射强度为 I_r,立体角为 dω_r。设目标表面材质的 BRDF 为 $f_r(\theta_i,\phi_i,\theta_r,\phi_r)$,则根据 BRDF 的定义式可得

$$\begin{cases} \mathrm{d}L_r = f_r(\theta_i,\phi_i,\theta_r,\phi_r)\mathrm{d}E_i = f_r(\theta_i,\phi_i,\theta_r,\phi_r)E_{\mathrm{sun}}\cos\theta_i \\[2mm] \dfrac{\mathrm{d}\Phi_r}{\mathrm{d}A\cos\theta_r \mathrm{d}\omega_r} = \mathrm{d}L_r \\[2mm] I_r = \dfrac{\mathrm{d}\Phi_r}{\mathrm{d}\omega_r} = E_{\mathrm{sun}}f_r(\theta_i,\phi_i,\theta_r,\phi_r)\cos\theta_i\cos\theta_r \mathrm{d}A \end{cases} \tag{2.25}$$

位于观测方向上的探测系统入瞳面元 ds 所接收到的面元 dA 发出的辐射通量 dΦ_d 为

$$\mathrm{d}\Phi_d = I_r \mathrm{d}\Omega = E_{\mathrm{sun}}f_r(\theta_i,\phi_i,\theta_r,\phi_r)\cos\theta_i\cos\theta_r \mathrm{d}A \cdot \frac{\mathrm{d}s}{R_1^2} \tag{2.26}$$

式中,dΩ 为入瞳面元 ds 所成的立体角,由 2.1 节立体角的定义可知 d$\Omega = \mathrm{d}s/R_1^2$。

则面元 ds 所接收的由面元 dA 发出的辐射照度 E_d 为

$$\mathrm{d}E_d = \mathrm{d}\Phi_d/\mathrm{d}s = \frac{E_{\mathrm{sun}}}{R_1^2} \cdot \left(\int_A E_{\mathrm{sun}}f_r(\theta_i,\phi_i,\theta_r,\phi_r)\cos\theta_i\cos\theta_r \mathrm{d}A \right) \tag{2.27}$$

当目标卫星距离远大于探测器的入瞳直径时,可以将探测器入瞳视为垂直于观测方向的平面;并且在点目标探测的情况下,目标反射入瞳的光可以视为平行光,则目标在入瞳处产生的辐射照度处处相等,可以表示为

$$E_d = \mathrm{d}E_d = \frac{E_{\mathrm{sun}}}{R_1^2} \cdot \left(\int_A E_{\mathrm{sun}}f_r(\theta_i,\phi_i,\theta_r,\phi_r)\cos\theta_i\cos\theta_r \mathrm{d}A \right) \tag{2.28}$$

式中,太阳、目标、测站需要满足的几何关系为目标受太阳直射(cosθ_i>0)和目标相对测站可见(cosϕ_i>0)。

2.4.2　OCS 定义和相关理论

由 2.4.1 节推导出的目标在入瞳处的辐射照度公式可以看出,括号内的表达式仅与目标表面材质种类、外形结构和尺寸,以及太阳入射方向和观测接收方向有关,而与可见光探测系统的具体指标参数和相对距离无关。因此,将其作为目标光学散射截面(optical cross section,OCS)的定义式[48]:

$$\text{OCS} = \int_A f_r(\theta_i, \phi_i, \theta_r, \phi_r) \cos\theta_i \cos\theta_r dA \tag{2.29}$$

由上述分析可知,OCS 主要应用于目标光学探测时成点目标像的情况。可以根据目标的 OCS 计算探测系统接收到的目标辐射照度 E_d,进而计算目标信号的能量和信噪比。

目前公开的文献中并没有对 OCS 的单位进行规范,Mark 在推导了朗伯球体的 OCS 公式[11]后,将 m²/sr 作为其单位;而韩意在推导 OCS 定义式后直接将 m²作为其单位[16],这就出现了同一个变量单位表述不统一的问题,本书将对其概念进行梳理和分析。

由式(2.29)可以推导:

$$\text{OCS} = \frac{E_d \cdot R_1^2}{E_{\text{sun}}} \tag{2.30}$$

根据式(2.30)推导 OCS 的单位是探测距离 R_1 的平方,即米的平方,从形式上看此单位是面积单位,即平方米(m²)。根据式(2.30),推导 OCS 是面积和 BRDF 的乘积,所以单位应该为 m² · sr⁻¹ = m²/sr,与距离的平方是同一单位。参考立体角 Ω 的定义:以椎体的基点为球心作一球表面,椎体在球表面上所截取部分的表面积 dS 和球半径 r 的平方之比表示为

$$d\Omega = \frac{dS}{r^2} = \frac{r^2 \sin\theta d\theta d\varphi}{r^2} = \sin\theta d\theta d\varphi \tag{2.31}$$

式中,θ 为天顶角,φ 为方位角,dθ 和 dφ 分别为其增量。立体角的单位是球面度(sr)。通过立体角的定义亦可证实距离单位 m 的平方与 m² · sr⁻¹ = m²/sr 是同一个单位。

在雷达目标特性研究领域,有一个非常重要的物理量,即雷达散射截面(radar cross section,RCS),它是用来表征雷达目标对照射电磁波散射能力的一个物理量[51]。经过几十年的发展,目前关于 RCS 已有不少著作,雷达散射截面已经成为雷达领域中的一个独立分支,并且其理论已经比较成熟。RCS 的常用单位是 m²,它的量纲是面积单位,但与实际目标的物理面积没有必然关系,因此并不主张将 RCS 称为"雷达截面积"。考虑到光也是电磁波的一种,并且已经证明距离单位 m

的平方和 $m^2 \cdot sr^{-1} = m^2/sr$ 是同一个单位,借鉴 RCS 的定义方式,将光学散射截面 OCS 定义为表征目标对照射光波散射能力的物理量,并且将 m^2 作为 OCS 的单位。但是需要注意的是,和 RCS 一样,这并不是物理面积的单位,在某些情况下一个 $1cm^2$ 的镜子会比一所房子的 OCS 都大。

RCS 有两种定义方式:一种基于电磁散射理论的观点;另一种基于雷达测量的观点。二者的基本概念都是统一的,均定义为单位立体角内目标朝接收方向散射的功率与从给定方向入射于该目标的平面波功率密度之比的 4π 倍。其中,基于雷达测量观点的 RCS 定义为

$$\sigma = 4\pi \cdot \frac{\text{接收天线每单位立体角内的散射功率}}{\text{目标处照射功率密度}} \tag{2.32}$$

式(2.32)适用于利用相对标定法测量目标的 RCS。将待测目标和已知精确 RCS 的定标体轮换置于同一距离上,当测量雷达的威力系数(发射功率 P_t,发射天线增益 G_t 与天线面积 A_r 均不变)相同时,分别测得接收功率 P_r 与 P_{r0},则

$$\sigma = \frac{P_r}{P_{r0}}\sigma_0 \tag{2.33}$$

式中,下标 0 表示定标体,因此目标的 RCS 与发射天线到目标的距离 r_t 和目标到接收天线的距离 r_r 无关,这样通过相对测量方法就可以测得目标的 RCS。

参考 RCS 的定义,将基于光学测量观点的 OCS 定义为

$$\text{OCS} = 4\pi \cdot \frac{\text{探测器每单位立体角内接收的散射功率}}{\text{目标处光源辐射照度}}$$

$$= 4\pi \cdot \frac{\Phi}{E_{sun}} = \frac{\Phi_t}{E_{sun}} \tag{2.34}$$

式中,Φ 是探测器每单位立体角内接收的辐射通量,即接收的功率,单位为 W/sr;Φ_t 是目标散射通量,单位为 W;E_{sun} 是目标处光源的辐射照度,单位为 W/m^2。在光源固定且入射条件相同的情况下,若不考虑光源辐射照度的不均匀性,可以认为照射到目标表面的辐射照度 E_{sun} 不变。

对比式(2.30)和式(2.34)发现,式(2.34)中的 Φ/E_{sun} 即文献[11]定义的 OCS。可见,原有 OCS 定义与 RCS 的物理含义不一致。为实现 OCS 和 RCS 的统一,便于 OCS 的理解和应用,将 OCS 的表达式重新定义:

$$\text{OCS} = 4\pi \cdot \int_A f_r(\theta_i, \theta_r, \varphi)\cos\theta_i\cos\theta_r \mathrm{d}A \tag{2.35}$$

则目标在探测器入瞳处的辐射照度公式变为

$$E_{target} = \frac{E_{sun}}{4\pi R_1^2} \cdot \text{OCS} \tag{2.36}$$

这样不仅将 OCS 的单位进行了解释说明,也将 OCS 和 RCS 的定义进行了统一,为后续 OCS 的理论研究提供了思路。本书将采用式(2.34)和式(2.35)中的 OCS 定义开展研究,其含义是目标的散射通量与到达目标处的入射光辐射照度

之比。

2.4.3 简单形状朗伯体的 OCS 解析模型

对于形状简单的朗伯体目标,设其表面仅有一种材料,在可见光波段的半球反射率 $\rho_{2\pi'}$ 为常量,所以 $f_r = \rho_{2\pi'}/\pi$,根据式(2.35)可得朗伯体的 OCS 表达式为

$$OCS = 4\pi \cdot \frac{\rho_{2\pi'}}{\pi} \int_A \cos\theta_i \cdot \cos\theta_r dA \tag{2.37}$$

下面给出朗伯平板、球体和圆柱体的 OCS 理论解析模型表达式。

(1) 朗伯平板

朗伯平板的 OCS 表达式为

$$OCS = 4\pi \cdot \frac{\rho_{2\pi'}}{\pi} \int_A \cos\theta_i \cdot \cos\theta_r dA = 4\rho_{2\pi'} S_0 \cos\theta_i \cos\theta_r \tag{2.38}$$

式中,朗伯平板法线与入射光的夹角为 θ_i,与反射光的夹角为 θ_r,S_0 为朗伯白板的面积,$\rho_{2\pi'}$ 为朗伯白板的半球反射率,可用分光测色计直接测得。

(2) 朗伯球体

朗伯球体计算坐标系示意图如图 2.18 所示,图中 $\boldsymbol{OD}$ 是球心到探测系统的单位向量,$\boldsymbol{OS}$ 是球心到太阳的单位向量,$\boldsymbol{OS}$ 与 $\boldsymbol{OD}$ 的夹角即太阳相位角 β,dA 为积分面元,$\boldsymbol{ON}$ 为面元的单位外法线向量,$\boldsymbol{ON}$ 与 xOz 平面的夹角为 φ,$\boldsymbol{ON}$ 在 xOz 平面的投影 $\boldsymbol{ON'}$ 与 $\boldsymbol{OD}$ 的夹角为 ϕ。

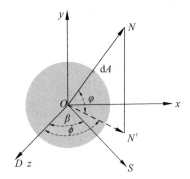

图 2.18　朗伯球体计算坐标系示意图

朗伯球体 OCS 的表达式:

$$OCS = 4\pi \cdot \frac{\rho_{2\pi'} R^2}{\pi} \int_{-\pi/2}^{\pi/2} \int_{\beta-\pi/2}^{\beta+\pi/2} \cos\phi \cos(\beta-\phi) \cos^3\varphi d\phi d\varphi$$

$$= \frac{8\rho_{2\pi'} R^2}{3} [\sin\beta + (\pi-\beta)\cos\beta] \tag{2.39}$$

式中,$\rho_{2\pi'}$ 为朗伯球体的半球反射率,R 为球体半径,β 为太阳相位角,$\beta \in [0, \pi]$。

（3）朗伯圆柱体

朗伯圆柱体的计算坐标系示意图如图 2.19 所示。**OD** 为探测器单位向量,在 yOz 平面内与 Oy 轴的夹角为 η。**OS** 为太阳的单位向量,与 Oy 轴夹角为 γ,**OS** 在 xOz 平面上的投影 **OS′** 与 Oz 轴的夹角为 β。dA 为积分面元,dA 的外法线向量 **ON** 平行于 xOz 平面,**ON** 与 Oz 轴正方向的夹角为 ϕ。

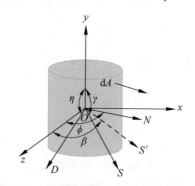

图 2.19　朗伯圆柱体的计算坐标系示意图

设圆柱体底面半径为 R,高为 L,圆柱面的 OCS 为 $\mathrm{OCS}_{圆柱面}$,底面的 OCS 为 $\mathrm{OCS}_{底面}$,圆柱面的半球反射率为 $\rho_{2\pi'}$,则圆柱面的 OCS 表达式为

$$\mathrm{OCS}_{圆柱面} = 4\pi \cdot \frac{\rho_{2\pi'}R}{\pi}\int_{-L/2}^{L/2}\int_{\beta-\pi/2}^{\pi/2}\sin\eta\cos\phi\sin\gamma\cos(\beta-\phi)\,\mathrm{d}\phi\,\mathrm{d}y$$

$$= 2\rho_{2\pi'}RL\sin\eta\sin\gamma[\sin\beta + (\pi-\beta)\cos\beta] \tag{2.40}$$

设圆柱体底面材质的半球反射率为 $\rho_{2\pi''}$,当 γ 和 η 同号时,$\mathrm{OCS}_{底面}$ 不为 0,其表达式为

$$\mathrm{OCS}_{底面} = 4\pi \cdot \rho_{2\pi''}R^2\cos\eta\cos\gamma \tag{2.41}$$

则圆柱体的 OCS 理论表达式为

$$\mathrm{OCS}_{圆柱} = \begin{cases} \mathrm{OCS}_{圆柱面} + \mathrm{OCS}_{底面} = 2\rho_{2\pi'}RL\sin\eta\sin\gamma \cdot \\ \quad [\sin\beta + (\pi-\beta)\cos\beta] + 4\pi \cdot \rho_{2\pi''}R^2\cos\eta\cos\gamma, & \cos\eta\cos\gamma > 0 \\ \mathrm{OCS}_{圆柱面} = 2\rho_{2\pi'}RL\sin\eta\sin\gamma[\sin\beta + (\pi-\beta)\cos\beta], & \cos\eta\cos\gamma \leqslant 0 \end{cases}$$

$$\tag{2.42}$$

式中,$\beta \in (0,\pi)$。

2.4.4　空间目标 OCS 与星等的转换关系

在天文学中,常用等效视星等来表示空间目标的光学散射特性,当两个星体的辐射照度之比为 100 时,它们的等效视星等之差为 5,即

$$\frac{E_2}{E_1} = 100^{(m_1-m_2)/5} = 2.512^{m_1-m_2} \tag{2.43}$$

式中，m_1 和 m_2 为星体 1 和星体 2 的等效视星等，E_1 和 E_2 为对应的照度。

等效视星等采用光照度单位，国际上规定星等为 0 的空间目标的光照度为 $E_1 = 2.65 \times 10^{-6}$ lx（光照度单位，$1\text{lx} = 1\text{lm/m}^2$），则星等为 m 的空间目标的光照度 E_m（lm/m^2）为

$$E_m = 2.65 \times 10^{-6}/2.512^m \tag{2.44}$$

因此，光照度为 E_m 的空间目标星等 m 为

$$m = -\log_{2.512}\left(\frac{E_m}{E_0}\right) = -13.98 - 2.5\lg E_m \tag{2.45}$$

由于本书的 OCS 定义式采用了辐射度单位，因此，要将光照度单位转化为辐射度单位。在转化过程中，需要考虑人眼的光谱光视觉效能 V_λ，其定义式为

$$V_\lambda = \frac{\Phi_\lambda}{\Phi_{e\lambda}} \tag{2.46}$$

式中，Φ_λ 表示光通量（lm），$\Phi_{e\lambda}$ 表示辐射通量（W）。

定义 K_m 为最大光谱光视效能，对于中心波长为 580nm 的狭窄波段，$K_m = 683\text{lm/W}$。因此，在波长为 $\lambda_1 \sim \lambda_2$ 的平均光视效能 K_0 为

$$K_0 = K_m \sum_{i=1}^{n} V_\lambda \Delta\lambda \tag{2.47}$$

在 $0.45 \sim 0.90\mu\text{m}$ 波段，K_0 约为 158lm/W。

将式（2.45）中的光照度单位转化为辐射照度单位，可得在探测系统入瞳处，卫星的辐射照度 E_{target} 与其星等 m 之间的关系：

$$E_{target} = \frac{2.65 \times 10^{-6}/2.512^m}{K_0},$$
$$m = -13.98 - 2.5\lg(E_{target} \cdot K_0) \tag{2.48}$$

已知太阳的星等 $m_{sun} = -26.74$，设其辐射照度为 E_{sun}，则空间目标的星等 m 为

$$m = -26.74 - 2.5\lg\left(\frac{E_{target}}{E_{sun}}\right) \tag{2.49}$$

将式（2.48）代入可得

$$m = -26.74 - 2.5\lg\left(\frac{\text{OCS}}{R_1^2}\right) \tag{2.50}$$

根据朗伯球体的目标 OCS 计算公式，简要分析星等与目标参数、观测距离、观测角度之间的关系。以 1m 半径朗伯球体为目标，反射率为 0.5，观测距离为 1000km、2000km、5000km 条件下不同相位角条件下的星等变化曲线，如图 2.20 所示。

总的来看，距离越近目标星等越小，目标越亮。同时也注意到距离变化带来的目标亮度变化不是线性的，距离越远变化越小。当相位角为 100° 时，1000km 距离的目标星等约为 6 星等，而 36000km 的目标约为 14 星等。

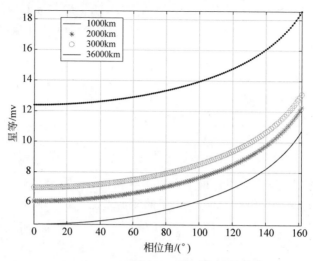

图 2.20　不同距离条件下星等随相位角的变化曲线

不同距离条件下星等随 OCS 的变化曲线如图 2.21 所示。

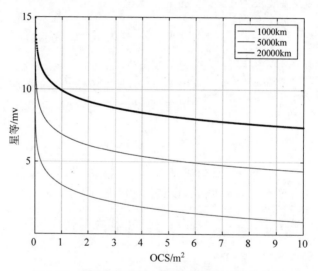

图 2.21　不同距离条件下星等随 OCS 的变化曲线

从结果可以看出,对于不同距离的目标,OCS 的变化造成星等的快速变化。当 OCS 较小时,变化量对星等的影响较大;而当目标 OCS 较大时,变化量对星等的影响较小。这主要是由 OCS 与星等之间的非线性变化引起的。

第 3 章

空间目标表面材质散射特性建模

第 3 章图片

3.1 BRDF 描述方法及常用模型

对空间目标表面材质的散射特性建模是开展目标散射特性建模和分析的前提。空间目标所使用的材质种类多样,不同材质的散射特性差别较大,需要使用描述能力较强的数学模型进行描述。

BRDF 模型是描述空间目标材质光学散射特性的重要手段,其用途是使用一组参数尽可能精细地描述散射特性。BRDF 建模就是在确定的 BRDF 模型并采集 BRDF 数据的基础上,基于材质 BRDF 数据测量结果进行模型参数的反演[49-55]。根据模型的物理基础、所应用的知识和模型的表现形式,BRDF 模型可以分为 3 类:物理模型、经验(半经验)模型和数据驱动模型。其中,物理模型和经验(半经验)模型已经发展得比较成熟。本章将首先简要介绍了 3 类 BRDF 模型及其发展和应用情况,在此基础上,分析 BRDF 数据测量原理和测量方法。最后,基于测量数据开展 BRDF 模型参数的拟合。

3.1.1 物理 BRDF 模型

物理 BRDF 模型是基于一定的物理原理,建立在几何光学、物理光学及光的相互作用等知识上的 BRDF 模型。典型的物理 BRDF 模型包括 Torrance-Sparrow 模型、Cook-Torrance 模型、Maxwell-Beard 模型、Davies 模型等[16,49]。此类模型通过包含不同类型材质表面的多种物理特性和微观几何特性,尽可能精确地模拟材质的真实情况,模型中的所有参数都具有特定的物理意义。但是物理 BRDF 模型的使用必须建立在已知材质某些物理参数的基础上,而这些参数的测量难度较大且对测量设备要求较高,因此物理 BRDF 模型的应用受到限制。常用的物理 BRDF 模型有如下几种。

（1）Torrance-Sparrow 模型

Torrance-Sparrow 模型假设材质表面由微小的类镜面面元组成，这些面元在材质表面的分布是关于面元法线和材质平均表面法线的夹角的高斯分布；同时考虑到菲涅耳效应，应使用菲涅耳反射函数来表示。模型表达式如下：

$$f_r = gF(\gamma,\hat{n})\frac{G(\theta_{ip},\theta_{rp})}{\cos\theta_r}\exp(-c^2\alpha^2)+\frac{\rho_0}{\pi}\cos\theta_i \tag{3.1}$$

式中，第一项为粗糙表面的镜面反射分量，第二项为漫反射分量。g 为镜面反射系数，其大小表征镜面反射特性的强弱；$F(\gamma,\hat{n})$ 为菲涅耳反射函数，γ 为微观入射角，有 $\cos^2\gamma=(\cos\theta_i\cos\theta_r-\sin\theta_i\sin\theta_r\cos\varphi+1)/2$，$\hat{n}$ 为材质的表面复折射率；指数项 $\exp(-c^2\alpha^2)$ 为待测材质粗糙度的统计特征，α 为微观面元法线 **ON** 与材质平均表面法线 **OZ** 的夹角，有 $\cos a=(\cos\theta_i+\cos\theta_r)/2\cos^2\lambda$；$G$ 为遮蔽函数，θ_{ip}、θ_{rp} 分别为入射光矢量和观测矢量在 NOZ 平面上的投影；V_o' 为 V_o 在 XOY 平面上的投影；ρ_0 为漫反射系数。各角度关系如图 3.1 所示。

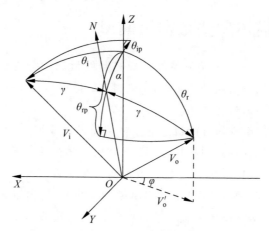

图 3.1　Torrance-Sparrow 模型角度关系图

（2）Cook-Torrance 模型

Cook-Torrance 模型在 Torrance-Sparrow 模型的基础上改进而来。该模型简化了 Torrance-Sparrow 模型中对反射通量贡献项的描述，指出只有朝向视线方向与反射方向中线的微平面对表面反射有贡献。考虑到入射光线可以被其他微平面遮挡和反射光的遮蔽效应，该模型假设这些微平面为 V 型槽结构且未考虑多重散射，其表达式如下：

$$f_r = \frac{k_d}{\pi}+\frac{k_s}{\pi}\cdot\frac{F\cdot D\cdot G}{\cos\theta_i\cdot\cos\theta_r} \tag{3.2}$$

式中，第一项为漫反射分量，k_d 为漫反射系数；第二项为镜面反射分量，k_s 为镜面反射系数，F 表示菲涅耳反射函数，D 表示微平面分布函数，这里采用贝克曼分布函数，G 表示几何衰减因子。

（3）Maxwell-Beard 模型

Maxwell-Beard 模型[50]是面向涂层表面的 BRDF 模型,融合了多种理论模型的优势,其表达式如下:

$$f_r(\theta_i, \varphi_i; \theta_r, \varphi_r) = \frac{R_F(\beta)}{R_F(0)} \cdot \frac{f_{ZBS}(\theta_N)\cos^2\theta_N}{\cos\theta_i\cos\theta_r}G(\tau, \Omega) + \rho_D + \frac{2\rho_V}{\cos\theta_i\cos\theta_r}$$

（3.3）

式中,θ_i 为入射天顶角,φ_i 为入射方位角,θ_r 为观测天顶角,φ_r 为观测方位角; $f_{ZBS}(\theta_N) = R_F(0)D(\theta_N, \varphi_N)/4\cos\theta_i\cos\theta_r$,$D(\theta_N, \varphi_N)$ 为微观面元的经验密度函数,θ_N 为微观面元法线与材质平均表面法线的夹角,φ_N 为其方位角;R_F 为菲涅耳反射函数;G 为掩盖和遮蔽函数;ρ_D 为漫反射系数;ρ_V 为镜面反射系数。

（4）Davies 模型

Davies 模型是根据实际粗糙表面微观几何结构的统计特征推导的数学公式。该模型假设目标表面由小的随机分布的面元组成,基于基尔霍夫近似并忽略了电磁波项。其表达式为

$$f_r(\theta_i, \varphi_i; \theta_r, \varphi_r) = \frac{\rho}{\cos\theta_i\cos\theta_r}\pi^3\left(\frac{a}{\lambda}\right)^2\left(\frac{\sigma}{\lambda}\right)^2(\cos\theta_i + \cos\theta_r)^4 \times$$

$$\exp\left\{-\left(\frac{\pi a}{\lambda}\right)^2\left[\sin^2\theta_i + \sin^2\theta_r + 2\sin\theta_i\sin\theta_r\cos(\varphi_i - \varphi_r)\right]\right\}$$

（3.4）

式中,θ_i 为入射天顶角,θ_r 为观测天顶角,φ_i 为入射方位角,φ_r 为观测方位角,ρ 为反射率,σ 为表面粗糙度均方根,a 为表面自相关长度。

3.1.2　经验 BRDF 模型

经验 BRDF 模型是能够简单地模拟材质表面反射特性的数学表达式,是在已知大量实验数据且合理运用数学知识的基础上总结的 BRDF 模型。此类模型的建立并没有考虑表达式背后的物理合理性,因此,模型参数一般没有物理意义。在经验模型中,有一类模型部分运用物理和几何光学的知识,部分使用实践经验和总结知识,被称为"半经验模型"。常用的经验模型有:

（1）Lambertain 模型

Lambertain 模型是一种相对简单的 BRDF 模型,该模型模拟了理想情况下的漫反射,因此也被称为"理想散射模型",其表达式为

$$f_r = \frac{\rho}{\pi}$$

（3.5）

式中,ρ 为漫反射系数。该模型下反射光为常数,无法模拟真实条件下的材质特性。

（2）Minnaert 模型

Minnaert 模型在 Lambertain 模型的基础上进行了改进，模拟了漫反射系数随角度的变化情况，其表达式如下：

$$f_r = \frac{\rho}{\pi}(\cos\theta_i \cos\theta_r)^{k-1} \quad (0 < k < 1) \tag{3.6}$$

式中，k 代表黑度参数，表征材质各向异性的程度，当 $k=1$ 时，模型就转化为 Lambertain 模型。虽然该模型可以模拟漫反射系数随角度的变化，但并不具备描述较强前向和后向散射的能力，并且该模型不能描述反射光线随方位角的变化情况。

（3）冯模型

冯基于实验测量数据，运用几何光学知识提出了一种亮度模型，能够对不同散射特性的材质进行描述：

$$f = \rho_d + \rho_s \frac{\cos^\alpha \beta}{\cos\theta_i} \tag{3.7}$$

式中，β 为观测方向与镜面反射方向的夹角，Lafortune 对其定义域进行重新界定，令 $\beta = \min[\pi/2, \beta]$ 以保证其满足亥姆霍兹互易性和能量守恒定律；θ_i 为入射天顶角。关于冯模型的详细介绍可参考 3.3 节。

（4）Ward 模型

Ward 模型基于椭圆高斯分布建模，模型形式简单，且模型参数均具有其物理意义，其生成的计算机图形相对于冯模型更加真实。模型参数可以通过测量得到，也可以使用 BRDF 测量数据进行参数反演，计算方便。其表达式如下：

$$f_r = \frac{\exp(-\tan^2\alpha/\sigma^2)}{4\pi\sigma^2 \cdot \sqrt{\cos\theta_i \cos\theta_r}} \tag{3.8}$$

式中，σ 代表材质表面的粗糙度；α 表示微观面元法向量与材质平均表面法向量的夹角。该模型符合能量守恒定律，满足亥姆霍兹互易性，且具有物理模型的部分特点。

BRDF 物理和经验模型经过多年的发展已经被广泛应用于相关领域，但是大部分经验模型和物理模型是针对某一类光学特征进行建模，具有一定的局限性；而且对于表面复杂且分布极不规则的材质来说，需要针对特定的材质具体分析使用何种方法得到最优结果。

3.1.3　数据驱动 BRDF 模型

物理 BRDF 模型和经验 BRDF 模型经过多年发展已经被广泛应用，但是大部分模型都是针对某一类光学特征进行建模，具有局限性；对于表面复杂且分布极不规则的材质来说，需要具体分析使用何种方法得到最优结果。针对这些问题，近年来出现了应用机器学习理论对 BRDF 进行建模的方法，基于该类方法所建立的模型被称为"数据驱动 BRDF 模型"。

数据驱动 BRDF 模型是以机器学习方法为基础，建立在大量实测数据之上，面向各向异性材质建模的 BRDF 模型。此类模型相对于上述两类模型最明显的不同在于其没有特定的数学表达式，而是通过特定的方法构建学习模型。设定各项参数的初始值，输入大量的实测数据训练该模型，模型就会根据学习结果利用一定的方法更新参数，在模型的误差达到要求时输出模型。数据驱动模型是基于真实测量数据得到的，与现实的符合程度较高。

数据驱动 BRDF 模型刚刚兴起，研究水平还没有达到物理模型和经验模型的高度，但是其正处于蓬勃发展阶段，是近年的研究热点，具有广阔的应用前景。数据驱动 BRDF 模型的建模采用深度学习方法的较少，而深度神经网络相对于传统的降维方法和浅层机器学习方法有更好的特征提取和描述能力，已经在多个领域显现优势。

3.2 BRDF 测量

实际空间目标表面材质具有较为复杂的散射特性，无法使用单一参数进行描述。为此，通常需要对常用材质进行 BRDF 测量，据此拟合各类 BRDF 模型的参数。空间目标材质 BRDF 数据的测量已经成为研究空间目标光学散射特性的基础，高精度测量数据也是支撑高精度 BRDF 模型建模的重要保障。

3.2.1 空间目标常用材质

不同类型的卫星在形态、结构、表面材质等方面具有较大差异，但是一般来说可以分为 3 部分：卫星本体、有效载荷和太阳能帆板。卫星通常需要在冷热交变剧烈的空间环境中工作，一般本体表面会覆盖各种类型的热控涂层和多层隔热材料，多层隔热材料的最外侧一层会影响光学特性，通常是金色、银色聚酰亚胺薄膜等。对于太阳能帆板来说，早期卫星上的帆板多采用单晶 Si 电池片，近年来随着卫星载荷对帆板供电能力的需求变大，GaAs 电池板因其较高的光电转换效率等被广泛应用。根据所执行任务的不同，卫星的有效载荷有很大差异，一般来说，卫星表面的可见载荷为光学相机、卫星天线等，通常涂有有机黑漆、有机白漆和无机漆等。

根据卫星表面常用材质的类型，笔者收集了空间目标表面常用的 24 种材质，如图 3.2 所示。

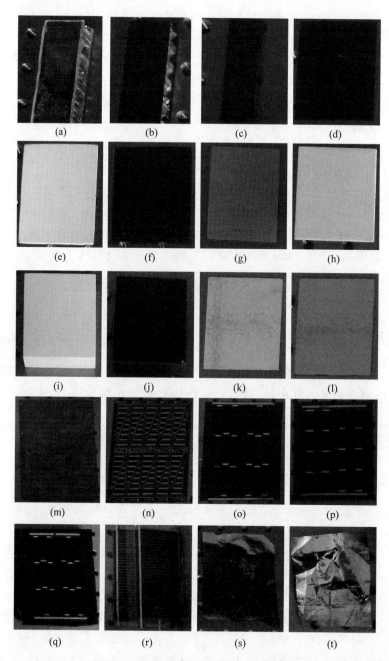

图 3.2　空间目标表面常用的 24 种材质

(a) 铝蜂窝蒙皮板；(b) 碳纤维蜂窝蒙皮板；(c) 碳纤维板；(d) 漆板；(e) 有机白漆板；(f) 有机酞菁蓝漆板；(g) 黄绿漆板；(h) 环氧漆板；(i) LP6 白漆板；(j) LP6 酞菁蓝漆板；(k) 覆银膜阳极板；(l) 覆金膜阳极板；(m) 铜；(n) PCB 板；(o) 砷化镓电池板；(p) 单晶硅电池板；(q) 电池板背面材质；(r) 非晶硅柔性薄膜；(s) 金色聚酰亚胺薄膜；(t) 银色聚酰亚胺薄膜；(u) 阳极板；(v) 铝箔；(w) 无机白漆板；(x) 抛光铝

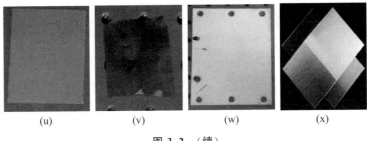

(u)　　　　　(v)　　　　　(w)　　　　　(x)

图 3.2　（续）

3.2.2　BRDF 的测量系统——REFLET 180S

第 1 章介绍了当前能够用于 BRDF 测量的相关系统,其中大多为大学、研究院所等自行设计搭建的实验测量系统,普遍存在效率低、测量精度不高等问题。REFLET 180S 是法国 LIGHT TEC 公司生产的 BRDF 测量系统,包括光源模块、探测模块、样品台、三轴转台、电机控制模块及数据处理系统。光源盒内置卤钨灯,功率为 100W,波长为 $400\sim1800$ nm。在光源盒里可以选装 3 色(红、绿、蓝)滤光片,并可以调节功率密度。照明探头安装在悬臂上,通过悬臂转动改变光源入射角 θ_i,转动范围为 $0°\sim180°$,主要控制入射光的天顶角范围为 $0°\leqslant\theta_i\leqslant180°$;探测模块最主要的器件是探测器探头,根据可观测的样品光斑直径的不同分为 3 种,分别为 6mm、8mm 和 14mm。探头安装在两轴转台上,分别控制接收反射光的天顶角和方位角,其中反射光的天顶角范围为 $-90°\leqslant\theta_r\leqslant90°$,系统内部定义的方位角范围为 $-90°\leqslant\varphi\leqslant90°$。3 个转轴的角精度均为 $\pm0.1°$。样品台用来放置定标白板和待测样品,高度可以调节,并有两个水平调节旋钮。测量装置集成在一暗室黑箱中,能够有效减小杂散光的干扰,保证测量结果的准确性。整套系统由计算机进行控制,实现测量过程的全自动化,提高测量效率,节省时间。若进行全方位测量,可以得到 5832×109 组数据,所测数据会自动存储,同时输出待测材料的 BRDF 图形。数据的存储类型为工程文件.sess,也可以导出为.txt 文件,以进行后续处理。REFLET 180S 测量系统如图 3.3 所示。

在该系统内部,定义入射天顶角为 $0°\sim180°$,观测天顶角为 $-90°\sim90°$,方位角为 $-90°\sim90°$,其相互关系如图 3.4 所示。

在图 3.4 中,入射光矢量为 $\boldsymbol{SO}$,当探测器和光源分别位于法线两侧时,反射光矢量为 $\boldsymbol{OR}_1$,位于法线同侧时为 $\boldsymbol{OR}_2$。假设此时 3 个矢量在 XOY 平面内的投影均位于 Y 轴上,分别为 $\boldsymbol{S'O}$、$\boldsymbol{OR}_1'$ 和 $\boldsymbol{OR}_2'$。在 BRDF 对角度的定义中,方位角定义为入射光矢量的反向矢量在 XOY 面内的投影与反射光矢量在 XOY 面内投影的夹角,逆时针方向为正;而在测量系统内部,方位角定义为探测臂 OT 与 OY 轴的夹角,逆时针方向为正。在测量过程中,探测器的扫描平面与探测臂垂直,因此,当探测器在 OYZ 平面内扫描时,探测臂位于 OX 轴上,此时系统内部的方位角

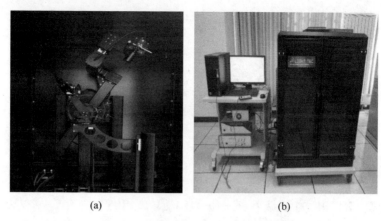

图 3.3　REFLET 180S 测量系统实拍

（a）内部实拍；（b）整体实拍

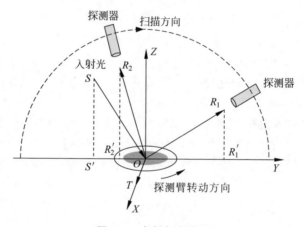

图 3.4　内部角度关系

$\angle S'OR'_1 = -90°$。以测量系统定义的方位角来看,当探测臂位于 R_1 时,方位角为 $\angle S'OR'_1 = 180°$。因此,需要对测量系统内部定义的方位角进行修正,修正公式为

$$\begin{cases} \varphi_b = \varphi_s + 90°, & -90° \leqslant \theta_r < 0° \\ \varphi_b = \varphi_s + 270°, & 0° \leqslant \theta_r \leqslant 90° \end{cases} \quad (3.9)$$

式中,φ_b 为 BRDF 中的方位角(反射方向与入射方位角的差值,即($\varphi_r - \varphi_i$),如图 2.4 所示);φ_s 为测量系统定义的方位角;θ_r 为观测天顶角(偏离天顶方向的角度,当反射方向与入射光线位于同一侧时为负,不在同一侧时为正)。通过转换公式,实现了 BRDF 方位角在 0°~360° 的变化,保证了对材质样片上半球空间内 BRDF 数据的测量。

3.2.3　BRDF 的测量原理

目前,BRDF 的测量方法分为两种:绝对测量法和相对测量法。绝对测量法

是指通过探测设备直接测得入射光辐射照度和反射光辐射亮度,通过求解比值,得到 BRDF 的方法。该方法的测量结果容易受到光源质量、探测设备的不稳定性等的影响,并且对探测设备的精度要求较高。相对测量法是将被测材质数据与已知 BRDF 数据的标准板进行比较的测量方法,这种方法可以有效消除光源和探测设备对测量精度的影响。REFLET 180S 系统采用相对测量法,测量所采用的参考标准板为美国计量科学研究院标定的由聚四氟乙烯压制的白板,其半球反射率为 ρ,BRDF 为 ρ/π。在 $(0^\circ, \varphi_i)$ 方向入射、$(30^\circ, \varphi_r)$ 方向出射的情况下标定,考虑到恒功率光源辐射照度随入射天顶角的变化,BRDF 的相对测量公式为

$$f_r(\theta_i, \varphi_i; \theta_r, \varphi_r) = \frac{L_r(\theta_i, \varphi_i; \theta_r, \varphi_r)\cos0^\circ}{L_b(0^\circ, \varphi_i; 30^\circ, \varphi_r)\cos\theta_i} \cdot \frac{\rho}{\pi} \tag{3.10}$$

式中,$L_r(\theta_i, \varphi_i; \theta_r, \varphi_r)$ 为入射光沿 (θ_i, φ_i) 入射到待测材质时,沿 (θ_r, φ_r) 方向出射的辐射亮度;$L_b(0^\circ, \varphi_i; 30^\circ, \varphi_r)$ 为入射光沿 $(0^\circ, \varphi_i)$ 入射到定标板时,沿 $(30^\circ, \varphi_r)$ 方向出射的辐射亮度。在 BRDF 中,方位角定义为 $\varphi_b = \varphi_r - \varphi_i$,而参考标准板为各向同性材料,可以令 $\varphi_i = 0^\circ$,则方位角为 $\varphi_b = \varphi_r - 0 = \varphi_r$,将 BRDF 转化为 θ_i、θ_r、φ_r 的函数。本书在定标时选择的出射方位角为 $\varphi_r = 180^\circ$,此时系统内部定义的方位角为 $\varphi_s = -90^\circ$。则在测量实验中,BRDF 的测量公式为

$$f_r(\theta_i, \varphi_i; \theta_r, \varphi_r) = \frac{L_r(\theta_i; \theta_r, \varphi_r)}{L_b(0^\circ; 30^\circ, 180^\circ)} \cdot \frac{\cos0^\circ}{\cos\theta_i} \cdot \frac{\rho}{\pi} = \frac{L_r(\theta_i; \theta_r, \varphi_r)}{L_b(0^\circ; 30^\circ, 180^\circ)} \cdot \frac{\rho}{\pi\cos\theta_i}$$

$$\tag{3.11}$$

3.2.4 BRDF 的测量步骤和结果

国内相关文献介绍了多套 BRDF 测量系统,但在测量自动化程度和测量角度间隔方面都存在一定局限性。本书以 REFLET 180S 为测量工具,介绍其基本的测量步骤。这些步骤可为其他同类型 BRDF 测量设备的研制和使用提供参考。在测量过程中,转台控制、数据采集等操作都是由系统自动完成的,人工操作部分主要集中于测量之前的准备工作,以及确定测量的角度范围和取点密度选择等方面。具体操作步骤如下。

步骤 1:调节定标白板高度

在测量过程中,需要保证光源照射在材质表面的位置不变,因此,在每次测量之前,都需要对样品放置台的高度进行调整,以达到光斑位置不变的要求。本书采用的方法为将一个标有交叉十字的纸板置于待测材质表面,同时将光源调至入射天顶角 $\theta_i = 0^\circ$,保证十字中心与光斑中心重合;在增大光源入射角的同时调整物台高度,始终保持两个中心的重合;最后得到该样品适合的高度。

步骤 2:标准板定标

首先,建立对应材质的数据存储文件,该类文件是 REFLET 180S 系统用于存储 BRDF 数据的特定文件;然后,将光源调节至入射天顶角为 $\theta_i = 0^\circ$,系统内部方

位角 $\varphi_s = -90°$（BRDF 的方位角为 $180°$）；最后，测量反射光强度，对标准板进行定标，得到其 BRDF 曲线，如图 3.5 所示。

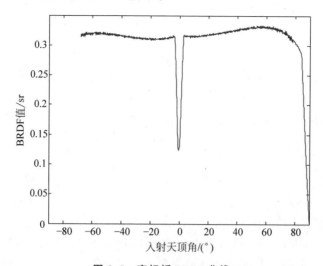

图 3.5　定标板 BRDF 曲线

入射天顶角为 $0°$，系统内部方位角为 $-90°$

理想朗伯体的 BRDF 曲线应为一条值恒等于 $1/\pi$ 的直线。本书使用的定标白板均为近似标准朗伯体，因此，所得曲线应当是一条近似平行于 $1/\pi$ 的直线。在图 3.5 中可以看出，除两侧部分和凹陷部分（探测器遮挡所致），曲线是一条 BRDF 值近似为 $1/\pi$ 的直线，证明了定标的准确性。

步骤 3：调节待测样品的高度和水平

调节高度的操作与调节定标板的操作相同。调节置物台水平是为了保证待测样品的表面法线方向与 $0°$ 入射方向重合，减小测量误差。在高度调整完毕后，首先调整光源的入射天顶角 θ_i 和探测装置的观测天顶角 θ_r 相等，均等于 $30°$；然后，设置系统内部方位角为 $\varphi_s = -90°$，调节置物台水平旋钮的同时观察探测装置接收到的强度，当其达到最大时即认为样品台已达到水平，操作结束。

步骤 4：BRDF 测量

设置光源入射天顶角、探测装置观测天顶角和系统内部方位角的范围，系统会根据设置自动测量，并将测量结果保存在文件中。

本书在测量过程中为了保证测量数据能够准确反映待测材质的 BRDF 分布，选择的观测天顶角范围为 $-90° \leqslant \theta_r \leqslant 90°$，每隔 $0.1°$ 记录一次数据，所得数据能够更加精确地反映材质的光学散射特性。由于取点密度的增加，得到一种材质的全部数据会消耗约上百小时，并且长时间不间断的工作对测量系统的寿命影响较大。因此，在测量时，可将光源入射天顶角 θ_i 设置为 $2°$、$5°$、$15°$、$30°$、$45°$、$60°$、$75°$、$80°$。上述角度参数包含了大角度入射、小角度入射和典型角度入射的情况。

方位角的选取需要根据材质的光学特性来确定。由于不同的空间目标常用材质具有不同的光学散射特性,在测量过程中,首先对各个材质进行单一入射角下的预测量。图 3.6 给出了金色聚酰亚胺薄膜在入射天顶角 θ_i 为 30°、系统内部方位角分别为 −90°和 −70°时的预测量数据曲线。

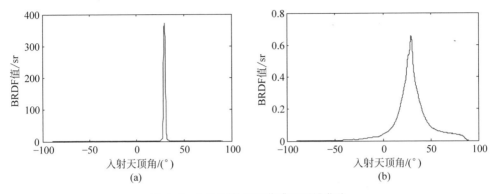

图 3.6　金色聚酰亚胺薄膜预测量曲线

（a）入射天顶角为 30°,系统内部方位角为 −90°；（b）入射天顶角为 30°,系统内部方位角为 −70°

通过两条曲线可以看出,当系统内部方位角为 −90°时,金色聚酰亚胺薄膜的 BRDF 峰值为 372.06;当系统内部方位角为 −70°时,其峰值衰减为 0.66,且曲线已开始失真,噪声干扰明显。造成这种现象的原因是,该材质具备较强的镜面反射特性,其表面反射的光通量主要集中在镜面反射方向附近,偏离镜面反射方向之后会迅速衰减,导致探测装置在偏离镜面反射方向 20°后接收到的光通量迅速下降,数据的信噪比降低,影响了测量数据的有效性。因此,对于镜面反射特性较强的材质,应选择的方位角范围为 160°～180°,且每隔 1°扫描一次。

图 3.7 给出了环氧漆在入射天顶角 θ_i 为 30°、系统内部方位角分别为 $\varphi_s = -90°$和 $\varphi_s = -70°$时的预测量数据曲线。

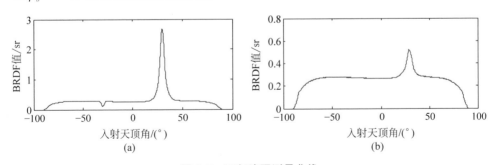

图 3.7　环氧漆预测量曲线

（a）入射天顶角为 30°,系统内部方位角为 −90°；（b）入射天顶角为 30°,系统内部方位角为 −70°

通过对比结果可以得到,当系统内部方位角为 −90°时,环氧漆的 BRDF 峰值为 2.68;当系统内部方位角为 −70°时,其峰值衰减到 0.52,衰减率远小于金色聚酰亚胺薄膜,且图像并没有在噪声的干扰下失真。此类材质具有较明显的漫反射特性,反射光通量的峰值随方位角变化的衰减较小,在偏离镜面反射平面 20° 后仍具有较高的信噪比。因此对于此类材质,可选择方位角为 90°~180°,且每隔 5° 扫描一次。

笔者认为,以上 BRDF 测量流程具有代表性,尤其是其对白板和样品高度及平整度的调节保证了测量结果的准确性,对于工程中空间目标表面材质特性的获取具有很好的启示性。

3.2.5 测量数据处理与分析

1. 测量数据处理

当系统测量结束后,会将所有测量数据以入射角为依据,自动存储为专用工程文件,并可以由 REFLET 180S 软件读取。该软件可以将文件中的数据导出为文本文件。图 3.8 给出了金色聚酰亚胺薄膜在入射天顶角为 2° 时,导出的部分测量内容。

```
Name / Comment :  /
Date : Nov 29 2015 Time 22:42:44 HC
Data file type : Intensity BRDF
Calibration Value : TM : 30.0 PM : -90.0 TL :0.0 Int : 408300.3
Calibration Filename : C:\Reflet 180S/SPCAL.txt
Visible Mode
Polarizers : No
Polarizer angle : 0
Analyser angle : 0
Reflection Source Aperture (field and diaphragm) : 0
Transmission Source Aperture (field and diaphragm) : 0
Collection Aperture (field and diaphragm) : 0
Spectral Mode : 0
Theta measure beginning : -90
Theta measure end : 90
Theta measure step : 0.1
Scanning : 2 axes
Phi measure beginning : -90
Phi measure end : -70
Phi measure step : 1
Theta Lighting 15
-90.00  0.00  0.00000000  0.00000000  0.00000000  0.00000000  0.00000000  0.00000000  0.00000000  0.00000000  0.000
-89.90  0.00053844  0.00000728  0.00000000  0.00000000  0.00000000  0.00079311  0.00039292  0.00004366  0.00010914  0.00019646
-89.80  0.00064031  0.00055299  0.00000000  0.00000000  0.00000000  0.00083676  0.00000000  0.00000000  0.00043657  0.00025467
-89.70  0.00061120  0.00000000  0.00000000  0.00000000  0.00000000  0.00031288  0.00020373  0.00000000  0.00017463  0.00000000
-89.60  0.00074217  0.00042930  0.00000000  0.00000000  0.00000000  0.00064758  0.00044385  0.00000000  0.00056027  0.00000000
-89.50  0.00008004  0.00004366  0.00005821  0.00000000  0.00014552  0.00045113  0.00031288  0.00000000  0.00033471  0.00009459
-89.40  0.00029105  0.00081494  0.00000000  0.00000000  0.00011642  0.00000000  0.00012370  0.00036381  0.00048751  0.00019646
-89.30  0.00000000  0.00000000  0.00000000  0.00000000  0.00017463  0.00040747  0.00000000  0.00000000  0.00035653  0.00025467
-89.20  0.00030560  0.00006549  0.00000000  0.00000000  0.00052389  0.00017463  0.00000000  0.00022556  0.00000000  0.00000000
-89.10  0.00039292  0.00000000  0.00000000  0.00000000  0.00080038  0.00041474  0.00002910  0.00041474  0.00005821
-89.00  0.00016735  0.00050933  0.00000000  0.00000000  0.00014552  0.00050206  0.00026922  0.00000000  0.00046568  0.00055299
-88.90  0.00102595  0.00077128  0.00000000  0.00000000  0.00004385  0.00000000  0.00079311  0.00047295  0.00010914  0.00078583  0.00033471
-88.80  0.00123696  0.00068396  0.00000000  0.00063303  0.00023284  0.00159349  0.00061848  0.00000000  0.00002183  0.00058210  0.00056027
-88.70  0.00068396  0.00080038  0.00000000  0.00000000  0.00038564  0.00138976  0.00018191  0.00024012  0.00080038  0.00058937
```

图 3.8　金色聚酰亚胺薄膜的 txt 导出文件

从图 3.8 中可以看出,该文件的前 21 行信息表示数据测量时系统的各项参数。从第 22 行开始为测量数据信息,第一列为探测装置的观测天顶角,之后每一列对应一个方位角下的数据。镜面反射特性较强的材质为 21 列[*],按 BRDF 方位角为 160°~180°、间隔为 1° 的顺序从左至右排列。漫反射特性较强的材质为 19

---

[*]　由于图像大小的限制,图 3.8 并没有截取完整的导出文件信息数据,此处仅供参考。

列,按 BRDF 方位角为 $90°\sim180°$、间隔为 $5°$ 的顺序从左至右排列。数据规整处理后得到如图 3.9 所示的存储格式,表中的入射天顶角、观测天顶角、系统内部观测方位角的单位均为度$(°)$。

	A	B	C	D
1	入射天顶角	观测天顶角	系统内部观测方位角	BRDF值
2	2	-90	-90	0
3	2	-90	-89	0
4	2	-90	-88	0
5	2	-90	-87	0
6	2	-90	-86	0
7	2	-90	-85	0
8	2	-90	-84	0
9	2	-90	-83	0
10	2	-90	-82	0
11	2	-90	-81	0
12	2	-90	-80	0
13	2	-90	-79	0
14	2	-90	-78	0
15	2	-90	-77	0
16	2	-90	-76	0
17	2	-90	-75	0

图 3.9 数据规整处理后的存储格式

可以看出,转换过后省略了不必要的信息,数据形式更加简单,易读性增强,有利于后续研究工作对数据的调用。

2. 测量误差分析

在测量过程中,测量结果与真实值之间的差称为"测量误差",测量误差直接影响结果的准确性。在现实情况下,尽管所有测量设备都不可能绝对准确,但仍需要尽可能降低测量误差。

测量误差按照其对测量结果的影响,可以分为系统误差和随机误差。系统误差定义为,在重复性条件下,对同一物理量进行多次测量所得结果的平均值与被测量真值的差。随机误差定义为,某一物理量的测量结果与该物理量在重复性条件下测得的平均值之差。在本书所进行的测量实验中,系统误差主要包括样品水平和高度调节不准确带来的误差、标准板测量误差等;随机误差主要包括由光源功率不稳定造成的误差、探测设备信号接收灵敏度误差、三轴转台的转动误差。

综上,测量误差的表达式为

$$\varepsilon = \sqrt{\varepsilon_s^2 + \varepsilon_a^2} \approx \sqrt{\varepsilon_{si}^2 + \varepsilon_{sd}^2 + \varepsilon_{sm}^2 + \varepsilon_p^2} \tag{3.12}$$

式中,ε_s 为系统误差,ε_a 为平均随机误差,ε_{si} 为光源功率误差,ε_{sd} 为探测装置的信号接收误差,ε_{sm} 为三轴转台的转动误差,ε_p 为人工调节误差。

本书所使用的 BRDF 测量系统为全封闭、自动化测量系统,相对于目前较多的非封闭和半自动测量手段,具有较高的测量精度。通过分析多种材质的测量结果发现,对测量结果影响较大的误差为人工调节误差,因此,系统误差是测量误差的主要影响因素。

REFLET 180S 系统的操作手册没有给出其系统误差,所以需要对其进行计算。通过分析实验过程和特点,在使用标准板定标的过程中不需要对样品台进行水平调节操作,因此,认为使用标准白板的定标误差即测量系统的系统误差。图 3.10 给出了本书所使用的系统定标值与理想朗伯体 BRDF 值的对比曲线。

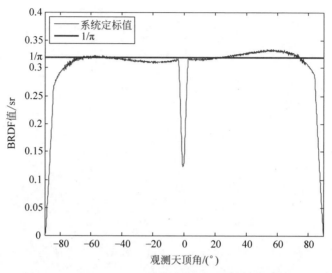

图 3.10 系统定标值与理想朗伯体 BRDF 值的对比曲线

入射天顶角为 0°,系统内部方位角为 −90°

由此可以看出,在观测天顶角为 0°附近,由于探测装置的遮挡而导致测量数据异常。因此,需要将该部分数据剔除(或插值补齐)再进行计算。根据数据测量结果,本书所使用的系统误差计算公式为相对误差公式:

$$\varepsilon_s = \frac{\sum_{i=1}^{n} \mid x_i - \rho/\pi \mid}{n\rho/\pi} \tag{3.13}$$

式中,n 为测量数据量,x_i 为标准板 BRDF 的测量值,ρ/π 为理想朗伯体的 BRDF 值。对于白板,由式(3.13)可得,该设备的系统误差为 $\varepsilon_s = 1.52\%$。

对于随机误差,由于人工调节样品放置台高度和水平的影响,每次操作完成后不可避免地会产生偏差。针对此问题,通过对同一种材质进行多次试测量的方式来尽可能降低随机误差的影响,最后得出对 24 种空间目标材质 BRDF 数据测量的平均随机误差为 $\varepsilon_a = 3.24\%$。

综上,本书对 24 种空间目标材质 BRDF 数据测量的实验误差约为 3.58%。

本书在对 24 种空间目标材质的 BRDF 数据进行分析时发现,在相同方位角下,不同特性的材质 BRDF 峰值的变化规律有很大差异。对于镜面反射特性较强的材质,其 BRDF 峰值随入射天顶角的变化比较平缓;对于漫反射特性较强的材质,其 BRDF 峰值随入射天顶角的增大呈现明显的增大趋势,并且入射角天顶角越大,平均增幅越大。表 3.1 列出了 4 种空间目标常用材质在方位角为 180°时 BRDF

的峰值变化。

表 3.1　4 种空间目标常用材质的 BRDF 峰值变化

材 质 名 称	2°	5°	15°	30°	45°	60°	75°	80°
有机黑漆	9.18	9.20	9.71	11.74	18.25	48.35	281.22	664.39
环氧漆	1.58	1.62	1.75	2.29	3.90	14.43	150.54	430.48
金色聚酰亚胺薄膜	269.44	274.18	317.14	372.06	463.35	622.56	983.98	1254.8
银色聚酰亚胺薄膜	349.68	352.56	380.87	464.52	613.21	823.76	1195.8	1866.6

在这 4 种材质中,有机黑漆和环氧漆属于具有较明显漫反射特性的材质,金、银色聚酰亚胺薄膜的镜面反射特性较强。通过测量数据可以看出,当入射天顶角由 2° 增加到 80° 时,有机黑漆的峰值增长了 72.37 倍,漫反射特性更明显的环氧漆的峰值增长了 272.46 倍;同时,金色聚酰亚胺薄膜的峰值增长了 4.65 倍,银色聚酰亚胺薄膜的峰值增长了 5.33 倍。漫反射特性较强的材质的峰值变化远大于镜面反射特性较强的材质,其实际表现如图 3.11 所示。

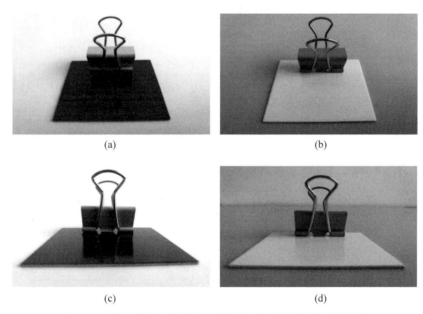

(a)　　　　　　　　　　　　　　(b)

(c)　　　　　　　　　　　　　　(d)

图 3.11　有机黑漆与环氧漆在不同入射天顶角下的反射情况
(a) 有机黑漆在 45° 时的反射情况;(b) 环氧漆在 45° 时的反射情况;
(c) 有机黑漆在 80° 时的反射情况;(d) 环氧漆在 80° 时的反射情况

由图 3.11 可以看出,漫反射特性较强的材质在入射天顶角较大的情况下观测会呈现比较明显的镜面反射特性,且随着入射天顶角的增大而增强,这就是上文提到的菲涅耳反射现象,经典冯模型无法描述该现象。对于 BRDF 精确建模而言,如此大的建模误差是无法接受的,所以本书将基于此现象对冯模型进行改进。

3.3 改进冯模型参数反演

冯模型是由 Phong 在 1975 年提出的一种基于实验测量数据[5]，运用几何光学知识构造的亮度模型。该模型的参数虽然并没有确定的物理意义，但是因形式简单、表达式清晰等特点被广泛应用于计算机图形学等领域。模型的表达式为

$$f(\boldsymbol{l} \to \boldsymbol{v}) = \rho_\mathrm{d} + \rho_\mathrm{s}\frac{(\boldsymbol{r} \cdot \boldsymbol{v})^\alpha}{(\boldsymbol{l} \cdot \boldsymbol{z})} \tag{3-14}$$

式中，ρ_d 和 ρ_s 分别为材质的漫反射系数和镜面反射系数；α 为镜向指数，用以调节材质镜面反射特性的强度；$\boldsymbol{r}$ 为镜面反射方向单位向量，$\boldsymbol{v}$ 为观测方向单位向量，$\boldsymbol{z}$ 为材质平均表面法向单位向量，$\boldsymbol{l}$ 为入射光反方向单位向量，各角度关系如图 3.12 所示。

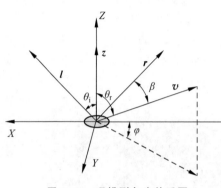

图 3.12　冯模型角度关系图

式(3.14)中的 $(\boldsymbol{r} \cdot \boldsymbol{v})$ 为镜面反射方向的单位向量和观测方向的点积，$(\boldsymbol{z} \cdot \boldsymbol{l})$ 为材质平均表面法向单位向量与入射光反方向的单位向量的点积，由此可以将冯模型的表达式修改为

$$f = \rho_\mathrm{d} + \rho_\mathrm{s}\frac{\cos^\alpha\beta}{\cos\theta_\mathrm{i}} \tag{3.15}$$

式中，β 为观测方向与镜面反射方向的夹角，Lafortune 对其定义域进行了重新界定[55]，令 $\beta = \min[\pi/2, \beta]$ 以保证其满足亥姆霍兹互易性和能量守恒定律；θ_i 为入射天顶角。图 3.12 中的 θ_r 为观测天顶角；φ 为观测方位角，该方位角与 BRDF 方位角和测量系统内的方位角均不相同，因此在应用中需要进行换算，换算关系为 $\varphi = \pi - \varphi_\mathrm{b}$。

从修改后的冯模型表达式可以看出，在对某种材质的 BRDF 数据进行预测时，一旦 ρ_s 的取值确定，该材质在任意入射天顶角 θ_i 下的 BRDF 峰值就会确定，并且其峰值大小与光线垂直材质平均表面入射情况下的峰值之比为 $1/\cos\theta_\mathrm{i}$，该比值不随材质的改变而变化。也就是说，对于具有不同光学散射特性的材质，经典冯模型对其 BRDF 峰值随入射天顶角而变化的描述是相同的，这显然不符合客观物理规律。在实际应用中，当光源垂直于粗糙材质表面入射时，观测到的镜面反射相对较弱；当光源非垂直入射时，入射光矢量越偏离法线，观测到的镜面反射就越强，这种现象即"菲涅耳现象"。由于菲涅耳现象的存在，具有不同光学散射特性材质的 BRDF 峰值随入射天顶角改变的变化各不相同。因此，需要在经典冯模型中引入能够描述 BRDF 值增长速度与入射天顶角关系的参数，才能够使其具备描述菲涅

耳反射现象的能力。

3.3.1 冯模型改进原理及方法

针对经典冯模型无法描述菲涅耳反射现象的问题,本节结合菲涅耳公式和现有 BRDF 模型对菲涅耳函数的描述,并基于高阶余弦原理,对经典冯模型镜面反射部分的分母 $\cos\theta_i$ 进行修正,为该项增加指数参数 a,修正为 $\cos^a\theta_i$。对于不同的 a,高阶余弦倒数 $(1/\cos^a\theta_i)$ 的曲线变化情况如图 3.13 所示。

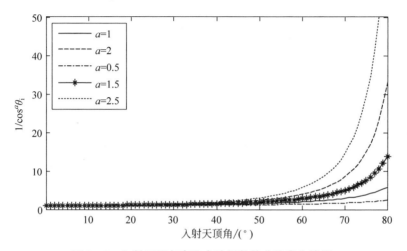

图 3.13 入射天顶角高阶余弦倒数的曲线变化情况

比较以上曲线可以看出,随着入射天顶角 θ_i 的增大,曲线上点的取值也增大;并且指数参数 a 越大,相同入射天顶角所对应的曲线取值和斜率就越大。因此,引入该项可以近似描述菲涅耳反射现象对材质 BRDF 分布的影响。该项的存在使通过调节指数参数 a 的大小来调节具有不同光学散射特性材质的菲涅耳反射强度成为可能,使改进后的冯模型可以调整不同材质的 BRDF 峰值增长速率,达到改善经典冯模型"纵向"描述效果的目的。

同时,经典冯模型对 BRDF 曲线形状的描述只能通过 $\cos^\alpha\beta$ 项来完成,该项呈现高阶余弦的特点,当且仅当 β 为 0,即观测方向与镜面反射方向重合时,取得最大值 1。α 越大,生成的曲线的半峰宽就越小,曲线的形状就越"尖锐";α 越小,生成曲线的半峰宽就越大,曲线的形状就越"平缓"。但是这种曲线形状的变化是固定的,同样不能根据材质光学散射特性的不同进行具体的调整。针对此问题,根据该项始终在镜面反射方向取得最大值的特点,引入指数项 $\exp[-b(1-\cos\beta)^c]$ 来补充经典冯模型对 BRDF 曲线形状描述能力的不足。在引入项中,b、c 均为大于 0 的实数,两者的大小共同控制镜面反射分量的增降速率。该项取值随 b、c 的变化情况如图 3.14 所示。

为了能够表现 b 和 c 对曲线的影响,选择了 4 种情况进行比较。通过曲线的

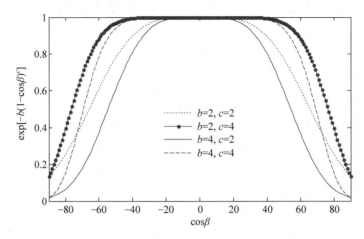

图 3.14   参数 b、c 对指数项的影响

变化可以看出,两个参数的作用效果相似,都可以通过控制参数的大小改变镜面反射分量的增降速率。因此,考虑到模型的参数个数对参数反演难度的影响,同时保证改进模型对材质光学散射特性的描述能力不受影响,本章将参数 c 分别修改为 $1/\pi$、$2/\pi$、$3/\pi$ 进行检验,并在保证 ρ_d、ρ_s 取值不变以确保验证试验正确性的前提下,有针对性地调整参数 a 与 b 的取值范围,检验参数 c 的取值变化对模型描述能力的影响。检验结果显示,在 c 取值改变的情况下,a 与 b 的取值也会改变,但是对于相同材质,改进模型参数反演的误差几乎不发生变化,即 a 与 b 的改变可以抵消由于 c 的变化产生的对改进模型参数反演精度的影响;同时,由图 3.14 可以看出,若 c 的取值过大,会导致指数项生成的曲线过于“尖锐”,限制 b 的调节能力。所以,本章将 c 取为定值 $1/\pi$,此时指数项的表达式修改为 $\exp[-b(1-\cos\beta)^{1/\pi}]$。

菲涅耳反射现象使得材质的镜面反射特性随入射天顶角的增大而增强,不同强度菲涅耳反射的影响效果有明显差异;另外,不同材质的光学散射特性也有较大差异。这两种差异在实验数据上的表现为:在相同方位角下,不同材质的实验测量 BRDF 曲线在镜面反射方向附近的增降速率的变化情况各不相同。这也是经典冯模型描述能力不理想的原因之一。而 $\exp[-b(1-\cos\beta)^{1/\pi}]$ 的引入会使经典冯模型的描述曲线在偏离镜面反射方向之后的下降速率发生变化,且该速率会随 b 的增加而增大,从而改善其描述能力。改进后的模型利用 a 与 b 的共同作用来改善经典冯模型的“横向”描述效果。

最后,考虑冯模型的漫反射部分。本书对几种具有不同光学散射特性材质的测量数据进行了分析。数据显示,在入射天顶角较小的情况下,不同材质漫反射部分的 BRDF 值随入射天顶角改变的变化并不明显;而在入射天顶角较大的情况下,材质的漫反射强度会呈现较明显的下降趋势,且入射天顶角越大,下降越明显。因此,这里对漫反射项引入 $\cos\theta_i$,修正为 $\rho_d\cos\theta_i$。

综上,改进后的冯模型表达式如下:

$$f_r = \rho_d \cos\theta_i + \rho_s \frac{\cos^a \beta}{\cos^a \theta_i} \exp[-b(1-\cos\beta)^{1/\pi}] \qquad (3.16)$$

式中，ρ_d、ρ_s、a、β 与经典冯模型相同；当 $a>0$ 时，该模型用以调节菲涅耳反射的强度；当 $b>0$ 时，该模型用以调节镜面反射分量的增降速度。

改进后的冯模型增加了两个参数 a、b，加强了经典冯模型描述菲涅耳现象的能力，同时也加强了其对镜面反射方向附近散射特性的描述能力。

3.3.2 改进模型验证

本节通过参数反演误差来评估模型的描述能力。使用材质的测量数据，利用遗传算法对该材质在两种模型（改进前后模型）下的参数进行反演，通过所得模型参数预测该材质的 BRDF 值，将预测结果与实际测量值作比较得出两个模型参数反演的误差，从而评估模型改进前后的描述能力。

由于 BRDF 模型的公式大都较为复杂，并且不同材质的模型参数差异很大，所以 BRDF 模型的参数反演需要能够解决复杂寻优问题的算法。智能优化算法是为解决复杂问题寻优而提出的，目前大部分 BRDF 模型的参数反演均是基于智能优化算法开展的。智能优化算法从提出至今已发展出许多类型，如遗传算法[56]、粒子群算法[57]、蚁群算法[58]等，都可以满足 BRDF 模型参数反演的需求。

使用遗传算法对改进冯模型进行参数反演的基本步骤如下。

(1) 确定需要反演的参数集。参数集包括改进冯模型中的 5 个待定参数：ρ_d、ρ_s、a、a、b。

(2) 确定参数集编码策略。参数集中的每个参数都可以看作基因中的一个特征，将这些特征按照一定策略进行编码并组成"染色体"。

(3) 选择适应度函数。本书选择标准均方误差作为适应度函数，通过对其最小值的寻优来达到寻找某材质最佳参数的目的。其计算表达式如下：

$$E(x) = \frac{\sum_{\theta_i} \sum_{\theta_r} (f_r \cos\theta_r - f_r^0 \cos\theta_r)^2}{\sum_{\theta_r} (f_r^0 \cos\theta_r)^2} \qquad (3.17)$$

式中，$x=(\rho_d, \rho_s, a, a, b)^T$ 为模型参数的向量表示；f_r 为模型预测值；f_r^0 为实际测量值。

(4) 选定遗传策略。包括初始种群大小（参数集解空间中染色体的个数），选择、交叉、变异操作的方法，以及交叉和变异的概率。根据多次算法调试结果，确定参数反演设置的初始种群数量为 1000，遗传迭代的最大次数为 20，交叉概率为 0.3，变异概率为 0.01。

(5) 种群初始化。按照所设定的参数取值范围对解空间中染色体随机赋值。

(6) 种群最优个体筛选。将"染色体"解码，将解码后的个体代入适应度函数，根据结果筛选出最优个体。

（7）终止判定。判断最优个体的适应度是否满足要求,或者是否达到最大迭代次数。若满足其中一个条件,则遗传结束,输出最优个体及其适应度;若不满足任何一个条件,则进行下一步。

（8）遗传。按照给定的遗传策略,生成下一代种群。

（9）重复步骤（6）、步骤（7）。

遗传算法流程如图 3.15 所示。

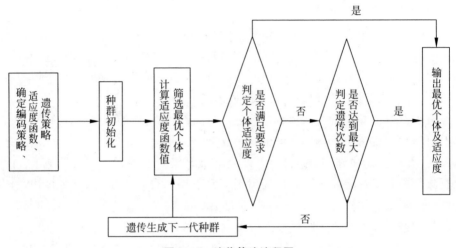

图 3.15　遗传算法流程图

3.3.3　改进模型有效性验证

若要验证改进模型的有效性,需要利用菲涅耳反射现象显著的材质 BRDF 数据,比较改进模型与经典冯模型描述能力的差异。所以,本节采用有机黑漆和环氧漆的实验测量数据,对两种模型的描述能力进行比较。

以有机黑漆测量数据为研究对象,分析经典冯模型和改进模型的描述能力。图 3.16 为两种模型参数反演结果的效果比较。

表 3.1 中给出了该材质 BRDF 测量数据的峰值变化,可见其具有较明显的菲涅耳反射现象。但是该材质仍具有较强的镜面反射特性,因此测量的方位角范围为 $160°\sim180°$（观测方位角为 $0°\sim20°$）,每隔 $1°$ 扫描一次。图 3.16 给出了入射天顶角为 $5°$、$60°$、$75°$,观测方位角为 $0°$ 时的参数反演结果。通过比较两种模型的预测曲线与测量数据曲线的契合度可以发现,经典冯模型在入射天顶角较小时的预测峰值高于测量数据,而当入射天顶角增大后,其峰值的增长速度远小于测量数据,导致描述效果较差。在改进模型的结果中可以看到,其在较小和较大的入射天顶角下均能够良好地契合测量数据。通过遗传算法反演得到有机黑漆在改进模型下的模型参数为 $\rho_d = 0.0248$、$\rho_s = 8.6453$、$\alpha = 1263.5$、$a = 2.4665$、$b = 0.7286$,误差

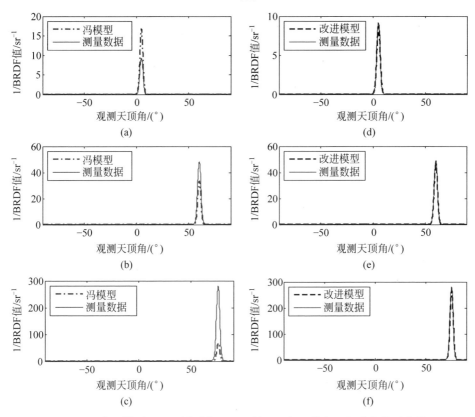

图 3.16 经典冯模型和改进模型在不同入射天顶角下的有机黑漆参数反演结果

（a）经典冯模型在入射天顶角为 5°，观测方位角为 0°时的反演结果；（b）经典冯模型在入射天顶角为 60°，观测方位角为 0°时的反演结果；（c）经典冯模型在入射天顶角为 75°，观测方位角为 0°时的反演结果；（d）改进模型在入射天顶角为 5°，观测方位角为 0°时的反演结果；（e）改进模型在入射天顶角为 60°，观测方位角为 0°时的反演结果；（f）改进模型在入射天顶角为 75°，观测方位角为 0°时的反演结果

$E = 0.0393$，而经典冯模型的误差 $E = 0.7028$。改进模型的误差明显降低，模型的预测结果更加贴近实际测量数据。

图 3.17 给出了经典冯模型和改进模型在入射天顶角为 75°时的 BRDF 分布灰

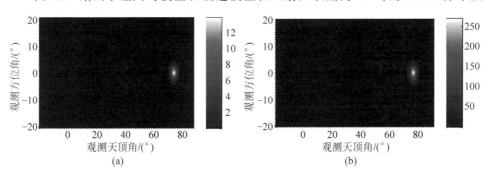

图 3.17 有机黑漆在入射天顶角 75°时 BRDF 分布的灰度

（a）经典冯模型灰度；（b）改进模型灰度

度。通过图像中的光斑大小和 BRDF 值可知,改进模型的峰值远大于经典冯模型,并且修正了 BRDF 值随观测天顶角和观测方位角变化的衰减速率,更加契合了实际分布。

　　为了保证验证实验的准确性,再次选用环氧漆的测量数据比较两个模型的描述能力。由表 3.1 可得,该材质的菲涅耳反射现象强于有机黑漆,意味着该材质的漫反射特性更加明显。因此,在测量时选择的观测方位角为 0°～90°,每隔 5°扫描一次。图 3.18 给出了入射天顶角为 2°、60°、80°,观测方位角(偏离反射平面的角度)为 0°时的参数反演结果。

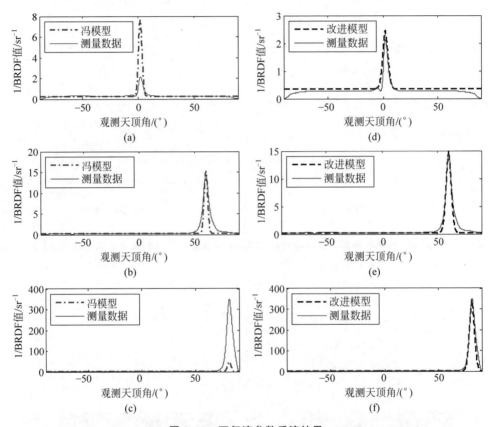

图 3.18　环氧漆参数反演结果

　　(a) 经典冯模型在入射天顶角为 2°,观测方位角为 0°时的反演结果;(b) 经典冯模型在入射天顶角为 60°,观测方位角为 0°时的反演结果;(c) 经典冯模型在入射天顶角为 80°,观测方位角为 0°时的反演结果;(d) 改进模型在入射天顶角为 2°,观测方位角为 0°时的反演结果;(e) 改进模型在入射天顶角为 60°,观测方位角为 0°时的反演结果;(f) 改进模型在入射天顶角为 80°,观测方位角为 0°时的反演结果

　　通过两种模型的结果对比得出,环氧漆经典冯模型所表现出的问题与有机黑漆相似,同样是预测峰值的变化率远小于实际测量数据,而改进模型在峰值变化率上依旧保持了良好的契合度,与测量数据较为吻合。环氧漆在改进模型下的参数为

$\rho_d=0.3596$、$\rho_s=2.0990$、$\alpha=509.8636$、$a=2.7775$、$b=1.8229$，误差 $E=0.0424$；而此时经典冯模型的误差 $E=0.7687$，远大于改进模型。

图 3.19 为环氧漆在入射天顶角为 75° 时，两个模型预测的 BRDF 分布灰度。与有机黑漆的情况类似，改进模型的预测结果在 BRDF 峰值和衰减速率方面远优于经典冯模型；且由于环氧漆的漫反射特性强于有机黑漆，改进模型描述效果的提升更明显。

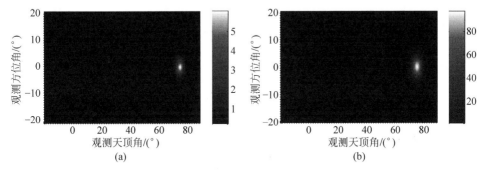

图 3.19　环氧漆在入射天顶角 75° 时的 BRDF 分布灰度

（a）经典冯模型的灰度；（b）改进模型的灰度

两个模型对两种材质反演效果的比较结果证明了改进模型的光学散射特性描述能力更强，能够较好地描述菲涅耳反射现象。

3.4　基于 Torrance-Sparrow 模型的改进 BRDF 经验模型

冯模型是一类典型的半经验模型，更适合开展计算机图形学分析。正如美国材质数据库中的相关约定，通常应使用两种 BRDF 模型对材质进行描述。本节主要对 BRDF 经验模型建模进行研究。分析五参数模型的局限性，借鉴其建模方法，对 Torrance-Sparrow 模型进行简化，得到能够在较高数据密度下准确描述空间目标常用材质光学散射特性的 BRDF 经验模型；利用遗传算法验证该模型的描述能力，并与五参数模型的描述能力进行比较，验证改进模型的合理性。

3.4.1　基于 Torrance-Sparrow 模型的模型构建

1. 五参数模型分析

西安电子科技大学的吴振森等利用几何光学知识结合统计学相关定理分析了粗糙材质表面的光学散射特性，在 Torrance-Sparrow 模型的基础上进行统计建模，得到了一种包含五参数的半经验模型。五参数模型将 Torrance-Sparrow 模型对微观面元分布的假设推广到了非高斯分布，更加符合实际情况。

五参数模型的数学表达式如下：

$$f_r = k_b \frac{k_r^2 \cos\alpha}{1 + (k_r^2 - 1)\cos\alpha} \exp[b(1 - \cos\gamma)^a] \frac{G(\theta_i, \theta_r, \varphi_r)}{\cos\theta_i \cos\theta_r} + \frac{k_d}{\cos\theta_i} \quad (3.18)$$

式中,第一项为镜面反射分量;k_b 为镜面反射系数;k_r 所在项为球坐标下的旋转椭球体,用以表征微观面元在材质表面上半球空间内的分布,k_r 为该椭球体水平轴与垂直轴之比,取值在 0~1,与材质的镜面反射特性相关,BRDF 的镜向峰值越大,k_r 越小;指数项表征材质的菲涅耳反射系数,用以改变定向散射分量的增长速度,a、b 的取值与材质的复折射率有关;$G(\theta_i, \theta_r, \varphi_r)$ 为遮蔽函数,其大小取决于各相邻微观面元之间掩盖和遮蔽的概率。第二项为漫散射分量,k_d 为漫反射系数。各角度之间的关系如图 3.20 所示。

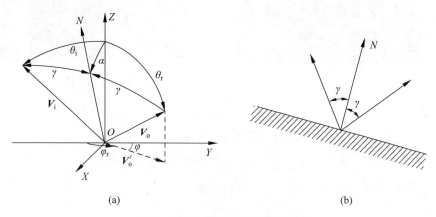

(a)　　　　　　　　　　　　　　　(b)

图 3.20　五参数模型角度示意图

(a) 五参数模型角度关系;(b) 微观入射

图 3.20(a) 中,V_i 为入射光向量;V_o 为反射光向量;α 为微观面元法线向量与材质平均表面法线向量的夹角;γ 为微观面元平面的入射角,α 与 γ 有如下关系:

$$\begin{cases} \cos\alpha = \dfrac{\cos\theta_i + \cos\theta_r}{2\cos\gamma} \\ \cos^2\gamma = (\cos\theta_i \cos\theta_r + \sin\theta_i \sin\theta_r \cos\varphi_r + 1)/2 \end{cases} \quad (3.19)$$

有关五参数模型的推导过程在文献[6]中有详细描述。五参数模型将 Torrance-Sparrow 模型对于微观面元分布的假设推广到非高斯分布的一般情况,并且使用多种材质数据进行了验证,取得了较好的效果。但在现有对五参数模型建模效果进行分析的文献中,BRDF 值的测量密度较低,普遍采用 1° 的间隔记录数据的方式,这种方式能够较好地记录远离镜面反射方向区域的 BRDF 数据。但是对于镜面反射方向附近的区域来说,BRDF 值在这一部分会发生突变,并且随观测角度改变的变化率较大,导致观测角度很小的变化就会引起 BRDF 值的大幅增减。所以,以 1° 为间隔记录数据的方法不能很好地呈现镜面反射方向附近区域的 BRDF 分布。本书所采用的数据密度为 0.1°,既能够保证远离镜面反射方向区域的数据的记录质量,又能够更精确地记录镜面反射方向附近的数据。

这里使用有机白漆的实际测量数据检验五参数模型在两种数据密度下的描述能力。有机白漆具有比较明显的镜面反射特性,所以在测量时选择的观测方位角范围为 $0°\sim20°$,每隔 $1°$ 遍历扫描一次,观测天顶角变化 $0.1°$ 记录一次。将该材质的测量数据按照观测天顶角以 $1°$ 的间隔重新生成,模拟以 $1°$ 为间隔的数据记录方式。使用五参数模型对两种密度的数据进行参数反演的结果如图 3.21 所示。

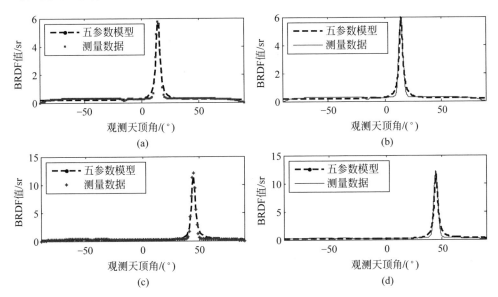

图 3.21　五参数模型在不同记录方式下的参数反演结果

(a) 入射天顶角为 $15°$,观测方位角为 $0°$,数据采集密度为 $1°$;(b) 入射天顶角为 $15°$,观测方位角为 $0°$,数据采集密度为 $0.1°$;(c) 入射天顶角为 $45°$,观测方位角为 $0°$,数据采集密度为 $1°$;(d) 入射天顶角为 $45°$,观测方位角为 $0°$,数据采集密度为 $0.1°$

图 3.21 给出了当入射天顶角为 $15°$ 和 $45°$,观测方位角为 $0°$ 时,五参数模型在两种取点密度下的参数反演结果。五参数模型在两种取点密度下的误差分别为 $E_{0.1°}=0.0368$,$E_{1°}=0.0137$。由此可得,较小的数据密度降低了对模型描述能力的要求,不能真实反映模型的描述能力。

因此,在借鉴五参数模型建模方法的基础上,对 Torrance-Sparrow 模型进行优化,构建能够有效描述空间目标常用材质 BRDF 分布的经验模型。

2. 建模原理和过程

本书在 3.1 节中对 Torrance-Sparrow 进行了分析,该模型的表达式如下:

$$f_r = gF(\gamma,n)\frac{G(\theta_{ip},\theta_{rp})}{\cos\theta_r}\exp(-c^2\alpha^2)+\frac{\rho_0}{\pi}\cos\theta_i \qquad (3.20)$$

Torrance-Sparrow 模型假设粗糙材质表面的高低起伏分布和斜率分布服从高斯分布,使用指数项 $\exp(-c^2\alpha^2)$ 来描述。在五参数模型中,这种微观分布被推广到非高斯分布,使用 $k_r^2\cos\alpha/[1+(k_r^2-1)\cos\alpha]$ 来代替该指数项,通过 k_r 调节不同材质的 BRDF 分布,更加符合实际情况,提高了建模精度。本书通过比较多种不同的 BRDF 经验模型,决定吸收五参数模型关于材质表面微观分布描述的优点,采用该分式项。

Torrance-Sparrow 模型在描述菲涅耳反射函数 $F(\gamma,n)$ 时直接使用菲涅耳公式,该公式显示其值的大小与微观入射角 γ、介质的复折射率 n 有关,并且在介质不变的情况下,函数值随微观入射角的增大而增大。实际中,绝大多数空间目标材质都是一般意义上的不透光材质,太阳光在材质内的穿透强度很小,可以近似认为空间目标材质的菲涅耳反射函数值只与光源照射微观面元的入射角有关,即与入射天顶角的大小和观测方向的选择有关。本节综合考虑两个角度对菲涅耳反射现象的影响,使用 $\exp(b(1-\cos\theta_i)^a)\cos^c\delta$ 来模拟菲涅耳反射函数。其中,$\delta=\arccos(\cos\theta_i\cos\theta_r+\sin\theta_i\sin\theta_r\cos\varphi)$ 为观测方向与镜面反射方向的夹角;φ 为观测方位角(冯模型中的方位角),有 $\varphi=\pi-\varphi_b$。该项通过指数部分模拟菲涅耳反射的强弱;通过三角函数部分模拟反射光辐射亮度因散射方向变化而引起衰减的速率,可以对材质表面的高低起伏分布和斜率分布的描述起到补充作用。

Torrance-Sparrow 模型认为,粗糙材质微观表面相邻面元之间对入射光线和反射光线的掩盖与遮蔽现象是必须考虑的要素。该模型假设粗糙材质表面的微观面元组成了大量 V 形槽,会因为光源入射角度和探测装置观测角度的不同而产生不同的反射方式。该模型使用几何衰减因子 $G(\theta_{ip},\theta_{rp})$ 来模拟此现象,表达式如下:

$$G(\theta_{ip},\theta_{rp})=1-[1-(1-A^2)^{1/2}]/A \tag{3.21}$$

其中,

$$A=\frac{\sin^2\theta_{rp}-\cos^2[(\theta_{rp}-\theta_{ip})/2]}{\cos^2[(\theta_{rp}-\theta_{ip})/2]-\cos(\theta_{rp}-\theta_{ip})\sin^2\theta_{rp}} \tag{3.22}$$

在计算过程中,观测天顶角与入射天顶角的改变会导致掩盖和遮蔽现象的强弱有很大差异。根据入射天顶角与观测天顶角在 NOZ 平面内投影的变化,运用几何光学知识得出几何衰减因子的计算规则如表 3.2 所示。

表 3.2　几何衰减因子计算规则

$0\leqslant\theta_{ip}\leqslant\pi/4$		$\pi/4\leqslant\theta_{ip}\leqslant\pi/2$	
投影角范围	公式	投影角范围	公式
$-\pi/2\leqslant\theta_{rp}\leqslant(\theta_{ip}-\pi)/3$	(3.21)	$-\pi/2\leqslant\theta_{rp}\leqslant-\theta_{ip}$	(3.21)
		$-\theta_{ip}\leqslant\theta_{rp}\leqslant3\theta_{ip}-\pi$	(3.21)（θ_{ip} 和 θ_{rp} 交换)
$(\theta_{ip}-\pi)/3\leqslant\theta_{rp}\leqslant(\theta_{ip}+\pi)/3$	$G=1$	$3\theta_{ip}-\pi\leqslant\theta_{rp}\leqslant(\theta_{ip}+\pi)/3$	$G=1$
$(\theta_{ip}+\pi)/3\leqslant\theta_{rp}\leqslant\pi/2$	(3.21)	$(\theta_{ip}+\pi)/3\leqslant\theta_{rp}\leqslant\pi/2$	(3.21)

为了更好地找出几何衰减因子随入射和散射角度变化的规律,这里对 θ_{ip}、θ_{rp} 进行赋值分析,得到其在上半球空间内的分布。当观测方位角为 0°时,不同入射天顶角下的几何衰减因子曲线如图 3.22 所示。

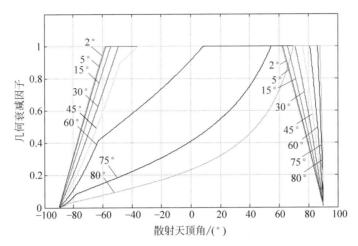

图 3.22 几何衰减因子曲线

图上角度为入射天顶角

由图 3.22 可知,随着入射天顶角的增大,材质的几何衰减因子取值为 1 的范围在逐渐减小,且总是包括镜面反射方向。根据散射天顶角的位置变化,该因子的曲线整体呈现先上升后下降的趋势。所以,要想准确模拟几何衰减因子的变化特征,就必须保证两点:一是模拟函数在镜面反射方向附近取最大值 1;二是模拟函数随散射天顶角变化的规律与几何衰减因子的变化规律相符。本书使用三角函数项 $\cos[(\theta_i-\theta_r)/2]$ 来近似模拟该因子,可以保证最大取值为 1,且出现在镜面反射方向;同时余弦函数的特征也保证了该项在观测范围内呈现出先上升后下降的趋势,与几何衰减因子的变化规律基本相符。

综上,所得模型的表达式为

$$f_r = k_b \frac{k_r^2 \cos\alpha}{1+(k_r^2-1)\cos\alpha} \exp(b(1-\cos\theta_i)^a)\cos^c\delta\cos\left(\frac{\theta_i-\theta_r}{2}\right)+k_d\cos\theta_i$$

$$(3.23)$$

式(3.23)中包含 6 个待定参数,各角度之间的关系如图 3.23 所示。

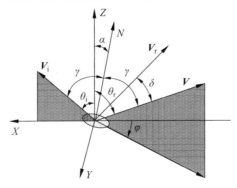

图 3.23 改进模型的角度关系

改进后的模型吸收了五参数模型的优点,并且将几何衰减因子简化,理论上对材质表面上半球空间内的 BRDF 分布具有良好的描述能力。

3.4.2　改进五参数模型的模型验证

为了验证改进模型对材质光学散射特性的描述能力,这里从两个方面进行操作:首先使用两种具有不同光学散射特性材质的 BRDF 数据进行参数反演,通过比较反演结果检验改进模型的有效性;然后使用有机白漆的测量数据对改进模型和五参数模型的描述能力进行比较,检验改进模型是否具有更强的光学散射特性描述能力。

本节使用的参数反演算法和拟合误差检验函数均与 3.3.2 节相同。

1. 改进模型的有效性检验

图 3.24 为环氧漆 BRDF 数据与模型参数反演结果的比较。该材质的漫反射特性较强,其数据采集方式在 3.3.3 节中已有详细叙述。这里给出改进模型在入射天顶角为 $5°$、$30°$、$60°$、$80°$,观测方位角为 $0°$ 时的参数反演结果。此时改进模型 6 个参数的取值为:$k_b = 1.8249$,$k_r = 0.0237$,$k_d = 0.3143$,$a = 1.9214$,$b = 7.2270$,$c = 161.7884$,误差 $E = 0.0124$。

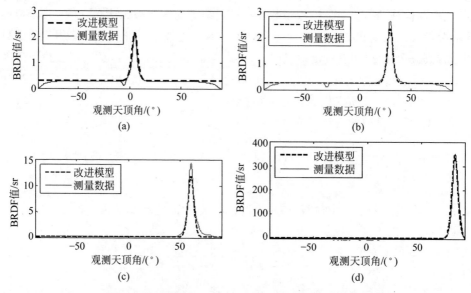

图 3.24　环氧漆在不同入射天顶角下的参数反演结果

(a) 入射天顶角为 $5°$,观测方位角为 $0°$;(b) 入射天顶角为 $30°$,观测方位角为 $0°$;
(c) 入射天顶角为 $60°$,观测方位角为 $0°$;(d) 入射天顶角为 $80°$,观测方位角为 $0°$

从建模误差可以看出,改进模型对材质的光学散射特性具有较强的描述能力,尤其在 BRDF 值突变(镜面反射)的部分,模型预测曲线能够很好地与测量数据契合。

　　图 3.25 给出了在入射天顶角分别为 15°和 30°时,改进模型生成的材质表面上半球空间内的 BRDF 分布三维效果图。该图像在极坐标下生成,图上任意一点与 (0,0)点连线的长度即该点的 BRDF 值;图中的直线表示光源的入射方向。结果显示,材质在镜面反射方向附近取得最大值;当入射天顶角为 15°时,BRDF 分布的"突出"部分较 30°时更小,体现了真实情况下,随着入射天顶角的增大,材质的镜面反射特性逐渐增强的菲涅耳反射现象;证明了改进模型对材质的光学散射特性的描述较为准确。

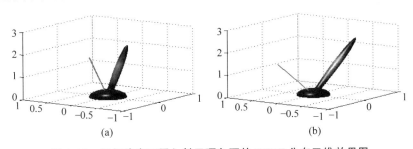

图 3.25　环氧漆在不同入射天顶角下的 BRDF 分布三维效果图

(a) 入射天顶角为 15°;(b) 入射天顶角为 30°

　　为保证验证试验的准确性,本书选择一种镜面反射特性较强的材质进行检验。图 3.26 为银色聚酰亚胺薄膜的改进模型参数反演结果与实际测量数据的比较。这里给出了改进模型在入射天顶角为 5°、30°、60°、80°,观测方位角为 0°时的参数反演结果。此时改进模型的各个参数取值为: $k_b = 280.6759, k_r = 0.4795, k_d = 0.2981,$ $a = 1.1739, b = 2.7440, c = 4210.5,$ 误差 $E = 0.0212$。

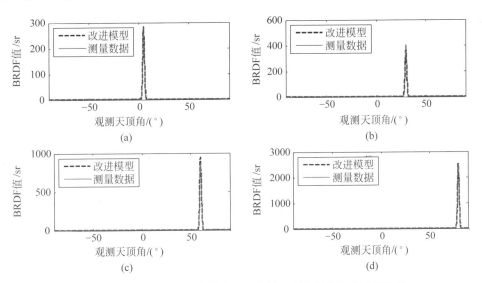

图 3.26　银色聚酰亚胺薄膜在不同入射天顶角下的参数反演结果

(a) 入射天顶角为 5°,观测方位角为 0°;(b) 入射天顶角为 30°,观测方位角为 0°;

(c) 入射天顶角为 60°,观测方位角为 0°;(d) 入射天顶角为 80°,观测方位角为 0°

改进模型的建模误差显示出其对镜面反射特性较强的材质同样具有良好的描述能力。图 3.27 给出了入射天顶角为 15°和 30°时改进模型预测的 BRDF 分布三维效果图。由于该材质的镜面反射特性很强,其镜面反射分量的 BRDF 值远大于漫反射分量,所以图像中的漫反射方向幅值极低;图 3.27 中的直线仍为光源入射方向,入射天顶角为 30°时的 BRDF 峰值更大,说明改进模型对菲涅耳反射现象的描述较为准确;在两种入射情况下,该材质的镜面反射部分的幅值均远大于相同情况下环氧漆的幅值,体现了改进模型能够有效描述不同材质的光学散射特性,进一步证明了改进模型良好的光学散射特性描述能力。

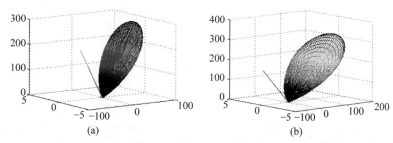

图 3.27　银色聚酰亚胺薄膜在不同入射天顶角下的 BRDF 分布三维效果图

(a) 入射天顶角为 15°;(b) 入射天顶角为 30°

综上,对两种具有不同光学散射特性的材质进行参数反演的结果表明,改进模型的描述效果优异,改进模型有效。

2. 改进模型的描述能力验证

为了验证改进模型相比于五参数模型具有更强的光学散射特性描述能力,使用有机白漆的测量数据进行参数反演,与 3.4.1 节第 1 点中的五参数模型的参数反演结果进行对照。图 3.28 为改进模型的参数反演结果。此时,有机白漆板在改进模型下(入射天顶角分别为 2°、15°、30°、45°)的参数取值为 $k_b = 5.3708$,$k_r = 0.0426$,$k_d = 0.2757$,$a = 1.7864$,$b = 6.1239$,$c = 741.9699$,误差 $E = 0.0077$;而同等精度下五参数模型的误差 $E = 0.0368$。比较两种模型的预测曲线和建模误差可以发现,改进模型描述效果的改良着重体现在 BRDF 值突变的过程上,而五参数模型对该过程的描述比较平缓,不能很好地描述 BRDF 值的快速变化;改进模型的描述几乎与测量数据重合,这也是改进模型能够进一步降低误差的主要表现。综合 24 种材质的参数反演结果,改进模型的平均描述效果提升在 10% 以上,证明改进模型具有更强的光学散射特性描述能力。

本书借鉴了五参数模型的建模思路,将 Torrance-Sparrow 模型优化为一个包含 6 个参数的经验模型,并使用多种具有不同光学散射特性材质的测量数据对该经验模型的描述能力进行检验。结果表明,该经验模型具有较强的光学散射特性描述能力,能够有效描述不同材质表面上半球空间内的 BRDF 分布。使用同种材质数据,将该模型与五参数模型的参数反演结果进行比较,结果显示该模型在高密度测量数据下的描述能力优于五参数模型,平均提升效果在 10% 以上,证明了改进模型具有更强的光学散射特性描述能力。

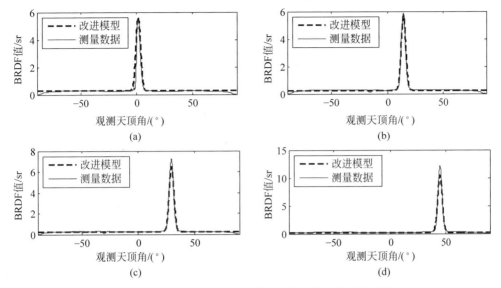

图 3.28　有机白漆在不同入射天顶角下的参数反演结果

(a) 入射天顶角为 2°,观测方位角为 0°;(b) 入射天顶角为 15°,观测方位角为 0°;
(c) 入射天顶角为 30°,观测方位角为 0°;(d) 入射天顶角为 45°,观测方位角为 0°

第 $\textcircled{4}$ 章

空间目标非分辨光学散射特性数值模拟技术

第 4 章图片

目前,国内外通常采用基于双向反射分布函数(BRDF)[46]的光学散射截面(OCS)来表征目标的可见光散射特性。OCS能够全面反映目标表面材质及其几何结构、形状等因素对目标可见光和激光散射特性的影响[47]。根据目标 OCS 的变化规律,能够推算目标的在轨运动状态、结构、材质等信息,从而为目标的识别、监视提供依据[35]。本章主要介绍 OCS 的基本概念和定义,并重点介绍对复杂空间目标 OCS 进行数值仿真的加速方法。

4.1 空间目标 OCS 计算原理

根据第 2 章所述,OCS 仅与目标的表面材质种类、外形结构和尺寸,以及太阳光的入射方向和观测接收方向有关,可以反映目标本身对光的散射特性。对空间目标的光学观测而言,目标的亮度通常用星等来表示,星等又可以由目标的 OCS 推算得到。因此,在光照强度近似相同的近地空间,空间目标的 OCS 也成为衡量目标亮度的关键属性。为保持与其他文献[3]的统一,此处给出 OCS 的定义式为

$$S_{\text{OCS}} = \int_A f_r(\theta_i, \theta_r, \psi)\cos\theta_i\cos\theta_r \text{d}A \tag{4.1}$$

具体参数详见 2.4.2 节。对于反射率为 ρ 的朗伯体目标,其各向 BRDF 相同,即 $f_r(\theta_i, \theta_r, \psi) = \rho/\pi$,不同材质对应的 BRDF 也不同。当已知入射、出射角、面元面积、面元法向矢量和面元的 BRDF 时,就可以准确地计算每个散射单元(必须为平面,以保证角度定义相同)的 OCS,通过累加即可得出目标整体的 OCS。

本章在介绍目标 OCS 计算模型和精度校验过程中,选用了空间目标的实际材质,因此,首先介绍几种典型材质的特性信息。在选取材质的 BRDF 模型时,采用第 3 章介绍过的针对菲涅耳现象进行改进的冯模型[48]。该模型可以有效地模拟材质在大入射角时的菲涅耳现象,同时可以对漫反射项进行修正,降低了拟合误

差,其表达式为

$$f_r = \rho_d \cos\theta_i + \rho_s \frac{\cos^\alpha \beta}{\cos^a \theta_i} \exp[-b(1-\cos\beta)^{1/\pi}]$$

式中,ρ_d 和 ρ_s 分别为材质的漫反射系数和镜面反射系数;α 为镜向指数;$\cos\theta_i$ 为修正漫反射项,用以调节镜面的反射强度;β 为观测方向与镜面反射方向的夹角,$\beta = \min\{\pi/2, \beta\}$;$a > 0$,用以调节菲涅耳现象的强度;$b > 0$,用以调节镜面反射分量的增降速度。本书研究使用的卫星表面材质对应的模型参数如表 4.1 所示。

表 4.1　部分卫星表面材质对应的模型参数

材　质	ρ_d	ρ_s	α	a	b	卫星结构
Gold kapton	0.0320	277.2374	4056.2231	1.1181	0.4796	本体
Silvery	0.0122	287.7403	4119.5696	1.3272	0.0933	本体
GaAs	0.046	22.1332	1994.4228	2.2104	2.0466	太阳帆板
Si	0.0162	15.6653	2170.3	2.3679	0.5208	太阳帆板

4.2　OCS 仿真计算一般流程

目前,计算 OCS 的方法主要分为两种,即理论计算法和数值法。其中,理论计算法仅能计算简单几何体的散射特性,应用范围有限;数值法则是将三维模型拆分为诸多小的面元,计算面元散射特性后合成目标整体的散射特性,也称为"面元网格法"。在数值法中,按照是否考虑光线在部件间的弹射,又分为单次散射法和弹射线法,鉴于空间光照条件单一、目标为单一物体、部件相互间影响较小,对计算量巨大的弹射线法需求不大。本书主要针对基于面元网格法的 OCS 计算方法开展研究。

从 OCS 的表达式可以看出,在已知入射和出射角度、面元面积、面元法向矢量、面元 BRDF 值的基础上,可以准确计算 OCS。而实际中制约计算速度和精度的关键因素是面元集合的确定,只有既被光照,又对探测器可见的面元才能参与运算。因此,空间目标 OCS 的计算包括目标 3D 模型面元拆分、消隐和面元 OCS 累积 3 个步骤[49](某卫星的三维模型及面元化处理示意图如图 4.1 所示),具体过程如下。

(1) 将目标细分为许多个微小的三角形平面面元,获得观测坐标系下每个小面元的 3 个顶点坐标 $[(x_{k1}, y_{k1}, z_{k1}), (x_{k2}, y_{k2}, z_{k2}), (x_{k3}, y_{k3}, z_{k3})]$、法向矢量 $\boldsymbol{n}_k$ 和所代表的材质类型,k 为目标离散化表示后的面元标号。

(2) 根据面元法向矢量 $\boldsymbol{n}_k = (x_{kn}, y_{kn}, z_{kn})$、入射太阳光方向矢量 $\boldsymbol{s}_k = (x_{ks}, y_{ks}, z_{ks})$ 和观测方向矢量 $\boldsymbol{d}_k = (x_{kd}, y_{kd}, z_{kd})$,寻找既能被太阳光照射到又能被观察到的小面元,并判断这些小面元在观测方向上的相互遮挡关系,以及在光照方向上的相互遮挡关系,剔除被其他面元遮挡的小面元,面元之间相互遮挡关系的判断

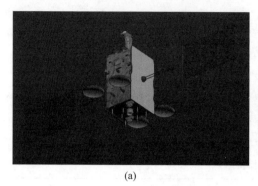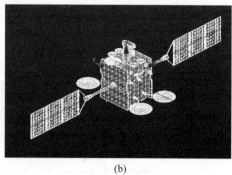

(a)　　　　　　　　　　　　　　(b)

图 4.1　某卫星三维模型及面元化处理示意图(5000 面元)

(a) 某卫星三维模型；(b) 卫星面元化处理结果

过程需要多次循环计算和分析比较,该过程称为目标的"消隐处理过程"。实际应用中,这一过程也被称为"射线追迹"。由于

$$\begin{cases} \theta_i = \arccos \dfrac{s_k \times n_k}{|s_k||n_k|} \\[2mm] \theta_r = \arccos \dfrac{d_k \times n_k}{|d_k||n_k|} \end{cases} \qquad (4.2)$$

判断面元 k 为有效面元的准则为:①$\cos\theta_i \geqslant 0$ 且 $\cos\theta_r \geqslant 0$,此为一次遮挡计算;②除面元 k 外,其余面元与 s_k 和 d_k 均无交点,此为二次遮挡计算。按照该准则对所有面元进行判断,即可找出所有有效面元。

(3) 通过数值计算的方法,根据各夹角的余弦值及其所代表的材质类型计算小面元的 OCS,通过累加计算的方式得到整个目标的 OCS。对于褶皱表面的目标,小面元划分得越细,褶皱形貌的描述越精确(图 4.2),面元数量越多,OCS 的计算精度越高。

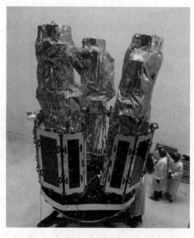

图 4.2　卫星表面复杂的褶皱包覆

基于有限元思想，在目标 OCS 的计算中，积分变为累加，设某目标共有 N 个有效三角面元，则目标 OCS 的计算公式变为

$$S_{OCS} = \sum_{k=1}^{N} f_r(\theta_i, \theta_r)\cos\theta_i\cos\theta_r A_k \tag{4.3}$$

式中，A_k 为第 k 个面元的面积。令 $\boldsymbol{r}_{21} = \boldsymbol{r}_2 - \boldsymbol{r}_1$，$\boldsymbol{r}_{31} = \boldsymbol{r}_3 - \boldsymbol{r}_1$，则：

$$A_k = \frac{1}{2} \mid \boldsymbol{r}_{21} \times \boldsymbol{r}_{31} \mid \tag{4.4}$$

至此，第 k 个三角面元的 OCS 计算过程中的所有变量均被表示出来了，进而可以根据式(4.3)得到整个目标的 OCS。在开展遮挡计算时，只取面元中心点的相对关系来计算，实际上存在一定的误差，增加面元数量是控制误差的有效方法，但会进一步增加时间消耗。对于计算机而言，每一个角度都要对所有面元进行遮挡计算。例如，对于由 10000 个面元组成的目标，每个面元都需要进行 10000 次的遮挡计算，总计算量为 1 亿次。由于探测器和光照方向的不一致，遮挡计算的次数变为 2 亿次。对于采用 CPU 串行计算的模式，难以同时兼顾高实时性和准确性。

4.3　基于 OpenGL 拾取技术的非分辨光学散射特性模拟

由于严格数学计算的计算量极大，目前，在不失准确性的情况下，国内外的研究者大都将空间目标的外形结构和表面材质进行了简化，最具代表性和被广泛采纳的是二面元模型(和在此基础上提出的有限元模型方法)[50-51]。二面元模型中的一个面元代表卫星太阳能电池板，另外一个面元代表卫星本体。二面元模型将卫星帆板近似为同时具有镜面和朗伯反射特性的材质，卫星本体近似为具有朗伯反射特性的三维模型。

从定性的角度分析，一方面，空间目标常用的表面材质中有些本身就是漫反射材质，该种材质包覆在卫星部件表面使其具有漫反射特性。而有些材质属于镜面反射材质，但由于卫星部件的形状使得包覆该部件表面的镜面反射材质在宏观上呈现漫反射特性。比如白色的有机白漆，表 4.1 中的数据说明其镜面反射系数很大，而漫反射射系数很小，具有镜面反射的特性，但其常常被用于包覆在抛物面天线表面，抛物面的形状使得天线在各个方向均有一定的散射特性。

另一方面，受卫星制造过程和在轨工作空间环境等因素的影响，包覆的温控材质会在卫星表面形成不规则的褶皱。褶皱的存在使得具有镜面反射特性的材质向各个方向均有散射，目标表现出漫反射特性。使用二面元模型进行空间目标模型的简化，尤其是将卫星本体视为朗伯材质仍缺少理论和定量分析依据。

因此，针对当前有限元方法计算复杂空间目标 OCS 效率低的问题，笔者提出基于 OpenGL 的面元双重拾取技术[14]，快速获取可见面元信息，计算目标的 OCS。

4.3.1　基本原理

在实际情况中,制约 OCS 计算速度和精度的关键因素是参与计算的面元集合,只有既处于光照条件下,又对探测器可见的面元才能参与运算。本书的方法是在完成材质散射特性精确建模的基础上,首先确定参与计算的面元集合(有效面元集合),进而基于面元信息计算 OCS。

根据 4.2 节的分析,获取有效面元集合的步骤主要是一次遮挡判断和二次遮挡判断。实际操作中,计算机会通过 OpenGL 拾取技术解决一次遮挡问题,并基于改进的 X 缓冲技术解决二次遮挡问题,进而实现对有效面元的提取。

4.3.2　计算流程

上述算法实现的流程如图 4.3 所示,具体描述如下。

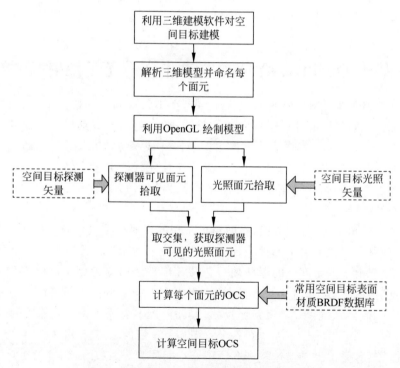

图 4.3　复杂空间目标的 OCS 算法实现流程图

(1) 利用三维建模软件对空间目标进行建模,将模型分割为若干三角面元并保留面元的材质信息,文件保存为".3ds"格式;

(2) 解析模型文件,给每一个三角面元命名并记录其顶点、材质信息,基于 OpenGL 绘制目标模型;

(3) 开启 OpenGL 深度缓存和深度测试,根据光源和探测器方位,分别设定模型的观察方向。基于 OpenGL 拾取功能,对光照面元和探测器可见面元进行初步提取。其中,部分拾取的面元由于受到其他面元的遮挡是不可见的;

（4）利用改进的 X 缓冲技术,确定光照及探测器拾取面元中不受二次遮挡的有效面元,形成光照方向有效面元集合和探测方向有效面元集合;

（5）取上述两个有效面元集合的交集,交集中的面元也称为"有效面元",其将参与 OCS 的计算;

（6）结合面元材质的 BRDF 值,计算每个面元的 OCS,累加得到目标的 OCS。

1. 三维模型准备与导入

为正确应用拾取技术,需要为三维模型的每个面元进行命名,且面元需带有顶点、材质等详细信息。模型准备的目的是建立研究对象的三维模型,并将其面元化处理。建模过程要求材质名称、尺寸与实际模型一致。具体实施方式分解如下。

（1）空间目标三维建模

利用三维建模软件对空间目标进行建模,将模型分割为若干三角面元并保留面元的材质信息,文件保存成".3ds"格式。

（2）解析".3ds"模型文件并利用 OpenGL 重绘三维模型

".3ds"模型文件具有统一的结构,便于编程读取。该格式能稳定地保存模型网格信息和纹理贴图信息。".3ds"模型文件由许多块组成,每个块首先描述其后的信息类别,即该块是如何组成的。块的信息类别通过 ID 进行识别,块还包含了下一个块的相对位置信息。由于本书不再基于成像亮度来计算散射亮度,所以也就不需要纹理信息。在读取".3ds"文件时,仅需读取顶点数据、各对象材质名称和面元索引信息,并将读入的面元按顺序存入链表。

根据链表中存储的三角面元信息,利用 OpenGL 逐个将面元绘制出来。这里需要注意的是,在绘制面元的同时需要给每个面元命名（利用 OpenGL 命令 glLoadName(Name),其中 Name 为面元名称）,名称为从 0 开始的整数,命名的目的是便于后续拾取。

按照上述方法绘制的某卫星模型（面元数量为 3642）如图 4.4 所示,由于本书

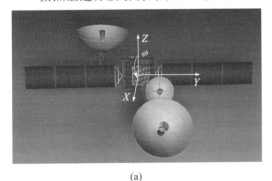 

(a)　　　　　　　　　　　　　　　　　(b)

图 4.4　某卫星模型和重绘结果

（a）某卫星模型；（b）重绘结果

不需要显示纹理,绘制的面元也就没有粘贴纹理图片,以免影响拾取速度。对于卫星表面出现的褶皱和微小部件,则主要通过卫星模型建模时实现,而后在面元化处理过程中加以体现。

2. 面元拾取操作

在进行拾取前,首先要将模型旋转至观察视角,以确保拾取正确的部件。光照

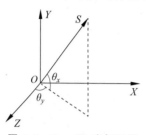

图 4.5　OpenGL 坐标系及旋转角示意图

视角的旋转,也就是将光照所照射到的图像投影到用户视角(用户视角沿 Z 轴正向望向原点)下。在 OpenGL 绘制模型时,模型坐标系中心在绘制窗口的中心位置,X 轴从原点向右为正,Y 轴则从原点向上为正,Z 轴与 XOY 平面呈右手系,如图 4.5 所示。

令从坐标原点到光源(太阳)的单位矢量为 $S = (x_s, y_s, z_s)$。在 OpenGL 坐标系下,将光照视角旋转为用户视角的旋转角度为

$$\theta_x = \arccos(y_s), \quad \theta_y = -\arccos(z_s / \sqrt{x_s^2 + z_s^2}) \tag{4.5}$$

在解算以上两个角度的基础上,两次调用 OpenGL 旋转函数,完成绕 X 轴的旋转和绕 Y 轴的旋转,旋转函数分别为 glRotatef(θ_x, 1.0, 0.0, 0.0) 和 glRotatef(θ_y, 0.0, 1.0, 0.0)。

按照上述方法将太阳视角旋转至用户视角后,利用 OpenGL 的拾取功能对可见面元进行拾取。拾取前应设定拾取范围,本书的拾取范围为整个绘图窗口(前提是目标模型必须在窗口中全部显示),拾取结果存储到相应数组中,记其面元集合为 A_1。

同样,将探测器观测视角旋转至用户视角后,对探测器的可见面元进行拾取并记其面元集合为 A_2。取 $A_t = A_1 \bigcap A_2$,则集合 A_t 中的面元为探测器可见的光照面元。当然,其中部分面元受到其他面元的遮挡是不可见的,二次遮挡分析就是要剔除这部分面元。

3. 二次遮挡分析

在确定有效面元的过程中,拾取技术获得的面元仅剔除了受自身遮挡的面元。设面元的法向矢量为 N_1,面元到观察点的单位矢量为 $N_1 V_1$,拾取面元满足 $V_1 \cdot N_1 > 0$。而对于复杂空间目标,还存在面元之间的相互遮挡,即二次遮挡。对于二次遮挡,可以利用 OpenGL 的 Z 缓冲技术解决。直接应用 Z 缓冲技术获取的是像素深度,解决二次遮挡还需要获取具体面元的顶点、材质等详细信息,所以需要改进原有的 Z 缓冲技术。

在进行二次遮挡查询前,需要首先了解深度的含义。在 OpenGL 中,深度是指该像素点在三维世界中距离摄像机的距离(摄像机位于屏幕外无限远处),距离摄像机越远,深度越大。由于本书研究的对象是面元,所以需要建立面元与像素的对

应关系。因为在一次遮挡判断时进行了双重拾取,所以需要对每一个拾取集合进行二次遮挡分析。

　　首先,获取当前视角下图形的像素深度列表(可使用 glReadPixels(·)命令来获取所有像素的深度),这是直接应用 Z 缓冲技术的结果,但该命令针对的对象是像素,不涉及面元,因此,必须建立二者之间的联系。具体方法是:对于集合 A_1,其面元分别为 $\{a_{11}, a_{12}, \cdots, a_{1n}, \cdots, a_{1N}\}$,取其中第 n 个面元 a_{1n}。设面元 3 个顶点的中心矢量(三角面元的几何中心)为 c_{1n},将该点投影到窗口上,投影后获取该点的深度为 D_c。投影后,获取对应的像素坐标,查询该坐标处的图像深度(该坐标处显示像素的深度)D_p。如果 $D_c \leqslant D_p$,说明该面元是不被遮挡的面元。依次对集合 A_1 中的所有面元进行遍历,得到不被其他面元遮挡的面元集合 A_{11}。该方法的原理如图 4.6 所示。

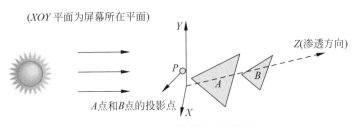

图 4.6　二次遮挡判断的原理图

　　在图 4.6 中,面元 A、B 为同一目标上的两个面元,且面元 A 可以显示在窗口中,而面元 B 受到面元 A 的遮挡。两个面元投影到屏幕上的坐标相同,即位于同一像素点 P。通过 X 缓冲技术可以获取像素 P 的深度。同时,面元 A、B 的中心点都会投影到 P 点,但 B 点的深度大于 P 点,因此,判定其为受遮挡面元。按照同样的方法得到探测器可见面元的集合,记为 A_{22}。取以上两集合的交集,即 $A = A_{11} \cap A_{22}$。集合 A 中的所有面元均带有顶点、法线矢量、材质等详细信息,从而可以利用精确的 BRDF 模型计算 OCS。

4.3.3　模型校验

1. 数值模拟与解析解对比

　　实际目标的结构往往非常复杂,如果目标 OCS 的真实值难以获取,就无法使用复杂目标对算法进行验证。鉴于简单几何体的 OCS 存在解析解,本书以高为 5m、半径为 1m、反射率为 0.5 的朗伯圆柱体为例,验证所提算法的正确性。图 4.7(a)为面元化处理后的圆柱体,面元数量为 396,其体坐标系如图 4.7(b)所示。同时,为了验证遮挡判断效果并分析其结果的正确性,在圆柱体内部嵌套一个半径为 0.8m、高度为 5m 的圆柱体。如果遮挡分析正确,这一部分圆柱应对结果没有贡献。分别取两组不同的测试角度,对比理论值与数值仿真结果。

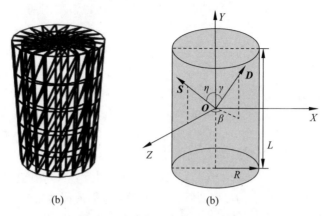

(b)　　　　　　　　　　(b)

图 4.7　嵌套朗伯圆柱体及坐标系

(a) 面元化处理后的嵌套圆柱；(b) 圆柱体几何示意图

根据 2.4.3 节的分析，假设 **OS** 为光源矢量，**OD** 为探测器矢量，**OS** 与 Y 轴的夹角为 η，**OS** 在 XOZ 平面上的投影与 Z 轴重合，**OD** 与 Y 轴的夹角为 γ，其在 XOZ 平面上的投影与 Z 轴夹角为 β，若朗伯圆柱体的半球反射率为 $\rho_{2\pi}$，则其 BRDF 值为 $\rho_{2\pi}/\pi$。由此可得朗伯圆柱体的 OCS 表达式为

$$\mathrm{OCS}_{\mathrm{col}}=\begin{cases}\dfrac{\rho_{2\pi}RL\sin\eta\sin\gamma\left[\sin\beta+(\pi-\beta)\cos\beta\right]}{2\pi}+\rho_{2\pi}R^2\cos\eta\cos\gamma,&\cos\eta\cos\gamma\geqslant0\\[3mm]\dfrac{\rho_{2\pi}RL\sin\eta\sin\gamma\left[\sin\beta+(\pi-\beta)\cos\beta\right]}{2\pi},&\cos\eta\cos\gamma<0\end{cases}$$

$$\text{(4.6)}$$

式中，R 为底面半径，L 为圆柱体高度。由于内部圆柱对 OCS 的理论计算不产生影响，这里的 $R=1$，$L=5$，$\rho_{2\pi}=0.5$。

实验 1：令 $\eta=\gamma=0$，β 由 $0°\sim180°$ 变化，分析 OCS 及其误差如图 4.8(a) 和 (b) 所示。

实验 2：令 $\beta=0$，$\eta=45°$，γ 由 $0°\sim180°$ 变化，分析 OCS 及其误差如图 4.8(c) 和 (d) 所示。其中，横坐标为角度，纵坐标分别是 OCS 和误差百分比。图 4.8(a) 和 (c) 为仿真结果和实际测试结果的对比，图 4.8(b) 和 (d) 为误差百分比（误差与理论值之比的绝对值）。

从图 4.8 可以看出，本书算法与理论值吻合度较高，误差均小于 0.08%，表明该算法遮挡判断是有效的，且具有较高的计算精度。本书算法在内存为 4G，主频为 3.3GHz 的 32 位 Windows 7 操作系统下运行，完成全部 180 次 OCS 运算所需的时间约为 2s，平均单次运算的时间只有 0.01s，充分体现了该算法快速、准确的特点。

本书算法以面元为计算单元，不再局限于计算机图形学中常用的冯模型。由于获取了面元的详细信息，使得各类精确的 BRDF 模型得到应用。这里以计算某卫星的 OCS 为例，分析实际材质与朗伯体材质的差异。首先，利用 REFLET 180S

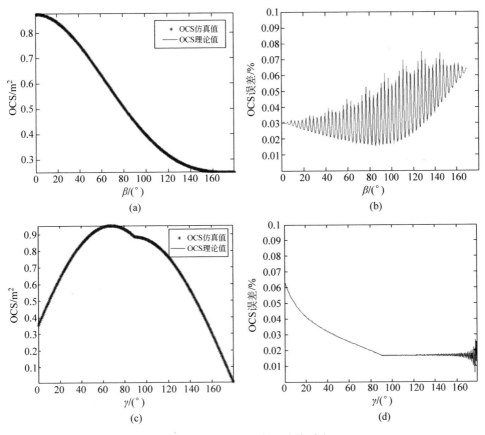

图 4.8 OCS 模拟值与理论值对比

(a) OCS 计算结果对比(实验 1);(b) OCS 计算误差(实验 1);
(c) OCS 计算结果对比(实验 2);(d) OCS 计算误差(实验 2)

测量 3 种卫星常用材质的 BRDF 值,并对其五参数模型进行反演。表 4.2 列出了其五参数模型参数,其中,波长范围为 $400\sim1000\text{nm}$。

表 4.2 卫星上常用 3 种材质的五参数模型参数

材 质	k_b	k_r	b	a	k_d
金色聚酰亚胺	353.488	1.610	-383.719	0.588	0.038
GaAs 太阳能帆板	29.831	16.714	-570.023	0.616	0.035
有机白漆	6.590	0.581	-12.710	0.216	0.117

其中,包覆材质的镜面反射能力较强,包裹于卫星本体。单结 GaAs 电池片的镜面反射能力稍弱,是卫星电池板的常用材质。白漆则是一种漫反射材料,在各类天线上应用较多。

分析坐标系如图 4.4(a)所示,其中 Y 轴指向帆板方向,XOY 位于帆板所在平面内,太阳位于 X 轴正向,ϕ 表示在 XOZ 平面内从 Z 轴向 X 轴转动的小角度。令 ϕ 取 $[0°,180°]$,分别假设卫星为反射率 0.5 的朗伯体材质和实际材质,计算其 OCS,结果如图 4.9 所示。本书算法完成 180 次的 OCS 运算需要 14s,平均单次运算时间小于 0.1s,完全满足对复杂空间目标 OCS 实时高精度运算的要求。

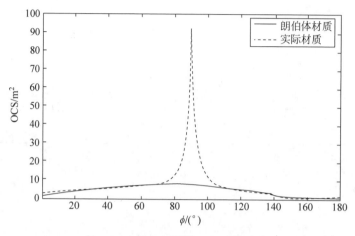

图 4.9   TDRS 卫星的 OCS 计算结果

从图 4.9 中可以看出,在朗伯体材质的假设下,卫星的 OCS 变化较为平缓。在实际材质的假设下,卫星在镜面反射方向出现了较强的角闪烁(glint)效应,在其他方向的散射特性则和天线散射的贡献与朗伯材质接近,这一点与卫星表面镜面反射材质的散射特性一致。

2. 数值模拟与缩比模型测量对比

为了进一步验证所提算法,本书基于现有实验条件搭建了"风云 3"号卫星的简易缩比模型,并设计了相应的三维模型,如图 4.10 所示。其中,卫星本体在测量方向存在两处褶皱,为模拟此类现象,在三维模型中增加了表征褶皱的突起,其几何尺寸与实物一致。

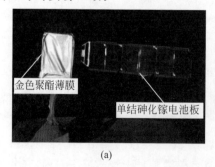
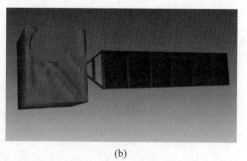

(a)   (b)

图 4.10   "风云 3"号卫星的简易缩比模型及其数字模型

(a)"风云 3"号卫星简易缩比模型;(b)"风云 3"号 3D 模型

卫星本体包覆金色聚酯薄膜,卫星帆板采用单结砷化镓电池板。其中,卫星本体是边长为8cm的立方体,砷化镓电池板的长为22cm,宽为5cm,光源为氙灯光源(60W),探测器为 ASD FieldSpec@4 光谱仪,观测镜头为10°镜头,光源距离目标5m,光谱仪距离目标4m。利用激光经纬仪在暗室内标定观测角度。实验中,放置卫星使其帆板法线方向偏离入射光20°,因此,测量的镜面反射方向在20°位置。暗室内统一粘贴反射率低于1%的黑色吸光布,观测场景和观测几何示意图如图4.11所示。

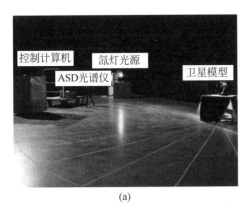 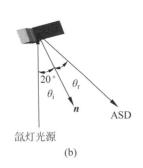

(a)　　　　　　　　　　　　　　(b)

图 4.11　OCS 测量场景及几何示意图

(a) 测量场景；(b) 测量几何示意图

式中,n 是电池板的法线矢量,θ_i 是入射角(目标中心-光源之间连线与 n 的夹角),θ_r 是反射角(目标中心-探测器之间连线与 n 的夹角)。首先,在各标记点处测量得到标定白板(聚四氟乙烯,26cm×26cm)的亮度值 I_{white}(在 400~1000nm 积分);然后,测量卫星模型的亮度 I_{sat}。由于标定白板的面积和反射率为已知,其 OCS 可以准确计算,标记为 OCS_{white}。根据 OCS 的定义,在入射光亮度和观测几何一致的条件下,OCS 与观测亮度成正比,由此可计算卫星模型的 OCS 为

$$OCS_{sat} = OCS_{white} \cdot \frac{I_{sat}}{I_{white}} \tag{4.7}$$

由于镜面反射附近区域(20°)的亮度上升较快且幅值较高,在 10°间隔的基础上,补充采集数据。利用本书提出的算法对 3D 模型在相同观测角度下的 OCS 进行模拟,将观测结果与测量结果进行对比,结果如图4.12所示。

由图4.12可以看出,其镜面反射方向仍然出现在20°,但由于褶皱表面的存在,具有较强散射值的范围被扩大。在对测量结果进行统计后发现,在不考虑20°镜面反射方向的测量结果时,其他点测量结果的平均误差为8.65%。这一结果说明测量结果与模拟结果具有较好的一致性,验证了本书算法的准确性。当引入20°方向的测量结果时,平均测量误差为22.55%,误差大幅上升。这是由于金色薄膜为强镜面反射材质,其在镜面反射方向的反射较为剧烈,而在偏离镜面反射方向

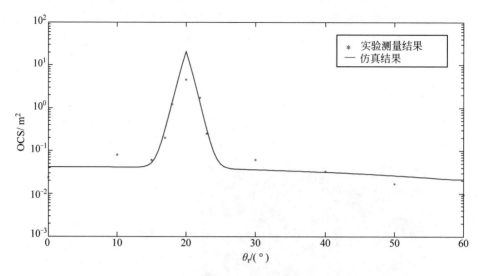

图 4.12　OCS 数值计算及测量结果对比

后,辐射亮度会迅速降低。在实验测量过程中,由于模型指向误差、探测器定位误差、3D 模型制作误差等,探测器难以准确接收镜面反射方向的光能量,出现较大误差。这一较大误差是由测量几何误差经镜面反射材质的 BRDF 放大引起的,与面元拾取结果关系不大。后续可以考虑采用 3D 打印技术来生成卫星模型、采用高精度转台等手段降低测量误差。

为了验证仿真模型的实用性,实验使用多个真实的卫星,对比了其仿真数据与真实数据的差别。本节仅展示其中 4 个卫星的对比结果。

将 4 个卫星分别编号为卫星 1~卫星 4。实测数据场景时间为 2019 年的某天,分别获得 4 颗卫星的观测数据量约为 6200 组、1400 组、1500 组、9300 组。通过计算,仿真数据与真实测量数据的对比结果如图 4.13 所示。

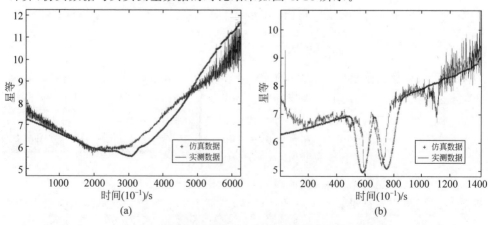

图 4.13　实验仿真数据与实测数据的对比结果和误差

(a)~(d) 卫星 1~卫星 4 的仿真数据与实测数据对比结果;

(e)~(h) 卫星 1~卫星 4 的仿真数据与实测数据的绝对误差

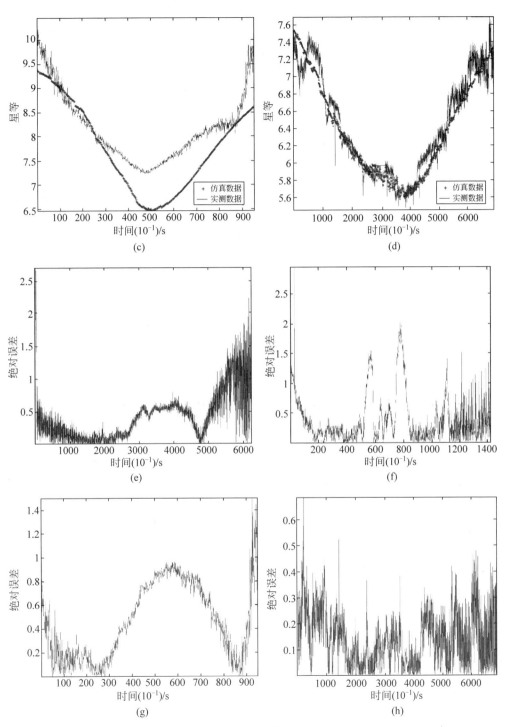

图 4.13　（续）

从对比结果可以看出,对于卫星 1~卫星 4,随着时间推移,两条曲线的趋势相同,卫星 1、卫星 3、卫星 4 都保持先下降后上升(先变亮后变暗)的趋势,卫星 2 保持缓慢上升(亮度降低)的趋势。同时,实验室仿真数据与实测数据存在一定的误差。经统计,卫星 1~卫星 4 的光度平均误差分别为 0.41 星等、0.40 星等、0.46 星等和 0.14 星等,初步证明了实验室仿真数据的准确性。

本章针对空间目标 OCS 计算过程中存在的散射模型的计算精度与速度之间的矛盾,提出基于 OpenGL 拾取技术的 OCS 快速计算技术,极大地提升了复杂目标光学散射特性计算的速度,为复杂空间目标散射特性的高精度模拟奠定了基础。

第 **5** 章

空间目标光学散射特性实验测量

第 5 章图片

5.1 空间目标光学散射特性实验概述

本书开篇介绍了空间目标光学特性测量的发展现状,其中实验室测量是国内外均大力发展的测量手段。在实验室开展空间目标的光学散射特性测量,可以设定包括测站、目标模型、目标姿态、探测条件等在内的任意观测要素,实现对目标光学探测过程的模拟,能够基于所设定的信息准确评估特性分析的精度,这是实际测量难以实现的。实验室模拟实验测量的关键,是能够模拟空间目标光学观测的场景,主要包括以下内容。

1)光源模拟。第 2 章的分析部分介绍了月球反射光、地球反射光、大气发射光对空间目标的影响,结果表明,相比强烈的太阳照射,其他因素的影响基本可以忽略。太阳照射到地球表面时光斑范围内光的强度是均匀的,测量期间光源的辐射强度是稳定的。同时,在亮度方面,太阳光有特定的辐射光谱。通过论证,确定试验用太阳模拟器应具有以下特点:

(1)光谱范围:350~2500nm;

(2)光谱匹配度:AM1.5,A 级(参考 GB/T 6459.9—2006/IEC 60904—9:1995);

(3)工作方式:准直式平行光,或发散角小于 2° 的发散式太阳模拟器;

(4)光斑直径:覆盖目标模型;

(5)辐射照度:$\geqslant 0.05 S_0$(S_0 为太阳常数);

(6)辐照不均匀度:优于 $\pm 10\%$;

(7)辐照不稳定度:优于 $\pm 5\%/h$。

2)背景模拟。在完成太阳光构建的基础上,在实验室模拟空间目标光学观测,要求背景尽可能暗(模拟目标探测的背景特征)。为此,需要构建的背景测量环境尽可能少地反射光线,反射率应不高于 5%。通过在观测房间内粘贴黑色吸光材质或喷涂吸光漆,可以有效降低反射率。

3)空间目标姿态控制模拟。空间目标在轨运行过程中,目标姿态持续保持变化。通常,使用欧拉角来表示目标的姿态,即俯仰角、偏航角和滚动角,如图 5.1 所示。

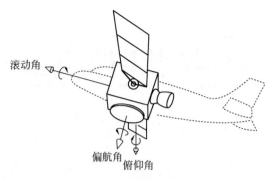

滚动角

偏航角　俯仰角

图 5.1　卫星的姿态角定义

4)探测器运动状态模拟。探测器运动状态的模拟是实现空间目标探测相位角模拟的关键。相位角是指以目标为中心,探测器和太阳之间的夹角。同时,在探测器观测目标的过程中,目标会位于探测器视场内且目标所占的像素数量随距离的变化也会有较大差别。实验室内受到空间限制,无法模拟远场测量条件,可以通过图像的后处理满足这一要求。

5.2　实验室总体布局

国内包括北京环境特性研究所、航天科技集团 805 所等单位分别搭建了能够支撑光度测量的内场实验系统,虽然实验系统的结构差别较大,但系统的基本组成是相似的。本书根据空间目标光度测量的实际需要,构建了空间目标光学散射特性的实验系统。该系统主要包括光源、探测器、三轴转台、探测器(光谱仪、CCD 相机)、探测器滑轨、空间目标模型、反光镜、转台控制系统和数据处理系统等,整套实验测量系统的总体布局如图 5.2 所示。

太阳模拟器发出的光经过反射镜反射至安装在三轴转台的空间目标模型上;光源中心、反射镜中心、目标模型中心、探测器中心始终在同一平面上;探测器支架一端安装探测器,另一端与三轴转台连接,围绕三轴转台进行 180° 运动,且运动轨迹为半圆区域的圆弧,通过光谱仪在滑轨上的转动,模拟光源-目标模型-探测器三者定义的观测相位角。通过"3+1"轴系的设计,能够实现在地面实验室模拟空间目标所面临的空间光照条件和光源-目标-探测器的相对几何关系,也支持对天地基光学观测过程的模拟。为抑制杂散光对实验测量带来的影响,实验室已采用吸光绒面壁纸进行消光处理,实验室的实际系统如图 5.3 所示。

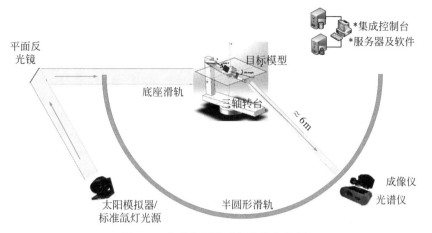

图 5.2　实验室测量系统的总体布局

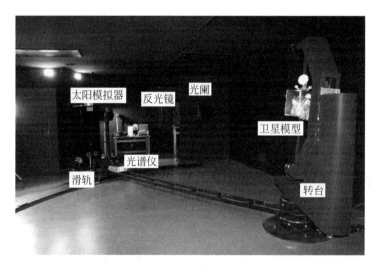

图 5.3　实验室的实际系统

1）实验室尺寸设计

实验室布设于 12m×6.5m 的房间内，为最大限度模拟远场观测的实际需要。根据光度测量误差公式，当目标模型尺寸为 1m 时，测量误差与探测器到目标距离的平方成反比[59]。在距离约为 6m 时，模拟远场的测量误差约为 1/36。

2）太阳模拟器设计与实现

在实验室测量目标光谱反射特性的过程中，需要太阳模拟器作为光源，模拟太阳光照射。鉴于研究目标直径在 1m 量级，需要太阳模拟器的有效光斑大于 1m，且要求在 1m 光斑范围内具有较高的均匀性和较小的发散角。为配合光谱特性测量和分析，要求太阳模拟器的光谱性能达到国家 A 级。其他指标满足 5.1 节提出的要求。

3）光路延长模块

采用发散式太阳模拟器来模拟光源。在发散角一定的条件下，延长光路是获取较大光斑的主要方式。为此，在实验室内设置了反光镜和光栏。其中，反光镜不仅起到反射光线的作用，还能够将其他杂散光过滤。通过反光镜反射的光线通过光栏后，多余的光束被限制，实现了1m光斑覆盖目标表面的目的。

4）光学转台的设计与实现

光学转台是测量系统的核心。转台系统的空间布局如图5.4所示，其结构部件如图5.5所示。

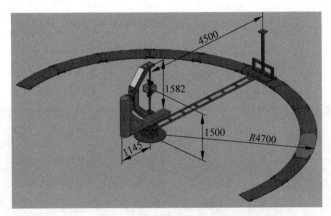

图5.4　转台系统的空间布局

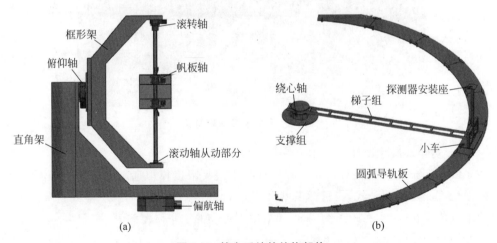

图5.5　转台系统的结构部件

（a）共轭旋转部分；（b）探测器滑轨

转台包括两个主要组成部分，共轭旋转部分和探测器滑轨。其中，共轭旋转部分主要用于夹持卫星模型并带动卫星模型旋转，探测器滑轨用于支撑光谱探测器，确保光谱仪视场的中心与目标中心一致。

其中,滑轨轴(绕心轴)可以实现170°旋转(加装机械限位开关);滚转轴可以实现360°旋转,俯仰轴可以实现350°旋转,偏航轴可以实现350°旋转,覆盖范围优于94%。为实现高精度测量,设计并实现转台指标如下。

共轭旋转及滑轨组的部分指标:

(1) 最大承载能力:10kg;

(2) 三轴相交度:三轴相交于一个5mm球形直径中;

(3) 三轴不垂直度:0.05°;

(4) 单轴重复精度:0.05°;

(5) 最大角速度:1°/s,最大角加速度:0.2°/s^2;

(6) 转动范围:三轴均为±175°,相位角:5°～175°;

(7) 限位情况:具有电气、机械和软件限位三级限位功能,其中,电气和机械限位安装位置可调;

(8) 回转中心距地面高度:1.6m;

(9) 三轴夹持转台提供接口能与目标模型(不小于1m)稳固连接。

5) 探测器选型

由于目标到探测器的距离为6m,为完全覆盖目标,要求探测器的视场至少为10°。在探测器一端,可使用光谱仪或CCD相机,但是要确保探测视场为10°。过大的探测器视场会导致视场内有杂散光进入,过小的视场会导致目标覆盖不全。图5.6为10°视场CCD相机观测某卫星模型的结果。

图5.6　10°视场CCD相机观测某卫星模型的结果

上文对实验室测量的相关要素进行了设计,初步具备了测量能力。在模拟空间目标实际观测的过程中,如何将实际探测的场景转化到实验室场景,需要精细的映射分析。下文将重点介绍实验室模拟的几何映射。

5.3　实验室模拟的几何映射

5.3.1　坐标系统和转换关系

在空间中太阳、空间目标、探测器等位置信息通常是用不同的坐标系统表示的。以对地定向卫星为例,卫星(目标卫星和观测卫星)和太阳的位置坐标通常在 J2000 坐标系下给出,姿态信息通常用轨道坐标系作为参考坐标系,只有当本体坐标系和轨道坐标系姿态的偏差为 0 时,卫星本体坐标系 3 个坐标轴和轨道坐标系的坐标轴才会重合。地面测站的坐标通常由 WGS-84 坐标系给出;但在实验室中,太阳模拟器和探测器的坐标都是基于卫星本体坐标系给出的。因此,若要将空间中太阳-空间目标-探测器之间的相对位姿关系映射到地面实验室,就必须将测站位置坐标和太阳位置坐标转换到卫星本体坐标系。

坐标转换的实质是将原坐标系下的坐标乘以若干个欧拉旋转矩阵,得到新坐标系下的坐标。设原坐标系为 $O\text{-}XYZ$,分别绕 OX、OY、OZ 三轴逆时针旋转 θ 得到的旋转矩阵为 $\boldsymbol{R}_x(\theta)$、$\boldsymbol{R}_y(\theta)$、$\boldsymbol{R}_z(\theta)$:

$$\boldsymbol{R}_x(\theta)=\begin{bmatrix}1 & 0 & 0\\ 0 & \cos\theta & \sin\theta\\ 0 & -\sin\theta & \cos\theta\end{bmatrix},\quad \boldsymbol{R}_y(\theta)=\begin{bmatrix}\cos\theta & 0 & -\sin\theta\\ 0 & 1 & 0\\ \sin\theta & 0 & \cos\theta\end{bmatrix},$$

$$\boldsymbol{R}_z(\theta)=\begin{bmatrix}\cos\theta & \sin\theta & 0\\ -\sin\theta & \cos\theta & 0\\ 0 & 0 & 1\end{bmatrix} \tag{5.1}$$

1) WGS-84 坐标系和 J2000 坐标系的转换模型

地固坐标系与 J2000 坐标系的转换矩阵由以下 4 个构成:岁差矩阵 $\boldsymbol{D}_P$,章动矩阵为 $\boldsymbol{C}_N$,地球自转矩阵 $\boldsymbol{B}_E$ 和极移矩阵 $\boldsymbol{A}_W$。

(1) 岁差矩阵

在日月引力和其他行星的影响下,黄道平面与赤道平面并不是固定不动的。由日月和其他行星引起的两平面的微小变化叫作"岁差"。岁差矩阵的计算公式为

$$\boldsymbol{D}_P=\boldsymbol{R}_z(-z_P)\boldsymbol{R}_y(\theta_P)\boldsymbol{R}_z(-\xi_P) \tag{5.2}$$

式中:z_P、θ_P、ξ_P 表示赤道 3 个方向的岁差角。

(2) 章动矩阵

章动是指在外力的作用下,地球自转轴在空间运动的短周期摆动项。章动矩阵的计算公式为

$$\boldsymbol{C}_N=\boldsymbol{R}_x(-\varepsilon-\Delta\varepsilon)\boldsymbol{R}_z(-\Delta\varphi)\boldsymbol{R}_x(\varepsilon) \tag{5.3}$$

式中,ε 为黄赤交角,$\Delta\varepsilon$ 和 $\Delta\varphi$ 分别为交角章动和黄经章动。

（3）地球自转矩阵

地球自转矩阵的表达式为

$$\boldsymbol{B}_E = \boldsymbol{R}_z(\theta_G) \tag{5.4}$$

式中，θ_G 为格林威治真恒星时 GAST 测量的真春分点的时角。

（4）极移矩阵

由于地球不是刚体，加上其他地球物理因素的影响，地球自转轴相对于地球的位置会随时间发生变化，进而引起观察者的天顶在天球上的位置发生变化，该现象称为"极移"，极移矩阵的表达式为

$$\boldsymbol{A}_W = \boldsymbol{R}_y(-x_P)\boldsymbol{R}_x(-y_P) \tag{5.5}$$

式中，(x_P, y_P) 表示任意时刻下的瞬时地极坐标。

设空间中任意一点在 J2000 下的坐标为 r_{J2000}，在 WGS-84 下的坐标为 r_{WGS-84}，则 J2000 坐标系转换到 WGS-84 坐标系的转换模型为

$$r_{WGS-84} = [\boldsymbol{A}_W][\boldsymbol{B}_E][\boldsymbol{C}_N][\boldsymbol{D}_P]r_{J2000}$$

WGS-84 坐标系转换到 J2000 坐标系的转换模型为

$$r_{J2000} = [\boldsymbol{D}_P]^T[\boldsymbol{C}_N]^T[\boldsymbol{B}_E]^T[\boldsymbol{A}_W]^T r_{WGS-84}$$

2）J2000 坐标系到卫星轨道坐标系的转换关系

设 J2000 坐标系到轨道坐标系按照 zxy 旋转顺序对应的欧拉角分别为 α_1、β_1、γ_1，则 J2000 坐标系到目标轨道坐标系的转换矩阵为

$$\boldsymbol{R}_1 = \boldsymbol{R}_y(\gamma_1)\boldsymbol{R}_x(\beta_1)\boldsymbol{R}_z(\alpha_1) \tag{5.6}$$

设空间目标在 J2000 坐标系下的坐标为 r，则 J2000 坐标系到轨道坐标系的转换关系为

$$r_{orbit} = \boldsymbol{R}_1(r_{J2000} - r) \tag{5.7}$$

式中，r_{J2000} 是空间中任意一点在 J2000 下的坐标，r_{orbit} 是其在空间目标轨道坐标系下的坐标。

3）轨道坐标系到本体坐标系的转换关系

设轨道坐标系到空间目标本体坐标系按照 zxy 旋转顺序对应的欧拉角分别为 α_2、β_2 和 γ_2，则轨道坐标系到本体坐标系的转换矩阵为

$$\boldsymbol{R}_2 = \boldsymbol{R}_y(\gamma_2)\boldsymbol{R}_x(\beta_2)\boldsymbol{R}_z(\alpha_2) \tag{5.8}$$

所以轨道坐标系到卫星本体坐标系的转换关系为

$$r_{body} = \boldsymbol{R}_2 \cdot r_{orbit} \tag{5.9}$$

式中，r_{orbit} 是空间任意一点在目标轨道坐标系下的坐标，r_{body} 是其在目标本体坐标系下的坐标。

5.3.2　映射变换的初始状态分析

卫星模型通过夹持装置固定在三轴转台上，转台的结构示意图如图 5.7 所示。

三轴转台和光谱仪滑轨组成了四轴转动系统,其总轴系图如图 5.8 所示。轴 1、轴 2、轴 3 为三轴转台本体姿态轴。轴 0 为探测器围绕模型中心的旋转轴,与三轴转台的轴 1 重合;轴 0、轴 1 始终垂直于地面;初始时刻轴 3 垂直于轴 1 和轴 2 确定的平面。

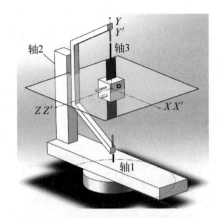

图 5.7　三轴转台结构示意图

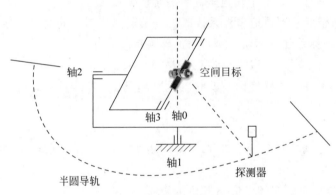

图 5.8　四轴系统整体轴系图

分析轴系图可知,轴 0 控制太阳-卫星-探测器之间的相位角,用 P_{angle} 表示。轴 1、轴 2、轴 3 为三轴转台的卫星姿态轴,分别控制卫星模型相对光源方向的底座旋转角(base angle,也即偏航角)、横滚旋转角(roll angle)、俯仰旋转角(lift angle),为表述方便,设三轴旋转角度分别为 ψ、φ、θ。

1) 卫星本体坐标系下建立参考坐标系

在实验室布局中,太阳-卫星-探测器的中心始终在同一平面内,所以首先以目标-太阳矢量和目标-探测器矢量构建参考平面。以地基观测为例,设地面测站在 WGS-84 坐标系下的坐标为 $r_{WGS\text{-}84}$,太阳在 J2000 坐标系下的坐标为 r_s。根据坐标系统转换模型,可以得到地面测站和太阳在卫星本体坐标系下的坐标 $\boldsymbol{R}_d$ 和 $\boldsymbol{R}_s$。将探测器和太阳在卫星本体坐标系下的坐标 $\boldsymbol{R}_d$ 和 $\boldsymbol{R}_s$ 分别单位化,得到太阳在卫星

本体坐标系下的单位矢量 OX' 和探测器在卫星本体坐标系下的单位矢量 OD'，即

$$\begin{cases} OX' = \dfrac{\boldsymbol{R}_s}{|\boldsymbol{R}_s|} \\[3mm] OD' = \dfrac{\boldsymbol{R}_d}{|\boldsymbol{R}_d|} \end{cases}$$

构造单位向量：

$$\begin{cases} OY' = \dfrac{OD' \times OX'}{|OD' \times OX'|} \\[3mm] OZ' = OX' \times OY' \end{cases}$$

建立了参考坐标系 $O\text{-}X'Y'Z'$，从而保证太阳-卫星-探测器中心始终在同一平面内，如图 5.9 所示。从示意图中可以看出，实际情况下，卫星本体坐标系 $O\text{-}XYZ$ 与参考坐标系 $O\text{-}X'Y'Z'$ 不重合。

2）实验室建立参考坐标系

在实验室条件下，反光镜方向即光源方向，这里规定 OX' 指向光源的方向为正，规定 OD' 指向探测器的方向为正。按照上述方法，可以构造实验室内的参考坐标系 $O\text{-}X'Y'Z'$。其中，OY' 垂直纸面向里为正，OZ' 的正方向由右手法则确定，如图 5.10 所示。初始时刻，卫星本体坐标系 $O\text{-}XYZ$ 与参考坐标系 $O\text{-}X'Y'Z'$ 重合。所谓的角度映射算法，就是在实验室条件下，参考坐标系不动，通过卫星模型三轴旋转调整本体坐标系，使 OX'、OY'、OZ' 在本体坐标系下的坐标与实际场景一致。

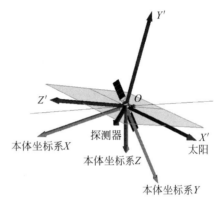

图 5.9 卫星本体坐标系与参考坐标系

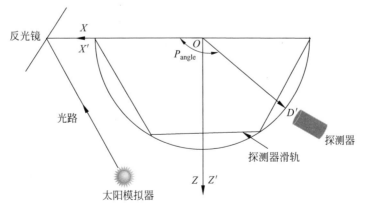

图 5.10 实验室建立参考坐标系俯视图

太阳模拟器和探测器所成的相位角为

$$P_{angle} = \arccos\left(\frac{OX' \cdot OD'}{|OX'||OD'|}\right)$$

在实验室条件下,光路的方向是固定的,只能通过转动探测器改变相位角,这就是实验室探测器实际转动的角度。

5.3.3　旋转顺序和旋转角度的确定

根据参考坐标系的定义方式,可以确定实际观测中本体坐标系下的 3 个单位向量 OX'、OY'、OZ',利用这 3 个单位向量构造旋转矩阵 $M = [OX', OY', OZ']$。根据坐标转换基本原理,M 即卫星本体坐标系到参考坐标系的转换矩阵。本书确定的三轴转台的旋转顺序为轴 1-轴 2-轴 3,即 YXY 的旋转顺序。图 5.11 给出了按 YXY 顺序旋转坐标系的变化情况,各次旋转角度为 ψ、φ、θ,相应的姿态矩阵分别为 $R_y(\psi)$、$R_x(\varphi)$、$R_y(\theta)$。

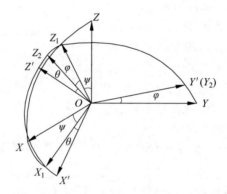

图 5.11　坐标系间的 YXY 欧拉角旋转变换

由此得到卫星本体坐标系 $O\text{-}XYZ$ 到参考坐标系 $O\text{-}X'Y'Z'$ 的方向余弦阵为

$$M = R_y(\theta)R_x(\varphi)R_y(\psi)$$

$$= \begin{bmatrix} \cos\psi\cos\theta - \cos\varphi\sin\psi\sin\theta & \sin\varphi\sin\theta & -\cos\theta\sin\psi - \cos\varphi\cos\psi\sin\theta \\ \sin\psi\sin\varphi & \cos\varphi & \cos\psi\sin\varphi \\ \cos\psi\sin\theta + \cos\varphi\sin\psi\cos\theta & -\sin\varphi\cos\theta & \cos\theta\cos\psi\cos\varphi - \sin\psi\sin\theta \end{bmatrix}$$

$$(5.10)$$

由方向余弦阵元素得到的欧拉角为

$$\begin{cases} \psi = \arctan(M(2,1)/M(2,3)) \\ \varphi = \arccos(M(2,2)) \\ \theta = \arctan(-M(1,2)/M(3,2)) \end{cases}$$

此类欧拉转动的奇异点发生在 $\theta = 0°$ 时。为避免 θ 的双重性,限制 θ 在 $0°\sim$ $180°$。ψ、φ、θ 分别为三轴转台轴 1、轴 2、轴 3 的转角。

5.3.4　相邻时刻四轴转角确定

按照本书的算法,可以确定任意时刻四轴装置的转角 P_{angle}、ψ、φ、θ。假设 t_1 时刻四轴的转角分别为 P_{angle1}、ψ_1、φ_1、θ_1,t_2 时刻四轴的转角分别为 P_{angle2}、ψ_2、φ_2、θ_2,但这都是在 t_0 初始状态下确定的转角。在实验过程中,不可能每次都转到初始状态,再重新按照该时刻所求转角进行转动,所以必须确定四轴从 t_1 时刻直接转到 t_2 时刻所需的转角和转动方法。

由于探测器转动的相角是由太阳-卫星-探测器的夹角确定的,所以探测器的转动相角只需考虑探测器-卫星-太阳的夹角,不需要考虑卫星的姿态变化,所以探测器从 t_1 时刻转到 t_2 时刻的转角为 $P_{\text{angle2}} - P_{\text{angle1}}$。

t_0 时刻,卫星本体坐标系 $O\text{-}XYZ$ 和参考坐标系 $O\text{-}X'Y'Z'$ 重合。t_1 时刻,三轴转台经过 ψ_1、φ_1、θ_1 转动后,只有轴3与本体系 OY 轴依然重合,此时转动轴1、轴2就是绕任意轴的旋转,如图5.12所示。

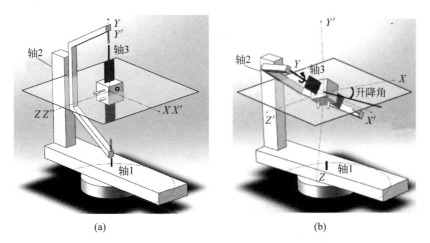

图 5.12　t_0 和 t_1 时刻卫星姿态示意图

(a) t_0(初始)时刻;(b) t_1 时刻

依然采用轴1-轴2-轴3的转动顺序,确定3次转动的角度分别为 $\psi_2 - \psi_1$、$\varphi_2 - \varphi_1$ 和 $\theta_2 - \theta_1$,推导经3次旋转后得到的矩阵形式。

从 t_0(初始时刻)~t_1,旋转矩阵为 $\boldsymbol{M}_1 = \boldsymbol{R}_y(\theta_1)\boldsymbol{R}_x(\varphi_1)\boldsymbol{R}_y(\psi_1)$。在 t_1 时刻绕轴1转动 $\psi_2 - \psi_1$,根据任意轴旋转理论,可知绕轴1转动 $\psi_2 - \psi_1$ 的旋转矩阵为

$$\boldsymbol{M}_2 = \boldsymbol{R}_y(\theta_1)\boldsymbol{R}_x(\varphi_1)\boldsymbol{R}_y(\psi_2 - \psi_1)\boldsymbol{R}_x(-\varphi_1)\boldsymbol{R}_y(-\theta_1) \tag{5.11}$$

在 t_1 时刻绕轴1转动 $\psi_2 - \psi_1$,轴1已经旋转到 t_2 时刻。在此基础上,绕轴2转动 $\varphi_2 - \varphi_1$,对应的旋转矩阵为

$$\boldsymbol{M}_3 = \boldsymbol{R}_y(\theta_1)\boldsymbol{R}_x(\varphi_2 - \varphi_1)\boldsymbol{R}_y(-\theta_1) \tag{5.12}$$

由于轴3始终和本体系的 OY 轴重合,所以绕轴3转动 $\theta_2 - \theta_1$ 的旋转矩阵为

$$M_4 = R_y(\theta_2 - \theta_1) \tag{5.13}$$

在 t_1 时刻，经过绕轴 1 转动 $\psi_2 - \psi_1$，绕轴 2 转动 $\varphi_2 - \varphi_1$，绕轴 3 转动 $\theta_2 - \theta_1$ 后，得到的旋转矩阵为

$$
\begin{aligned}
M_5 &= M_4 M_3 M_2 M_1 \\
&= R_y(\theta_2 - \theta_1) R_y(\theta_1) R_x(\varphi_2 - \varphi_1) R_y(-\theta_1) R_x(\varphi_1) R_y(\psi_2 - \psi_1) R_y(\psi_1) \cdot \\
&\quad R_y(\theta_1) R_x(\varphi_1) R_y(\psi_2 - \psi_1) R_x(-\varphi_1) R_y(-\theta_1) R_y(\theta_1) R_x(\varphi_1) R_y(\psi_1) \\
&= R_y(\theta_2) R_x(\varphi_2) R_y(\psi_2)
\end{aligned}
\tag{5.14}
$$

这和从 t_0 时刻直接转到 t_2 时刻的旋转矩阵相同，即从 t_1 时刻到 t_2 时刻，卫星姿态不需要调回初始状态，在 t_1 时刻只需按照轴 1-轴 2-轴 3 的旋转顺序，将轴 1 转动 $\psi_2 - \psi_1$，轴 2 转动 $\varphi_2 - \varphi_1$，轴 3 转动 $\theta_2 - \theta_1$，就能转到 t_2 时刻的卫星姿态。

5.4　实验观测数据分析

由于实验的主要测量要素是目标的星等和亮度，与光照强度和探测距离无关，所以在实验室内采用相对测量法进行测量，即在相同的光照强度下，分别测量朗伯体白板和目标散射强度，根据两者的比值和白板的理论 OCS 确定目标的 OCS。

设有一 OCS 已知的定标体，其值为 $\mathrm{OCS_b}$，待测目标的 OCS 为 $\mathrm{OCS_r}$，则

$$\frac{\mathrm{OCS_r}}{\mathrm{OCS_b}} = \frac{4\pi \dfrac{\Phi_r}{E_{sun}}}{4\pi \dfrac{\Phi_b}{E_{sun}}} = \frac{\Phi_r}{\Phi_b} \tag{5.15}$$

式中，Φ_r 为探测器单位立体角内接收的待测目标散射的辐射通量，Φ_b 为探测器单位立体角内接收的已知 OCS 的定标体散射的辐射通量。根据反射率的定义，探测器单位立体角内接收的两种辐射通量的比值就是两物体的相对反射率，即

$$\rho = \frac{\Phi_r}{\Phi_b} \tag{5.16}$$

这说明待测目标与已知定标体 OCS 的比值等于待测目标相对于定标体的反射率。所以已知定标体的 OCS 和待测目标相对定标体的相对反射率 ρ，就可以得到待测目标的 OCS，这就是相对测量法的原理。由于相对反射率 ρ 和光学散射截面 OCS 都是与入射角 (θ_i, φ_i) 和反射角 (θ_r, φ_r) 相关的量，待测目标的 OCS 可以表示为

$$\mathrm{OCS_r}(\theta_i, \varphi_i; \theta_r, \varphi_r) = \rho(\theta_i, \varphi_i; \theta_r, \varphi_r) \cdot \mathrm{OCS_b}(\theta_i, \varphi_i; \theta_r, \varphi_r) \tag{5.17}$$

通常采用聚四氟乙烯（F4）压制的朗伯白板作为定标板。本书采用的定标板是标定过的朗伯白板，尺寸为 $26\mathrm{cm} \times 26\mathrm{cm}$，其理论 OCS 可以由式（2.38）计算得到。待测目标相对于朗伯白板的反射率 $\rho(\theta_i, \varphi_i; \theta_r, \varphi_r)$ 可以由 ASD 光谱仪直接测量，但在测量待测目标在光线沿 (θ_i, φ_i) 入射、沿 (θ_r, φ_r) 方向出射时的相对反射率时，必须先将朗伯白板放置在待测目标位置处，并保持入射光角度 (θ_i, φ_i) 和反射光角

度(θ_r,φ_r)不变,才可以对朗伯白板定标。加拿大皇家军事学院在对 CanX-1 EM 卫星模型进行光谱反射率测量时,就采用了上述方法。但是这种方法的操作过程烦琐,每改变一个角度,无论是入射角还是反射角,均需要对朗伯白板重新定标,测量效率较低。为此,本书提出一种等效相对反射率测量方法,只需要对朗伯白板在$(0°,\varphi_i;30°,\varphi_r)$处进行一次定标,再对数据进行处理,即可得到待测目标在任意入射角和出射角下的相对反射率。公式推导如下:

$$\rho(\theta_i,\varphi_i;\theta_r,\varphi_r)=\frac{\Phi_r(\theta_i,\varphi_i;\theta_r,\varphi_r)}{\Phi_b(\theta_i,\varphi_i;\theta_r,\varphi_r)}=\frac{\Phi_r(\theta_i,\varphi_i;\theta_r,\varphi_r)}{\Phi_b(\theta_i,\varphi_i;30°,\varphi_r)}\cdot\frac{\Phi_b(\theta_i,\varphi_i;30°,\varphi_r)}{\Phi_b(\theta_i,\varphi_i;\theta_r,\varphi_r)}$$

$$=\frac{\Phi_r(\theta_i,\varphi_i;\theta_r,\varphi_r)}{\Phi_b(\theta_i,\varphi_i;30°,\varphi_r)}\cdot\frac{\cos30°}{\cos\theta_r}$$

$$=\frac{\Phi_r(\theta_i,\varphi_i;\theta_r,\varphi_r)}{\Phi_b(0°,\varphi_i;30°,\varphi_r)}\cdot\frac{\Phi_b(0°,\varphi_i;30°,\varphi_r)}{\Phi_b(\theta_i,\varphi_i;30°,\varphi_r)}\cdot\frac{\cos30°}{\cos\theta_r}$$

$$=\frac{\Phi_r(\theta_i,\varphi_i;\theta_r,\varphi_r)}{\Phi_b(0°,\varphi_i;30°,\varphi_r)}\cdot\frac{\cos0°}{\cos\theta_i}\cdot\frac{\cos30°}{\cos\theta_r}$$

$$=\frac{\Phi_r(\theta_i,\varphi_i;\theta_r,\varphi_r)}{\Phi_b(0°,\varphi_i;30°,\varphi_r)}\cdot\frac{\cos30°}{\cos\theta_i\cos\theta_r}$$

$$=\rho'(\theta_i,\varphi_i;\theta_r,\varphi_r)\cdot\frac{\cos30°}{\cos\theta_i\cos\theta_r} \tag{5.18}$$

式中,$\Phi_b(0°,\varphi_i;30°,\varphi_r)$是朗伯白板在入射角为$(0°,\varphi_i)$、反射角为$(30°,\varphi_r)$时,探测器接收到的辐射通量;$\Phi_r(\theta_i,\varphi_i;\theta_r,\varphi_r)$是待测目标在入射角为$(\theta_i,\varphi_i)$、反射角为$(\theta_r,\varphi_r)$时,探测器接收到的辐射通量;$\rho'(\theta_i,\varphi_i;\theta_r,\varphi_r)$是 ASD 光谱仪测得的待测目标在入射角$(\theta_i,\varphi_i)$和反射角$(\theta_r,\varphi_r)$处相对于朗伯白板在入射角为$(0°,\varphi_i)$、反射角为$(30°,\varphi_r)$定标时的相对反射率,为表述方便,将$\rho'(\theta_i,\varphi_i;\theta_r,\varphi_r)$称为"相对反射率系数"。注意此时的相对反射率系数$\rho'(\theta_i,\varphi_i;\theta_r,\varphi_r)$和$\rho(\theta_i,\varphi_i;\theta_r,\varphi_r)$是一个可以大于 1 的值,这样只需测得$\rho'(\theta_i,\varphi_i;\theta_r,\varphi_r)$即可得到目标的相对反射率$\rho(\theta_i,\varphi_i;\theta_r,\varphi_r)$。这种测量方法的优点是只需对标定白板测量一次,后续只测量相对反射率系数即可。

对于镜面反射较强的材质,当用朗伯白板在入射角为$(0°,\varphi_i)$、反射角为$(30°,\varphi_r)$处进行定标后,$\rho'(\theta_i,\varphi_i;\theta_r,\varphi_r)$可能会出现大于 1 的值,特别是在镜反射方向附近测量待测目标时,$\rho'(\theta_i,\varphi_i;\theta_r,\varphi_r)$的值会超过 ASD 对反射率设定的阈值而报警,造成测量数据失真,必须重新定标测量。考虑到 ASD 在进行反射率计算时,会记录一组没有实际物理意义的 rawDN,该值和辐射通量成正比,所以,

$$\rho'(\theta_i,\varphi_i;\theta_r,\varphi_r)=\frac{\Phi_r(\theta_i,\varphi_i;\theta_r,\varphi_r)}{\Phi_b(0°,\varphi_i;30°,\varphi_r)}=\frac{\text{rawDN}_r(\theta_i,\varphi_i;\theta_r,\varphi_r)}{\text{rawDN}_b(0°,\varphi_i;30°,\varphi_r)}$$

$$=\frac{\sum_\lambda\text{rawDN}_r(\theta_i,\varphi_i;\theta_r,\varphi_r,\lambda)}{\sum_\lambda\text{rawDN}_b(0°,\varphi_i;30°,\varphi_r,\lambda)} \tag{5.19}$$

式中,$\text{rawDN}_r(\theta_i,\varphi_i;\theta_r,\varphi_r,\lambda)$是待测目标在入射角为$(\theta_i,\varphi_i)$、反射角为$(\theta_r,\varphi_r)$时,探测器接收到的光谱 rawDN;$\text{rawDN}_b(0°,\varphi_i;30°,\varphi_r,\lambda)$是朗伯白板在入射角为$(0°,\varphi_i)$、反射角为$(30°,\varphi_r)$时,探测器接收到的光谱 rawDN;这样就可以通过记录 rawDN 计算得到$\rho'(\theta_i,\varphi_i;\theta_r,\varphi_r)$。因此,采用记录 rawDN 的方法进行测量可以避免数据失真。

5.4.1　朗伯白板 OCS 测量和分析

为验证 OCS 相对测量方法的正确性,首先对朗伯白板进行 OCS 实验测量。测量方案如下。

(1) 参数设置。为消除单次测量过程中暗电流等随机因素对测量的影响,通常在测量多次后取平均值。这里将白板预平均次数和样品预平均次数均设置为 10 次,这样测得的每条光谱曲线均是光谱仪连续测量 10 次的 rawDN(rawDN 是光谱仪直接测量得到的数值,是电压值的直接数字化,与反射强度成正比)的平均值。

(2) 朗伯白板定标。将朗伯平板置于目标中心处,入射光垂直照射到白板上,将 ASD 光谱仪放置到相位角$\beta=30°$处,将$10°$镜头对准白板中心,保证光源-白板-探测器中心所成相角为$30°$,对曝光时间和积分时间进行优化。优化结束后,光谱仪将输出最优的积分时间。继续将镜头对准白板,开始测量绝对反射率,此时得到一条反射率约为 0.99 的直线,这就是朗伯板的绝对反射率,定标工作完成。

(3) 改变相位角β。在半圆轨迹上以标定好的$10°$为间隔改变探测器位置,依次测量白板在相位角$10°\sim80°$时的绝对反射率系数$\rho'(\theta_i,\varphi_i;\theta_r,\varphi_r)$。

测量得到不同相位角下白板的绝对光谱反射率系数$\rho'(\theta_i,\varphi_i;\theta_r,\varphi_r)$,如图 5.13 所示。

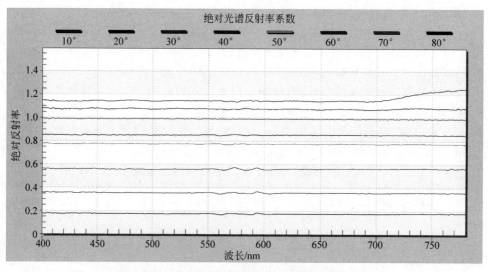

图 5.13　不同相角下白板的绝对光谱反射率系数

从图 5.13 中可以看出，白板在相位角为 $10°$ 和 $20°$ 时，$\rho'(\lambda)>1$；在相位角为 $30°$ 时，$\rho'(\lambda)\approx1$；在相位角大于 $30°$ 时，$\rho'(\lambda)<1$。从结果分析得到，由于白板是在相位角为 $30°$ 处进行标定的，所以 $\rho'(\lambda)$ 随相位角的增大而减小。同时还可以看到，除相位角在 $10°$ 时的曲线在 700nm 以后反射率略呈上升趋势外，其余曲线均比较平直，说明白板的光谱朗伯特性较好。

下面逐步分析基于相对测量法的朗伯白板 OCS 计算过程，并与朗伯白板理论 OCS 进行对比，分析基于相对测量法 OCS 的计算精度。

(1) 计算绝对反射率系数 $\rho'(\theta_i,\varphi_i;\theta_r,\varphi_r)$。提取不同相位角下的白板光谱 rawDN，并在 $400\sim780$nm 进行积分，利用式（5.19）计算得到绝对反射率系数 $\rho'(\theta_i,\varphi_i;\theta_r,\varphi_r)$，代入式（5.18）可以得到朗伯白板在不同反射角下的绝对反射率，如图 5.14 所示。

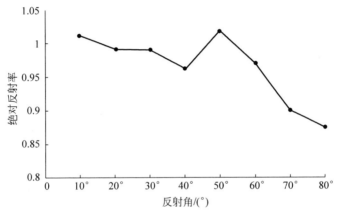

图 5.14 朗伯白板在不同反射角下的绝对反射率

从图 5.14 可以看出，朗伯白板在不同反射角下的绝对反射率都在 1 附近；但是在 $80°$ 时，反射率低于 0.9；在 $10°$ 和 $50°$ 时，却出现了绝对反射率大于 1 的情况，理论上绝对反射率不可能大于 1。反射率出现大于 1 的原因主要有两个：一是实验中 ASD 的 $10°$ 光纤镜头在手动操作下，很难严格对准白板中心，这是人为操作造成的误差；二是朗伯白板并不是绝对的标准朗伯体，在不同方向上反射率会有一定偏差，并且当反射角较大时，白板反射率会降低。

(2) 基于相对测量法的朗伯白板 OCS 计算。可以通过相对测量法计算得到朗伯白板的 OCS，式中，OCS_b 是绝对标准朗伯平板的 OCS，可以利用朗伯平板理论 OCS 公式计算得到，其半球反射率 $\rho'_{2\pi}=1$。

(3) 计算朗伯白板的理论 OCS。朗伯白板的光谱半球反射率曲线如图 5.15 所示。在 $400\sim780$nm，朗伯白板的半球反射率 $\rho'_{2\pi}=0.987$，可以计算出朗伯白板的理论 OCS。

(4) 计算精度分析。在入射角 $\theta_i=0°$、反射角 θ_r 在 $0°\sim80°$ 变化的情况下，通过相对测量法和朗伯平板理论公式，计算得到的 OCS 对比图如图 5.16 所示。

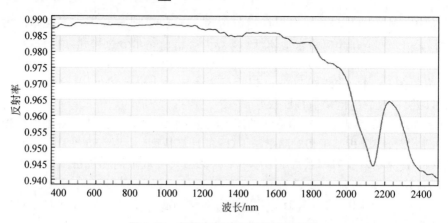

图 5.15　朗伯白板的光谱半球反射率

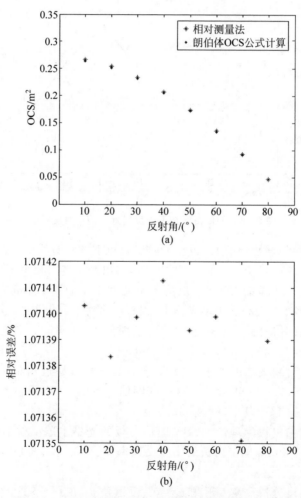

(a)

(b)

图 5.16　朗伯白板理论 OCS 与相对测量法结果对比图

（a）OCS 测量值和理论值对比；（b）相对误差

将相对测量值和理论值进行对比后发现,相对测量法得到的朗伯白板 OCS 和利用朗伯平板理论公式计算的 OCS 相近,相对误差在 1.1% 以内,这验证了 OCS 相对测量方法的正确性。并且在对目标进行 OCS 测量时,可以直接用朗伯白板作为定标板进行相对反射率的测量,不需要再转换成绝对反射率。

5.4.2 卫星模型 OCS 测量和分析

将卫星模型放置在三轴转台上,使卫星帆板的法线 n 指向 20° 标定角处(帆板与卫星本体受照面平行),ASD 光谱仪在圆形轨迹上从 20° 相位角开始,以 10° 为间隔测量直到相位角 80°,即反射角 θ_r 的范围为 0°~60°。光源-卫星-ASD 光谱仪的位置关系示意图如图 5.17 所示。

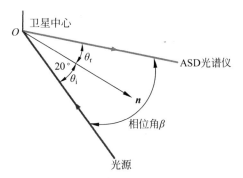

图 5.17 光源-卫星-ASD 光谱仪位置关系示意图

测量得到卫星模型在不同反射角下的相对反射系数光谱曲线如图 5.18 所示。

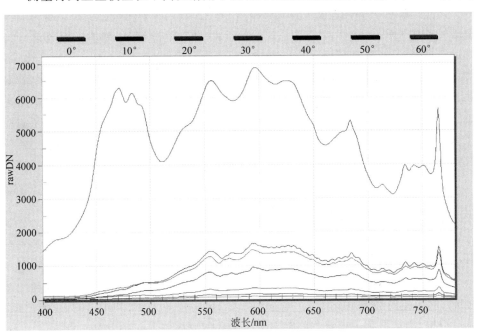

图 5.18 卫星模型在不同反射角下的 rawDN 曲线

图 5.19 中给出了卫星模型在反射角为 0°、10°、20°、30°、40°、50°、60°时测得的光谱 rawDN 曲线。可以看出,从 0°~20° rawDN 呈现增大的趋势,从 20°~60°开始减小,在反射角为 20°时光谱 rawDN 最大,这主要是因为卫星模型表面贴附的材质具有较强的镜面反射。入射角 $\theta_i = 20°$、反射角 $\theta_r = 20°$恰好是其镜面反射方向,所以在反射角为 20°时,rawDN 最大。

下面逐步分析基于相对测量法的卫星模型 OCS 计算过程,并将计算结果与利用五参数 BRDF 模型的 OCS 数值解进行对比分析。

(1) 计算卫星模型的相对反射率。提取定标板和卫星模型的 rawDN 并求解其比值,代入式(5.18)得到卫星模型在 400~780nm 的相对反射率,如图 5.19 所示。

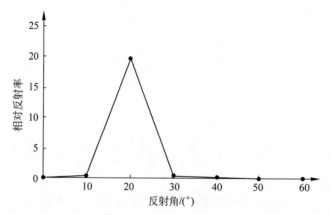

图 5.19 卫星模型在不同反射角下的相对反射率

(2) 计算基于相对测量法的卫星模型 OCS。利用相对测量公式可以计算得到卫星模型的 OCS。式中,OCS_b 是朗伯白板的 OCS,可以利用朗伯平板理论 OCS 公式计算得到,其半球反射率 $\rho'_{2\pi} = 0.987$。

(3) 卫星模型 OCS 数值计算。利用 Creater 软件建立卫星模型的三维模型,并进行三角面元拆分,如图 5.20 所示。其中,本体的受照面设置了两个圆柱的截面(一个长为 9cm,底面直径为 1cm;另一个长为 5cm,底面直径为 2cm),用以模拟材质表面的褶皱。将黄色包覆材质和 GaAs 电池片的五参数 BRDF 模型代入复杂目标 OCS 计算的程序中,得到卫星模型的 OCS 数值解。

(4) 结果对比分析。将卫星模型 OCS 数值解和基于相对测量法得到的 OCS 进行对比,如图 5.21 所示。

从图 5.21 中可以看出,在 0°~20°,两种方法得到的 OCS 都随反射角的增加而增大;在 20°~60°,两种方法得到的 OCS 都随反射角的增大而减小,并且均在反射角为 20°时出现最大值,总体趋势保持一致,基本实现了 OCS 相对测量法和基于五参数 BRDF 模型的复杂目标 OCS 算法的互相校验。同时也注意到,当反射角为 20°时,利用相对测量法得到的 OCS 峰值居于反射角为 18.5°和 19°的数值解之间。通过分析,测量值和数值解之间存在一定偏差的原因主要包括以下 4 点。

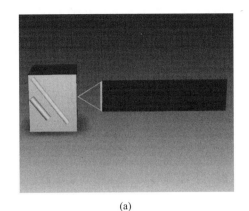

(a)　　　　　　　　　　　　　　　　(b)

图 5.20　卫星三维模型和面元信息

（a）卫星三维模型；（b）面元信息

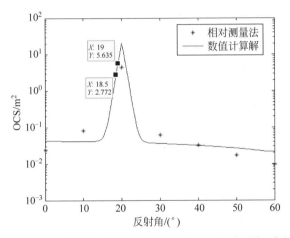

图 5.21　基于相对测量法得到的 OCS 和 OCS 数值解对比

（1）人为操作误差。在测量过程中，光纤探头是否对准目标是根据地面所标白线人为判定的，这就增大了测量过程中的不确定性，并且模型表面贴附材质的镜面反射现象较强，当光纤探头偏离目标时，会造成接收能量的迅速衰减，这也是二者之间偏差的主要原因。

（2）表面褶皱的三维建模误差。通过卫星模型实拍图（图 4.10）可以发现，模型表面存在一定褶皱，而不规则褶皱会改变反射光方向，造成能量向各方向发散。在对卫星进行三维建模时，只利用两个圆柱截面近似代替本体表面的褶皱情况，本体其余部分都是光滑平面，这会造成利用五参数 BRDF 模型得到的 OCS 数值解在镜面反射方向偏大。

（3）光源辐射照度不均匀误差。实验室光源有 $2°$ 的发散角，光斑尺寸为 $1\mathrm{m}$，而白板的尺寸仅有 $26\mathrm{cm}$。目标处的辐射照度是不均匀的，使得距光源相同距离处的不同面元接收的光通量不同,由此导致与光源等距处相同材质的不同面元反射的光通量也是不同的。

(4)BRDF 测量和建模误差。在对材质进行 BRDF 测量和五参数建模的过程中,均存在误差,所以利用五参数模型得到的 OCS 数值解也会存在一定误差。

在此基础上,将实际卫星缩比模型置于转台,并利用数字三维模型开展仿真计算。将实验室结果与仿真结果进行对比,结果如图 5.22 所示。

实验结果表明,对于实际卫星的缩比模型,只要模型的建模精度可以保证,实际测量的误差就可以得到控制。即使对一些卫星的镜面反射特征(图 5.22(b)),也可以精确建模。

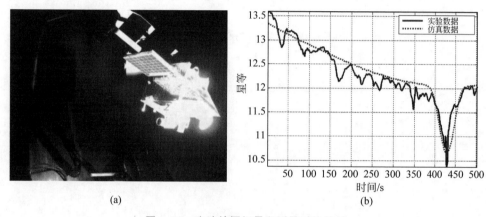

(a)　　　　　　　　　　　　(b)

图 5.22　实验拍摄场景和测量对比结果

(a) 实验拍摄场景;(b) 测量对比结果

第 6 章

基于光度特性的空间目标运动状态分析

第 6 章图片

由于光学成像成本高昂且只适用于距离探测器较近的目标（满足成像条件），目前主要基于非成像观测手段，通过观测获取空间目标的时序光学散射特性变化曲线，进而研究空间目标的相关信息。空间目标的光学散射特性是指卫星、航天飞机等人造航天器的形状、位置、运动状态等对光波散射而导致的光波偏振态、强度能量、频率等物理量的变化特性。可以通过多种途径对空间目标的光学散射特性进行研究，例如在外场搭建光学观测设备，通过实际观测的方式获取目标的光学散射特性；创立模拟空间环境的实验室，通过实验测量的方式获取目标的光学散射特性；设计科学合理的算法，通过仿真计算的方式获取空间目标的光学散射特性。

研究空间目标光学散射特性的目的是基于空间目标在运动过程中表现出的光学散射特性对其运动状态、结构组成、材质外形等信息进行研究与反演。其中，研究与反演空间目标的运动状态，可以为判断卫星是否处于正常的工作状态、判断本国失稳卫星是否仍然具有可控性、判断空间碎片的形状、运动速度等提供重要信息，具有较高的研究价值。

6.1 光度与空间目标运动状态关联性分析

6.1.1 光度曲线形状与目标运动状态的相关性

对于光度时序数据而言，不同外形、材质、状态的空间目标，其光度特性数据差异较大。通过对光度曲线的特征分析，研究人员可以获取包括目标状态、外形、姿态指向等信息在内的目标信息。

通常，对于处在正常工作状态的空间目标，其运动状态可以划分为两类：自旋和三轴稳定，当前大部分卫星的姿态控制模式为三轴稳定。自旋卫星的光度曲线会出现连续性的小波动,而工作状态稳定的卫星,其光度曲线较为平滑。针对三轴稳定卫星,利用光度特性数据对其进行识别与姿态估计,确定卫星部件的指向,对掌握卫星状态、及时发现卫星故障具有重要作用。失效或废弃卫星通常处于翻滚旋转状态,其自旋轴通常会绕角动量轴做进动运动,因此,其光度曲线波动较为剧烈,与三轴稳定目标的光度曲线明显不同。利用光度曲线信息对失效或废弃卫星的状态进行表征,有助于空间目标碰撞规避或碎片清除等任务的实施。

为了进一步分析目标光度曲线与卫星运动状态的关联性,本书基于"风云"卫星、"GPS"卫星、"Intelsat 7"卫星的模型,对不同外形的目标及其在不同状态下的OCS曲线进行分析。根据卫星的姿态表现,将目标的运动状态划分为 3 类:正常工作、翻滚旋转和姿态指向发生变化。需要注意的是,如果一颗失效卫星在很短的时间内并无翻滚或者姿态的变化,则仅依靠光度曲线难以判别该目标是否发生了异常。"风云"卫星、"GPS"卫星、"Intelsat 7"卫星的模型如图 6.1 所示。

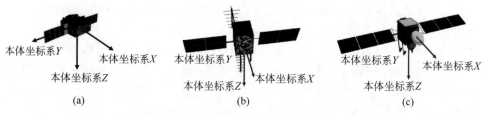

图 6.1 "风云"卫星、"GPS"卫星、"Intelsat 7"的卫星模型示意图

(a)"风云"卫星;(b)"GPS"卫星;(c)"Intelsat 7"卫星

将"风云"卫星、"GPS"卫星、"Intelsat 7"卫星的正常工作姿态模式设置为两类:自旋和三轴稳定。仿真模拟 3 颗卫星在不同姿态模式下的 OCS 曲线。仿真的OCS 曲线随观测时间变化的曲线如图 6.2 所示。通过分析发现,在同一观测弧段内,不同外形的卫星的 OCS 曲线形状呈现较大的不同;当同一颗卫星的姿态模式不同时,由于其受射面、反射面等参数发生了变化,其 OCS 曲线也有较大差异。

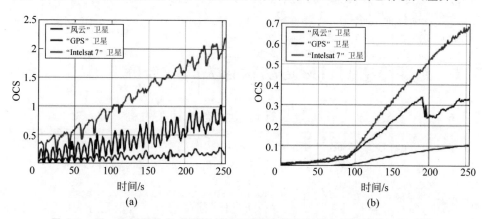

图 6.2 同一观测弧段内,不同外形、不同姿态模式下的空间目标的 OCS 曲线

(a)自旋;(b)三轴稳定

接着,以"风云"卫星为研究对象,分析其在不同自旋速率的自旋稳定模式和不同姿态指向模式下的 OCS 曲线变化。OCS 曲线的仿真结果如图 6.3 所示。卫星指向的偏置为 0°(offset＝0°)表示卫星对地定向且运动状态正常、稳定。

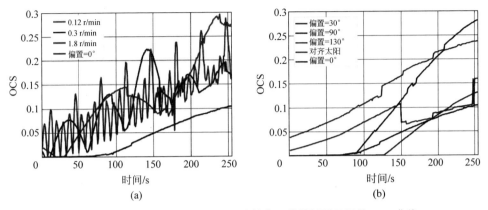

图 6.3 同一观测弧段内,不同工作状态下的"风云"卫星的 OCS 曲线

(a) 不同自旋速率; (b) 不同姿态指向

通过图 6.3 可知,不同的空间目标姿态稳定模式和姿态指向会使 OCS 观测数据呈现不同的形状,并且自旋卫星与三轴稳定卫星之间的光度曲线差别较大。同时,当目标的自旋速率与姿态指向发生变化时,OCS 曲线的变化较为明显。在实际观测中,由于太阳-空间目标-测站三者之间的几何关系不断发生变化,观测设备所获取的 OCS 数据形状也不同。

此外,本书使用"风云"卫星的 3D 模型仿真模拟了其在不同的空间观测几何的观测弧段内,姿态为自旋和三轴稳定条件下的 OCS 曲线,如图 6.4 所示。图中弧段 1~弧段 4 表示不同观测几何条件下的观测弧段。

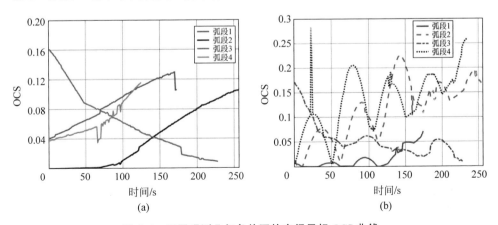

图 6.4 不同观测几何条件下的空间目标 OCS 曲线

(a) 三轴稳定; (b) 自旋

从结果可以看出,在具有不同观测几何条件下的观测弧段内,"风云"卫星的OCS曲线差异是比较明显的;对于自旋与三轴稳定两类卫星的OCS曲线而言,无论是否是在同种观测几何条件下,两者的OCS曲线差异都较大。因此,通过光度曲线可以判别卫星的姿态是自旋还是三轴稳定。

综上,OCS曲线或者光度曲线可以作为对目标进行识别分类、姿态估计、运动状态分析等认知的数据,并且在相似的观测几何条件下,OCS曲线可以较好地区分不同外形的空间目标和处于不同姿态条件下的目标,也可以对目标是否发生姿态异常进行判断。然而,需要注意的是,观测几何关系的不同会扰乱目标光度特性的分析过程,因此,6.1.2节会详细讨论观测几何对目标光度数据分析的影响。

6.1.2 观测几何的定义和意义

若想对目标的光度数据进行分析,就要对目标光度数据的产生过程和影响因素进行分析。通过第2章可知,空间目标光度与观测时的空间几何关系(太阳-目标-测站之间的位置关系)相互耦合,空间几何的不同导致目标被太阳照射的表面和被测站观测的表面不同。相同的空间目标在不同的观测几何变化规律下,地基观测得到的目标光度曲线也会呈现相应的不同。

空间观测几何的变化规律由空间目标观测中太阳-目标-测站的几何关系确定。定义质心轨道坐标系 $O\text{-}XYZ$,其原点在卫星的质心,Z 轴由卫星质心指向地心,X 轴在卫星轨道平面内与 Z 轴垂直,指向卫星的速度方向,Y 轴与 Z 轴、X 轴正交,满足右手定律。

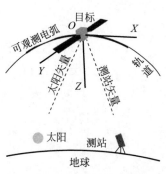

定义空间目标观测几何变化规律:当望远镜观测空间目标时,太阳和望远镜在 $O\text{-}XYZ$ 系下的矢量方向变化规律。空间观测几何关系如图 6.5 所示,太阳和测站的指向定义为 $O\text{-}XYZ$ 系下的太阳矢量 **SunInSat**、测站矢量 **FacInSat**,矢量方向由矢量在 $O\text{-}XYZ$ 系下与 $+Z$ 轴的夹角(高低角 β_F 和 β_S),以及矢量在 XOY 平面内的投影与 $+X$ 轴的夹角(方位角 α_S 和 α_F)所确定,如图 6.6 所示。矢量方向的变化规律即 β_F、β_S、α_S 和 α_F 在观测弧段内幅值和形状的变化规律。其中,**SunInSat** 和 **FacInSat** 的夹角 φ 称为"相位角",与测站和太阳的方位角、高度角为必要条件关系。

图 6.5 空间观测几何关系

如图 6.7 所示为 2018 年 5 月 5 日至 8 月 5 日期间,某空间目标(轨道高度为1300km,倾角 40°)对丽江天文观测站(25.48°,110.17°,2.046km)光学观测可见的星下点轨迹(图中黑色弧线)。目标绕地球转动,卫星星下点轨迹在空间发生偏移,使得被太阳直射与测站观测到的目标表面不同,并且光照条件和遮挡关系使得光度曲线在时域上呈现不等长的特点。低轨目标在时间和空间的偏移,使得同一目标在不同观测几何关系条件下的光度曲线发生时域偏移和形状变化。这是空间目标光度数据的特点,对于低轨目标尤为显著。

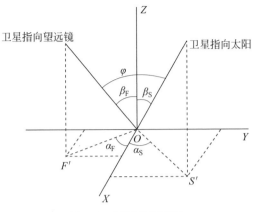

图 6.6　观测角度定义

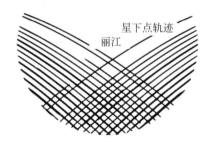

图 6.7　某空间目标星下点轨迹

图 6.8 展示了相同观测几何关系下不同目标的 OCS 曲线;图 6.9 展示了不同观测几何关系下同一目标的 OCS 曲线;图 6.10 为观测相位角变化曲线,图 6.11、图 6.12 分别表示太阳矢量和测站矢量的高度角和方位角变化曲线。

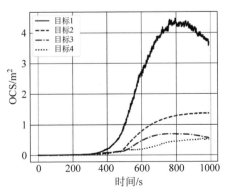

图 6.8　相同观测几何关系下不同目标的 OCS 曲线

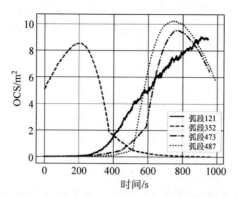

图 6.9 不同观测几何关系下同一目标的 OCS 曲线

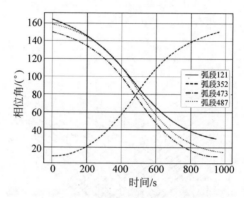

图 6.10 观测相位角变化曲线

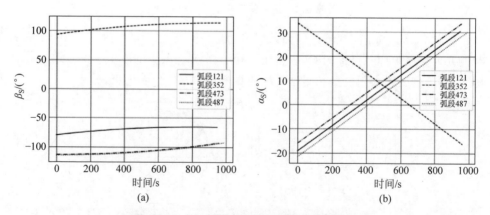

图 6.11 太阳矢量方位角和高度角变化曲线

(a) 方位角；(b) 高度角

从几幅图中可以看出：在相同观测几何关系下，不同外形的模型或同一模型不同姿态的 OCS 值不同，其光度曲线形状不同；同一目标在不同观测几何条

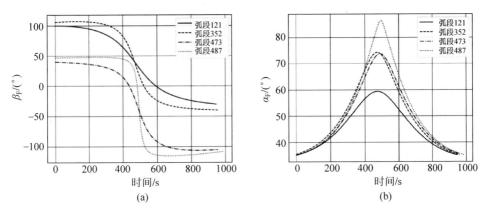

图 6.12 测站矢量方位角和高度角变化曲线

(a) 方位角；(b) 高度角

件下,每一时刻模型的 OCS 值不同,导致光度曲线形状不同,仿真计算结果与上文的分析是一致的;弧段 121 和弧段 487 显示了相位角序列和测站、太阳高度角方位角序列的必要条件关系,即相位角变化一致,但太阳和测站的方位角与高度角变化不一致。尤其对低轨目标,只用相位角进行观测几何关系的相似性约束存在局限。

图 6.13 展示了在相似的空间观测几何条件下,相位角、太阳的方位角和高度角,以及测站的方位角与高度角的变化情况。横坐标为时间(s),纵坐标为角度(°)。除此之外,本书还额外增设了 5 颗三轴稳定的 GEO 卫星作为分析对象。图 6.14 给出了在具有相似空间和不同空间观测几何条件的 4 个观测弧段内,5 个姿态相同但外形不同的卫星所对应的 OCS 曲线。

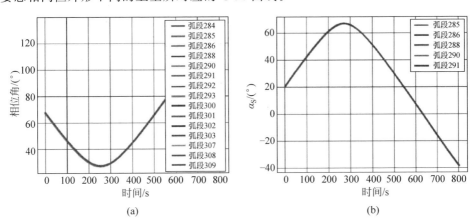

图 6.13 相似空间观测几何条件下相位角、太阳方位角、测站的方位角和高度角的变化情况

(a) 相位角；(b) 太阳方位角；(c) 测站方位角；(d) 测站高度角

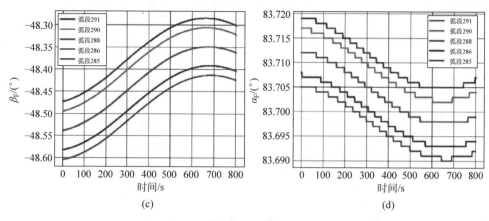

(c)   (d)

图 6.13 （续）

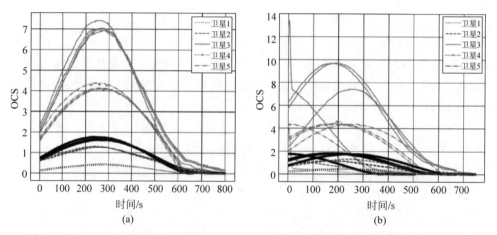

(a)   (b)

图 6.14　不同外形的卫星所对应的 OCS 曲线与空间观测几何条件的关系

（a）相似空间观测几何；（b）不同空间观测几何

通过分析可知,在相似的观测几何条件下,不同外形的卫星,其 OCS 曲线的形状是不同的;而同一颗(或同种外形的)卫星,其 OCS 曲线都非常相似。但是,在不同的观测几何条件下,即使是同一颗(或同种外形的)卫星,其 OCS 曲线也会呈现很大不同。所以,在不同的观测几何条件下,如果两条 OCS 曲线不同,是无法直接断定这两条 OCS 曲线是否属于不同目标的。同理,在不同的观测几何条件下,即使两条 OCS 曲线相似,也不能判定这两条 OCS 曲线属于同一个目标。只有在相似的观测几何条件下,光度或 OCS 曲线相似才能判定两个目标相似。

图 6.15 分别展示了在具有相似观测几何条件的 5 个观测弧段内,5 个外形不同的卫星,在不同姿态指向条件下的 OCS 曲线(每个卫星的每个姿态下有 5 条OCS 曲线)。显然,在具有相似观测几何条件的观测弧段内,具有不同姿态指向的同一颗卫星,其 OCS 曲线的形状是不同的。所以,在相似的观测几何条件下,基于

OCS 数据,检测某一目标是否发生姿态变化是可行的。

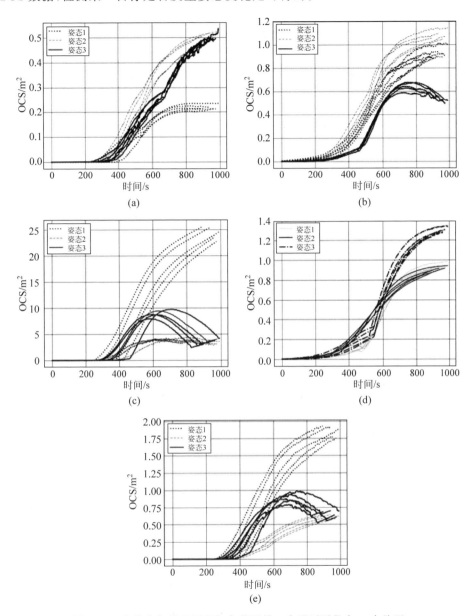

**图 6.15　在具有相似观测几何条件下的 5 个观测弧段内,5 个外形
不同的卫星在不同姿态指向条件下的 OCS 曲线**

(a) 卫星 1; (b) 卫星 2; (c) 卫星 3; (d) 卫星 4; (e) 卫星 5

由以上分析可知,通过目标光度数据进行姿态和形状的判别,需在相同的空间
观测几何条件下进行。

6.2　基于物理模型的运动状态分析

在掌握目标光度特征与目标信息、观测场景之间相互关联的基础上,本节首先介绍几种经典的卫星姿态异常分析方法,后续进一步引入与观测集合相关的分析方法。

6.2.1　频谱分析法

频谱分析法主要通过对数据进行傅里叶变换,进而对数据的周期性进行分析。一般而言,一个平稳的时间序列可以被分解成不同频率谐波的叠加,该序列分解所得的谱密度(或谱分布)函数描述了时间序列的频率结构。

由于仿真计算所得的 OCS 时序数据在时域和频域上都呈离散状态,可以采用离散傅里叶变换(discrete Fourier transform,DFT)对 OCS 时序数据进行频谱分析。DFT 的表达式为

$$X(k)=\text{DFT}[x(n)]=\sum_{n=0}^{N-1}x(n)\mathrm{e}^{-\mathrm{j}\frac{2\pi}{N}kn},\quad 0\leqslant k\leqslant N-1 \qquad (6.1)$$

式中,N 为离散傅里叶变换区间的长度

频谱分析法适用于周期性显著的数据。对于空间目标而言,当运动相位角变化幅度较大时,其光学散射特性的时序数据受相位角影响较大,使得非周期项较为明显,从而在傅里叶变换的过程中掩盖了周期变化,造成数据的周期信息反演不准确。因此,频谱分析法适用于相位角变化较小的情况。

6.2.2　自相关分析法

自相关分析法主要通过对混有噪声的周期信号作自相关运算,以达到提取数据周期性的目的。离散数据的自相关表达式为

$$L(\Delta n)=\frac{1}{N}\sum_{n=0}^{N-1}x(n)x(n+\Delta n),\quad (\Delta n\in[-(N-1),N-1]) \qquad (6.2)$$

式中,N 为测量数据的总数,自相关系数 $L(\Delta n)$ 表示为原数据 $x(n)$ 与时延 Δn 后的数据乘积的均值。可以用自相关图来描述数据的周期性,自相关图峰值之间的间隔数值表示周期 T 或 T 的整数倍。

相对频谱分析法而言,自相关分析法能够抑制噪声对数据的污染,有利于信号的周期性反演。对于具有周期性特征的数据,在一个周期内进行自相关分析与在多个周期内进行自相关分析,所得结果是相同的。考虑到自相关分析得到的序列应能体现至少一个完整的周期,N 的长度应至少包括两个完整周期;为了保证自相关分析后,所得序列中至少有两个同方向过零点,N 的长度应至少包括 3 个完整周期。

6.2.3　交叉残差法

交叉残差的计算公式为

$$R(\Delta t) = \frac{1}{N} \sum_{t=0}^{t_{\max}/2} \left[I(t) - I(t + \Delta t) \right]^2, \quad \Delta t \in \left[0, \frac{t_{\max}}{2} \right] \tag{6.3}$$

式中，N 为测量数据的总数，$R(\Delta t)$ 表示原信号 $I(t)$ 与延时 Δt 之后的信号 $I(t + \Delta t)$ 之差的平方的平均值。

在利用交叉残差法反演运动周期时，对于那些具有宽包络和强尖峰并且在某段时间内反复出现的光变曲线来说，交叉残差法将在尖峰和整体包络重复性最好的位置取到 $R(\Delta t)$ 的最小值。其中，光变曲线整体包络反映了卫星光学散射特性的整体演化趋势，尖峰反映了目标细小结构的周期性闪耀过程。与自相关法相比，交叉残差法在数值上采取了平方的形式，使得峰谷值之间的差异更大。

交叉残差法在反演目标旋转速率的同时能够考虑到目标光学散射特性的变化曲线整体包络和细节亮度闪耀，最终的反演结果准确。因此可以广泛应用于基于光学散射特性的旋转空间目标运动参数反演。

6.2.4　峰值选取的 3σ 准则

在基于光学散射特性数据对目标的旋转参数进行研究时，可以对数据进行频谱分析、自相关分析和交叉残差分析，根据所得结果峰值的横坐标和峰值之间的距离对空间目标的旋转参数反演。对于峰值不明显、峰值间距离不等的处理结果，本书依据 3σ 准则进行峰值筛选。

3σ 准则的基本思想是：假设随机误差服从正态分布，因此误差的绝对值主要集中在 μ 附近，这也是统计学中最基本的定理。3σ 准则的公式为

$$\begin{cases} P(|d| > 3\sigma + \mu) = 0.027 \\ P(|d| > 2\sigma + \mu) = 0.046 \\ P(|d| > \sigma + \mu) = 0.317 \end{cases} \tag{6.4}$$

因此，当误差大于 $\sigma + \mu$ 时，认为其是粗大误差的概率约为 68.3%；当误差大于 $2\sigma + \mu$ 时，认为其是粗大误差的概率约为 95.4%；当误差大于 $3\sigma + \mu$ 时，认为其是粗大误差的概率约为 97.3%。对于本书而言，若某一频率对应的峰值为 $\sigma + \mu$，有 68.2% 的概率认为其为主周期对应的尖峰，该频率则是旋转周期对应的频率。具体的选取方法如下。

（1）计算均方差与均值。均方差为

$$\hat{\sigma} = \sqrt{\left(\frac{1}{N} \sum_{i=1}^{N} d_i^2 \right)}$$

均值为

$$\mu = \frac{1}{N}\sum_{i=1}^{N}d_i$$

(2) 求 $|d_i|(i=1,2,3,\cdots)$ 的最大值 $|d|_{\max}$，若 $|d|_{\max}<\sigma+\mu$，则认为峰值不存在，否则进入下一步。

(3) 返回 $|d|_{\max}$ 与其对应的频率 i，回到步骤(1)。

上述步骤中，d_i 表示数据的幅值，N 为数据的个数，$\hat{\sigma}$ 为所有幅值的均方根，μ 为幅值的均值。

6.3 变分模态分解方法

2014 年，Dragomiretskiy 等提出了变分模态分解[60] (variational mode decomposition，VMD)——一种完全非递归的信号分解方法。该方法以经典维纳滤波、希尔伯特变换和频率混合为基础，对于约束变分模型以迭代的方式在变分框架内搜寻最优解，更新所有模态分量的带宽和中心频率，最终实现信号的自适应分解。VMD 可分为变分问题的构造与求解两部分。

1) 变分问题的构造

假设每个"模态"具有中心频率的有限带宽，变分问题即可描述为寻求 K 个模态函数 $u_k(t)$，使得每个模态的估计带宽之和最小，约束条件为各模态之和等于输入信号 f，具体构造步骤如下。

(1) 通过希尔伯特变换，得到每个本征模态 $u_k(t)$ 的解析信号，并得到其单边时域信号：

$$\left[\delta(t)+\frac{\mathrm{j}}{\pi t}\right] * u_k(t) \tag{6.5}$$

(2) 将各模态解析信号混合，预估中心频率 $\mathrm{e}^{-\mathrm{j}\omega_k t}$，将每个模态的频谱调制到相应的基频带：

$$\left[\left(\delta(t)+\frac{\mathrm{j}}{\pi t}\right) * u_k(t)\right]\mathrm{e}^{-\mathrm{j}\omega_k t} \tag{6.6}$$

(3) 计算解调信号梯度的平方 L^2 范数，估计各模态信号的带宽，受约束的变分问题如下：

$$\begin{cases} \min\limits_{\{u_k\},\{\omega_k\}}\left\{\sum_{k=1}^{k}\left\|\partial_t\left[\left(\delta(t)+\frac{\mathrm{j}}{\pi t}\right) * u_k(t)\right]\mathrm{e}^{-\mathrm{j}\omega_k t}\right\|_2^2\right\} \\ \mathrm{s.\,t.} \sum_{k=1}^{k}u_k=f \end{cases} \tag{6.7}$$

式中，$\{u_k\}=\{u_1,u_2,\cdots,u_k\}$、$\{\omega_k\}=\{\omega_1,\omega_2,\cdots,\omega_k\}$ 为变分模态分解到 K 个本征模态函数分量和本征模态函数中心频率的集合。失稳空间目标的转动频率包含

在中心频率的集合中，f 为输入的光度序列；$\delta(t)$ 为冲击函数；$*$ 表示卷积；光度序列 f 的长度为 T，则 $t \in [0, T]$；符号 ∂_t 表示变量对 t 求偏导。

2）变分问题的求解

（1）引入平衡约束系数 α 和拉格朗日算子 $\lambda(t)$，将约束性变分问题变为非约束性变分问题，其中 α 保证信号重构精度，$\lambda(t)$ 保证约束条件严格性，扩展的拉格朗日表达式如下：

$$L(\{u_k\}, \{\omega_k\}, \lambda) = \alpha \sum_k \left\| \partial_t \left[\left(\delta(t) + \frac{j}{\pi t} \right) * u_k(t) \right] e^{-j\omega_k t} \right\|^2 + \left\| f(t) - \sum_k u_k \right\|_2^2 +$$

$$\left\langle \lambda(t), f(t) - \sum_k u_k(t) \right\rangle \tag{6.8}$$

（2）采用乘法算子交替方向法解决以上变分问题，通过交替更新 u_k^{n+1}、ω_k^{n+1} 和 λ_k^{n+1} 寻求扩展拉格朗日表达式的"鞍点"。其中，u_k^{n+1} 的取值问题可表述为

$$u_k^{n+1} = \underset{u_k \in X}{\operatorname{argmin}} \left\{ \alpha \left\| \partial_t \left[\left(\delta(t) + \frac{j}{\pi t} \right) * u_k(t) \right] e^{-j\omega_k t} \right\|_2^2 + \right.$$

$$\left. \left\| f(t) - \sum_{i=1, i \neq k}^{K} u_i(t)^{n+1} + \frac{\lambda(t)}{2} \right\|_2^2 \right\} \tag{6.9}$$

式中，n 表示迭代次数，ω_k 等同于 ω_k^{n+1}，$\sum_i u_i$ 等同于 $\sum_{i=1, i \neq k}^{K} u_i(t)^{n+1}$，$X$ 表示直至二阶导均可积且平方可积的空间。利用 Parseval/Plancherel 傅里叶等距变换，将 u_k^{n+1} 的取值问题变换到频域：

$$\hat{u}_k^{n+1} = \underset{\hat{u}_k, u_k \in X}{\operatorname{argmin}} \left\{ \alpha \left\| j\omega \left[1 + \operatorname{sgn}(\omega + \omega_k) \hat{u}_k(\omega + \omega_k) \right] \right\|_2^2 + \right.$$

$$\left. \left\| \hat{f}(\omega) - \sum_i \hat{u}_i(\omega) + \frac{\hat{\lambda}(\omega)}{2} \right\|_2^2 \right\} \tag{6.10}$$

将第一项的 ω 用 $\omega - \omega_k$ 代替：

$$\hat{u}_k^{n+1} = \underset{\hat{u}_k, u_k \in X}{\operatorname{argmin}} \left\{ \alpha \left\| j(\omega - \omega_k) \left[1 + \operatorname{sgn}(\omega) \hat{u}_k(\omega) \right] \right\|_2^2 + \right.$$

$$\left. \left\| \hat{f}(\omega) - \sum_i \hat{u}_i(\omega) + \frac{\hat{\lambda}(\omega)}{2} \right\|_2^2 \right\} \tag{6.11}$$

将式（6.11）转换为非负频率区间的积分形式：

$$\hat{u}_k^{n+1} = \underset{\hat{u}_k, u_k \in X}{\operatorname{argmin}} \left\{ \int_0^\infty \left[4\alpha(\omega - \omega_k)^2 \left| \hat{u}_k(\omega) \right|^2 + \right. \right.$$

$$\left. \left. 2 \left| \hat{f}(\omega) - \sum_i \hat{u}_i(\omega) + \frac{\hat{\lambda}(\omega)}{2} \right|^2 \right] d\omega \right\} \tag{6.12}$$

此时，二次优化问题的解为

$$\hat{u}_k^{n+1}(\omega) = \frac{\hat{f}(\omega) - \sum_{i \neq k} \hat{u}_i(\omega) + \dfrac{\hat{\lambda}(\omega)}{2}}{1 + 2\alpha(\omega - \omega_k)^2} \qquad (6.13)$$

根据同样的过程,首先将中心频率的取值问题转换到频域:

$$\omega_k^{n+1} = \underset{\omega_k}{\mathrm{argmin}}\left\{\int_0^\infty (\omega - \omega_k)^2 \mid \hat{u}_k(\omega) \mid^2 \mathrm{d}\omega\right\} \qquad (6.14)$$

得到更新中心频率的方法:

$$\omega_k^{n+1} = \frac{\displaystyle\int_0^\infty \omega \mid \hat{u}_k(\omega) \mid^2 \mathrm{d}\omega}{\displaystyle\int_0^\infty \mid \hat{u}_k(\omega) \mid^2 \mathrm{d}\omega} \qquad (6.15)$$

式中,$\hat{u}_k^{n+1}(\omega)$ 相当于当前余量 $\hat{f}(\omega) - \sum_{i \neq k} \hat{u}_i(\omega)$ 的维纳滤波; ω_k^{n+1} 为当前模态函数功率谱中心;对 $\{\hat{u}_k^{n+1}(\omega)\}$ 进行傅里叶逆变换,其实部为 $\{u_k(t)\}$。

3) 光度数据 VMD 处理流程

对光度数据进行变分模态处理,模态分量在频域不断更新,再通过傅里叶逆变换到时域,分解为多个本征模态函数,算法的具体流程如下。

光度曲线变分模态分解算法

---

1. **输入**:失稳目标光度曲线

2. **初始化**:$\{\hat{u}_k^1\}, \{\omega_k^1\}, \hat{\lambda}^1, n \leftarrow 0$

3. **输出**:所有 IMF.

4. **while** 满足 $\sum_k \| \hat{u}_k^{n+1} - \hat{u}_k^n \|_2^2 / \| \hat{u}_k^n \|_2^2 \geqslant e$:

5. $n \leftarrow n+1$,执行整个循环;

6.   **for** k **in** $\mathrm{range}(1:K)$:

7.   对所有 $\omega \geqslant 0$ 更新 u_k: $\hat{u}_k^{n+1}(\omega) \leftarrow \dfrac{\hat{f}(\omega) - \sum_{i \neq k} \hat{u}_i(\omega) + \dfrac{\hat{\lambda}(\omega)}{2}}{1 + 2\alpha(\omega - \omega_k)^2}$.

8.   更新 ω_k: $\omega_k^{n+1} \leftarrow \dfrac{\int_0^\infty \omega \mid \hat{u}_k(\omega) \mid^2 \mathrm{d}\omega}{\int_0^\infty \mid \hat{u}_k(\omega) \mid^2 \mathrm{d}\omega}$.

9.   **end for**

10.   对所有 $\omega \geqslant 0$ 更新 λ: $\lambda^{n+1}(\omega) \leftarrow \lambda^n(\omega) + \tau\left(\hat{f}(\omega) - \sum_k \hat{u}_k^{n+1}(\omega)\right)$.

11. **end while**

从 VMD 的处理流程看,各模态直接在频域不断更新,最后通过傅里叶逆变换到时域,同时考虑了时域和频域,使同一时刻下频域的信号均有物理意义。对失稳

目标的光度数据进行变分模态分解,目标的自旋和进动频率包含在中心频率中。这种方法的最大优势是可用于估计空间目标的自旋和进动。

6.4　基于 DTW 的空间目标运动状态分析

动态时间规整[61-62](dynamic time warping,DTW)是一种机器学习方法。该方法通过动态时间规整来计算序列之间的最优映射,以描述两个序列的相似度。假设有两个一维时间序列,$S_1(i),i=1,2,\cdots,m$ 和 $S_2(i),i=1,2,\cdots n$。首先,计算得到一个 $m\times n$ 的弯曲距离矩阵 $\boldsymbol{D}$。其中,第(i,j)个元素表示为 $d_{i,j}=[S_1(i)-S_2(j)]^2$,$d$ 称为"局部距离",即两个时间序列中某两个时间点之间的距离。欧氏距离是将每个相同时间点上的两两对应的距离求和,每个时间点上两两对应的距离就是局部距离,DTW 中的局部距离可以是任意两个时间点之间的距离,如图 6.16 所示。

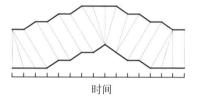

图 6.16　DTW 距离示意

DTW 中用规整路径(warping path)W 来表示序列 S_1 和 S_2 的一种对齐或者映射方式:

$$W=\begin{pmatrix}w_{S_1}(k)\\w_{S_2}(k)\end{pmatrix},\quad k=1,2,\cdots,p \tag{6.16}$$

式中,$w_{S_1}(k)$、$w_{S_2}(k)$分别表示序列 S_1 和 S_2 中元素的下标,p 表示规整路径 W 的长度,满足 $p\in[\max(m,n),m+n-1]$。$\begin{pmatrix}w_{S_1}(k)\\w_{S_2}(k)\end{pmatrix}$ 表示序列 S_1 中的第 $w_{S_1}(k)$个元素与序列 S_2 中的第 $w_{S_2}(k)$个元素相映射。

欧氏距离只能计算长度相同的时间序列的相似性,两个序列在相同的时间点需严格对应。由上文可知,受空间观测几何关系和观测条件的限制,地基观测太阳-目标-测站之间存在空间上的偏移,致使光度序列在时间轴上产生了偏移和伸缩变形,且不同观测圈次的观测弧段长度不等。传统的欧氏距离计算方法已不能描述空间目标光度数据的相似性,而 DTW 可以解决上述问题。

在 DTW 中,两个序列的相同时间点并不一定严格对应,在计算两个序列的距离时通过动态规划寻找更优的对应关系(规整路径),将两个序列相似的部分进行对应,比如序列的极值点对应局部相应的极值点,局部曲线相同的趋势互相对应。规整路径 W 需满足以下约束。

(1)边界性:规整路径 W 必须起始于 $w_1=(1,1)$,并终止于 $w_k=(m,n)$,即最优规整路径从左下角出发,在右上角终止。

(2)连续性:W 中的相邻元素 $w_k=(a,b)$和 $w_{k-1}=(a',b')$必须满足 $a-a'\leqslant1$ 和 $b-b'\leqslant1$。连续性的约束使得某个时刻点只能和相同时刻点或相近时刻点进行距离计算。

（3）单调性：W 中的相邻元素 $w_k=(a,b)$ 和 $w_{k-1}=(a',b')$ 必须满足 $a-a'\geqslant0$ 和 $b-b'\geqslant0$。单调性约束使得规整路径沿着时间轴单调进行,保证不同时刻点的映射不存在交叉。

在满足上述约束条件后,DTW 需要寻找最优的规整路径,使得根据该规整路径对局部距离的累加值最小。用 $DTW(S_1,S_2)$ 表示时间序列 S_1 和 S_2 之间的最短距离,即所有可能的规整路径中的最优路径对应的距离。最短距离 $DTW(S_1,S_2)$ 和最优规整路径的求解是满足上述约束的动态规划问题：

$$\begin{cases} r(i,j)=d(i,j)+\min\{r(i-1,j-1),r(i,j-1),r(i-1,j)\} \\ DTW(S_1,S_2)=\min\{r(m,n)\} \end{cases} \tag{6.17}$$

式中,$r(i,j)$ 表示距离矩阵 D 中从 $(0,0)$ 到 (i,j) 路径的局部距离之和。在连续性和单调性的约束下,到达 (i,j) 的局部路径只能从 $(i,j-1)$、$(i-1,j-1)$ 或者 $(i-1,j)$ 出发,$\min\{r(i-1,j-1),r(i,j-1),r(i-1,j)\}$ 表示选择三点中累计距离最小的点作为出发点。当到达结束边界时,即可得到 $DTW(S_1,S_2)$ 和最优规整路径,保证了 DTW 在计算两条曲线的距离时,既包含两条曲线的"形状"距离,又包含"幅值"距离,以解决距离计算中光度数据在时间轴上的伸缩和平移问题。

上文指出,空间目标空间观测几何的变化规律由 α_S、α_F、β_S 和 β_F 的变化规律确定,针对当前观测光度数据,确定光度数据库中与当前观测具有相似空间观测几何条件的搜索算法如下。

相似空间观测几何条件搜索算法

---

1. **输入**：当前观测弧段 $Access(\varphi_t,\alpha_{St},\alpha_{Ft},\beta_{St}$ 和 $\beta_{Ft})$,o_1、o_2

2. **初始化**：历史观测数据集 **Dom**1$(\alpha_S,\alpha_F,\beta_S$ 和 $\beta_F)$

3. **输出**：数据集 **Dom**

---

4. **for** Access in **Dom**1：

5.   相位角 DTW 距离：$\varphi_{DTW}[Access]=DTW(\varphi_t,\varphi[Access])$;

6. **end for**

7. 依据 φ_{DTW},选取 o_1 个 DTW 距离最小的 Access 作为 **Dom**2.

8. **for** Access in **Dom**2：

9.   太阳方位角 FDTW 距离：$\alpha_{SDTW}[Access]=DTW(\alpha_{St},\alpha_S[Access])$;

10.   测站方位角 FDTW 距离：$\alpha_{FDTW}[Access]=DTW(\alpha_{Ft},\alpha_F[Access])$;

11.   太阳高度角 FDTW 距离：$\beta_{SDTW}[Access]=DTW(\beta_{St},\beta_S[Access])$;

12.   测站高度角 FDTW 距离：$\beta_{FDTW}[Access]=DTW(\beta_{Ft},\beta_F[Access])$;

13. **end for**

14. 将 **Dom**2 中的 Access 分别依据 α_{SDTW}、α_{FDTW}、β_{SDTW}、β_{FDTW} 执行 4 种排序(DTW 距离由小到大),分别作为矩阵 A_{mn} 的各列$(m=o_2,n=4)$;

15. 初始化 $k=0$,**Dom**=空集;

16. **for** i in range$(1,o_1)$:

续表

17.	更新：$\mathbf{Dom} = A_{mn}$ 前 i 行同时出现 4 次的 Access；
18.	**if** Length($\mathbf{Dom}$) $= o_2$；
19.	**break for**；
20.	**end if**
21.	**end for**

搜索算法中的 o_1 和 o_2 用于控制相似的空间观测几何条件和目标参考光度数据集的大小；数据集 $\mathbf{Dom}$ 中的 Access 即与当前观测具有相似空间观测几何条件的数据集，参考数据集 $\mathbf{Dom}$ 可以判别当前观测数据的目标特性。

按照本书提出的方法计算 DTW 距离，依次确定相位角数据集、观测几何条件数据集，最终确定目标光度数据集。以空间观测几何条件复杂的低轨目标作为研究对象，随机选取 Access 输入搜索程序，令 $o_1 = 15$，$o_2 = 5$，进行相似空间观测几何条件的搜索。图 6.17 为搜索过程中数据集 Dom2 中的相位角序列，图 6.18 为数据集 $\mathbf{Dom}$ 中的 α_S、α_F、β_S 和 β_F 曲线图，图 6.19 为数据集 $\mathbf{Dom}$ 中的相位角曲线图，图 6.20 为数据集 $\mathbf{Dom}$ 中同一目标的 OCS 曲线图。

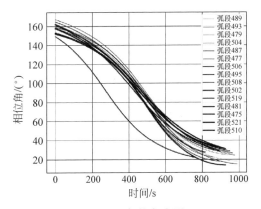

图 6.17 相位角序列

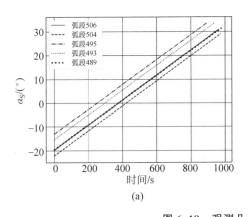

(a)

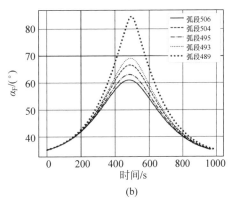

(b)

图 6.18 观测几何条件搜索结果

(a) α_S；(b) α_F；(c) β_S；(d) β_F

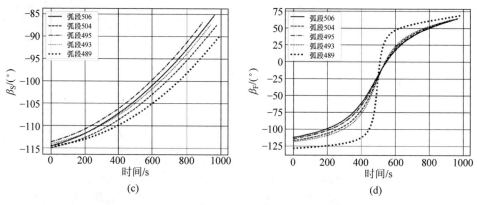

图 6.18　（续）

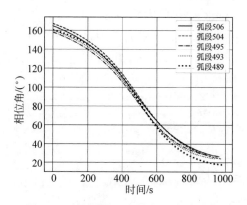

图 6.19　数据集 Dom 中相位角曲线图

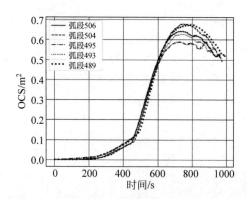

图 6.20　数据集 Dom 中同一目标 OCS 曲线图

　　通过结果可知,本书提出的参考数据集的搜索算法,针对当前观测数据,实现了与当前观测相似的空间观测几何条件数据集的搜索,相较于直接将当前观测数据和历史数据进行对比分析,更具有实际物理意义和几何意义。

第 7 章

基于光学散射特性的空间
目标识别与姿态分析

第 7 章图片

7.1 空间目标识别方法概述

在确定目标运动状态的基础上,希望进一步获取目标更加详细的信息,如目标的外形结构、姿态等信息,其中基于光度曲线识别空间目标主要是指通过目标的光度曲线对不同的目标进行区分。本章将基于光度曲线的空间目标识别技术分为两类:一类为传统识别方法,另一类为基于机器学习的识别方法。通常情况下,传统的识别方法可以反演目标的外形,进而对目标进行区分。而基于机器学习,尤其是基于深度学习的空间目标识别方法通常是根据所提取的特征完成目标的分类。

基于光度曲线的空间目标识别技术的相关文献如图 7.1 所示。传统方法需要对目标外形、材质、姿态等信息进行假设,并以此为基础开展分析识别。传统方法的相关文献也都是将目标视为简单的卫星目标,这与实际分析的情况不符,限制了传统方法的发展和应用。2016 年后,基于机器学习的卫星识别方法得到快速发展并持续更新,代表了未来的发展趋势。

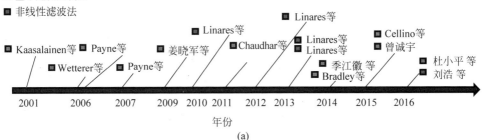

图 7.1 基于光度曲线的空间目标识别技术的相关文献一览

(a) 传统方法;(b) 机器学习方法

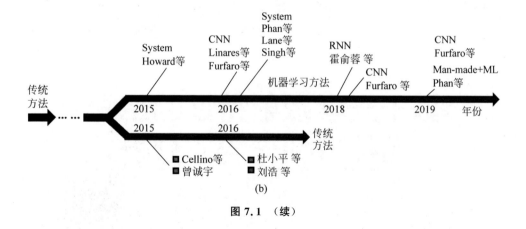

图 7.1 （续）

7.1.1 传统空间目标识别方法

传统的识别方法可以分为高斯面密度法、基于光度曲线特征规律的识别方法和非线性滤波法三类[63]。其中,高斯面密度法的核心思想为通过求解高斯面密度函数和支撑函数,或者使用多面体反演方法确定结构简单的目标的曲面外形,对目标进行识别。该方法可以以较高的精度反演自然天体的外形,可以较好地反演简单结构的目标的外形;但其对人造天体的反演精度较低,对结构复杂的目标外形反演效果不理想。基于光度曲线特征规律的识别方法通过分析空间目标光度曲线的变化规律区分不同的空间目标,并对其进行分类。常用的方法为卡尔曼滤波法,该方法理论简单,计算速度较快,可以用于卫星本体外形的初步分类,但反演误差较大。基于非线性滤波器的目标识别方法,同样也是基于卡尔曼滤波器反演空间目标的外形,进而区分目标类别。但是,非线性滤波法与基于光度曲线特征规律的识别方法的不同之处在于,非线性滤波法一般需要空间目标的 3D 结构模型、太阳光压模型,以及几何观测模型等先验信息,而基于光度曲线特征规律的识别方法仅通过分析光度曲线的规律就可以完成目标的识别,其可以通过匹配迭代,估计准确的空间目标外形,稳定性较好;其反演方法依赖于外形结构先验。

传统的目标识别方法需要包括目标的外形结构、材质、姿态等特征在内的先验信息,适用范围有限。当面对非合作目标时,传统识别方法的精度和鲁棒性都会降低。所以,随着光度特性数据数量的不断增长和人工智能技术的不断发展,基于机器学习的空间目标识别方法逐渐成为各国学者的研究热点,并在工程中得到了初步的实践。

7.1.2 基于机器学习的目标识别方法

基于机器学习,尤其是深度学习的空间目标识别主要是指,基于大量的训练样本,通过提取目标外形、纹理等高维特征,对空间目标进行区分。在基于机器学习的空间目标识别和状态估计的研究方面,国外已有多个系统成功应用,并且其识别和估计的性能良好。其中,Phan Dao 搭建的机器学习框架[64]、ACDC 卫星总线分类的框架[65]、Athena 系统的框架[66]如图 7.2～图 7.4 所示。

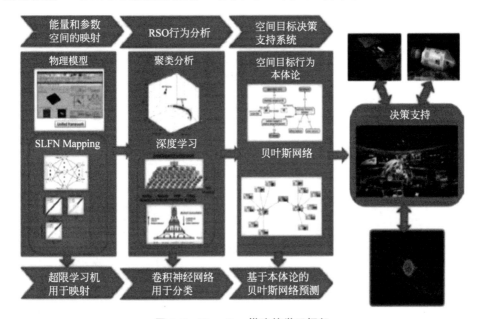

图 7.2   Phan Dao 搭建的学习框架

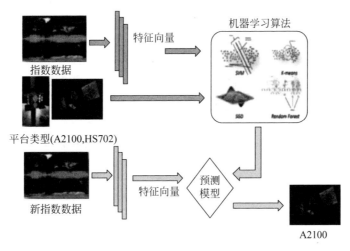

图 7.3   ACDC 卫星总线分类的框架

2016 年 10 月,美国明尼苏达大学的学者提出基于深度卷积神经网络的空间目标分类方法[67]。此类数据驱动的深度学习方法另辟蹊径,基于历史观测数据探索目标运动状态和光散射特性之间的关系,形成了稳健的卷积神经网络系统,进而利用该网络并基于新的光散射特性数据分析目标特性,取得了初步成果。该文献

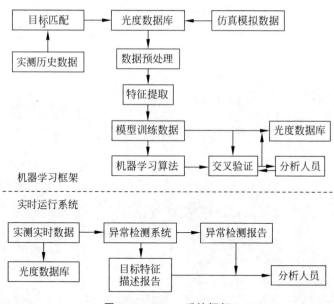

图 7.4　Athena 系统框架

提出的方法尽管在特性识别能力方面尚有不足（仅能识别运动状态和姿态角），却走出了目标特性识别的新路子。

同年，Roberto Furfaro 等将仿真生成了 1000 个目标、2000 个轨道的数据作为深度学习卷积神经网络的训练和检验数据[68]，基于物理模型搭建了终端对终端的学习框架，以目标的光度曲线作为输入，以目标的类别作为输出，实现了实时的目标分类。该团队同时搭建了在轨工作卫星和空间碎片碰撞预警的机器学习框架。Phan Dao 通过动态贝叶斯网络下的隐马尔可夫模型自动进行目标异常检测和无监督的机器学习[72]，在线实现了地球静止轨道卫星结构变化的检测和交叉标记，准确率达到了 85%。

地球静止轨道卫星排列拥挤，利用轨道根数无法区分临近的目标，且地球静止轨道卫星在进行轨道维持的情况下，更难以进行目标编目和跟踪，特别是对于没有编目的目标，仅用位置信息将会导致交叉编目和错误编目。Roberto Furfaro 搭建了基于机器学习和实体贝叶斯网络的面向空间目标的决策支持系统[68]，该系统通过计算两个匹配值来进行目标识别和编目。其中，一个是通过光度图像计算的目标位置数据和先验轨道根数的匹配程度，另一个是目标星等的重现和实测目标星等数据趋势拟合的程度。同时，系统通过光度数据和轨道根数数据更新"基线"光度曲线，近实时地进行目标编目，有效解决了地球静止轨道目标的识别和编目问题。

基于机器学习的空间目标识别方法可以以纯数据驱动的方式，学习不同目标所对应的光度曲线特征，进而实时地对目标进行识别。因此，基于光度特性数据，使用机器学习方法对空间目标的特征进行识别是可行且有效的。目前，我国的地基光学观测系统已经具备获取大部分空间目标的大量光度特性数据的能力。

7.2 空间目标姿态描述方式和姿态估计方法

7.2.1 姿态描述方式

在介绍姿态识别方法之前,先简要介绍姿态描述的基本方式和相互关系。空间目标体坐标系相对参考系的方位确定了空间目标姿态的状态,描述这些相对方位关系的量称为"姿态参数"。它有多种描述方式,一般性的姿态参数是这两套坐标轴之间的方向余弦阵,但这种方法并不直观,缺乏明显的几何概念。刚体转动的欧拉角常用来表示目标姿态。为避免奇异性还引入了四元数等表示方法。由于航天器姿态可唯一确定,用各种方法求出的姿态参数可以相互转化。

1. 方向余弦

当坐标系 A 到 B 仅在 X 轴、Y 轴或 Z 轴方向存在旋转角度 θ 时,对应的方向余弦阵,即坐标转换矩阵分别为

$$\boldsymbol{C}_1(\theta) = \begin{bmatrix} 1 & 0 & 0 \\ 0 & \cos\theta & \sin\theta \\ 0 & -\sin\theta & \cos\theta \end{bmatrix}, \quad \boldsymbol{C}_2(\theta) = \begin{bmatrix} \cos\theta & 0 & -\sin\theta \\ 0 & 1 & 0 \\ \sin\theta & 0 & \cos\theta \end{bmatrix},$$

$$\boldsymbol{C}_3(\theta) = \begin{bmatrix} \cos\theta & \sin\theta & 0 \\ -\sin\theta & \cos\theta & 0 \\ 0 & 0 & 1 \end{bmatrix} \tag{7.1}$$

2. 欧拉角

用方向余弦阵表示目标姿态使用了 9 个参数,描述姿态很不方便。在工程应用中,使用 3 个独立的欧拉角姿态参数更为简洁且具有明显的几何意义。根据欧拉定理,刚体绕固定点的转动可以是绕该点的若干次有限转动的合成。在欧拉转动中,将参考坐标系转动 3 次得到空间目标本体坐标系,且在 3 次转动中每次的旋转轴是被转动坐标系的某一坐标轴,其中每次的转动角即欧拉角。

特定方位坐标系之间的方向余弦阵是唯一确定的,但欧拉角并不唯一,它取决于 3 次坐标旋转的顺序。对于 Z-Y-X 的旋转顺序,以 3-2-1 的形式表示,最终的坐标转换矩阵为

$$\begin{aligned} \boldsymbol{C} &= \boldsymbol{C}_1(\theta_1)\boldsymbol{C}_2(\theta_2)\boldsymbol{C}_3(\theta_3) \\ &= \begin{bmatrix} c_2 c_3 & c_2 s_3 & -s_2 \\ s_1 s_2 c_3 - c_1 s_3 & s_1 s_2 s_3 + c_1 c_3 & s_1 c_2 \\ c_1 s_2 c_3 + s_1 s_3 & c_1 s_2 s_3 - s_1 c_3 & c_1 c_2 \end{bmatrix} \end{aligned} \tag{7.2}$$

式中，$c_i = \cos\theta_i$、$s_i = \sin\theta_i$，θ_i 表示坐标系绕第 i 个轴旋转的欧拉角，由于坐标轴矢量为正交基矩阵，易得 C 为正交矩阵。如果旋转顺序发生了改变，则方向余弦阵的表达形式也会改变。但当 $\theta_i = \pm\pi/2$ 时，矩阵 C 奇异，因此在实际应用中，需要避免奇异值的问题。

3. 四元数

定义四元数为 $\boldsymbol{q} = [\boldsymbol{\varepsilon}^T \quad q_4]^T$，矢量部分 $\boldsymbol{\varepsilon} = [q_1 \quad q_2 \quad q_3]^T = \boldsymbol{e}\sin\left(\dfrac{\theta}{2}\right)$，$q_4$ 为标量。其中，

$$
\begin{cases}
q_1 = e_1 \sin\left(\dfrac{\theta}{2}\right) \\[2mm]
q_2 = e_2 \sin\left(\dfrac{\theta}{2}\right) \\[2mm]
q_3 = e_3 \sin\left(\dfrac{\theta}{2}\right) \\[2mm]
q_4 = \cos\left(\dfrac{\theta}{2}\right)
\end{cases}
$$

四元数之间并不是完全独立的，满足范数约束 $\boldsymbol{q}^T\boldsymbol{q} = 1$。四元数的相关运算包括：

1）共轭四元数：$\boldsymbol{q}^{-1} = [-\boldsymbol{\varepsilon}^T \quad q_4]^T$

2）四元数乘法：$\boldsymbol{q}_a \otimes \boldsymbol{q}_b = [\Psi(\boldsymbol{q}_a) \quad \boldsymbol{q}_a] \cdot \boldsymbol{q}_b$。其中，

$$
\Psi(\boldsymbol{q}) = \begin{bmatrix} q_4 E_{3\times3} - [\boldsymbol{\varepsilon}\times] \\[2mm] -\boldsymbol{\varepsilon}^T \end{bmatrix}
$$

对于三维向量 $\boldsymbol{a}$，$[\boldsymbol{a}\times]$ 表示向量叉积矩阵，

$$
[\boldsymbol{a}\times] = \begin{bmatrix} 0 & -a_3 & a_2 \\ a_3 & 0 & -a_1 \\ -a_2 & a_1 & 0 \end{bmatrix}
$$

3）四元数与欧拉角的转换：

（1）欧拉角到四元数，有

$$
\boldsymbol{q} = \begin{bmatrix}
\sin\left(\dfrac{\theta_1}{2}\right)\cos\left(\dfrac{\theta_2}{2}\right)\cos\left(\dfrac{\theta_3}{2}\right) - \cos\left(\dfrac{\theta_1}{2}\right)\sin\left(\dfrac{\theta_2}{2}\right)\sin\left(\dfrac{\theta_3}{2}\right) \\[3mm]
\cos\left(\dfrac{\theta_1}{2}\right)\sin\left(\dfrac{\theta_2}{2}\right)\cos\left(\dfrac{\theta_3}{2}\right) + \sin\left(\dfrac{\theta_1}{2}\right)\cos\left(\dfrac{\theta_2}{2}\right)\sin\left(\dfrac{\theta_3}{2}\right) \\[3mm]
\cos\left(\dfrac{\theta_1}{2}\right)\cos\left(\dfrac{\theta_2}{2}\right)\sin\left(\dfrac{\theta_3}{2}\right) - \sin\left(\dfrac{\theta_1}{2}\right)\sin\left(\dfrac{\theta_2}{2}\right)\cos\left(\dfrac{\theta_3}{2}\right) \\[3mm]
\cos\left(\dfrac{\theta_1}{2}\right)\cos\left(\dfrac{\theta_2}{2}\right)\cos\left(\dfrac{\theta_3}{2}\right) + \sin\left(\dfrac{\theta_1}{2}\right)\sin\left(\dfrac{\theta_2}{2}\right)\sin\left(\dfrac{\theta_3}{2}\right)
\end{bmatrix}
$$

（2）四元数到欧拉角，有

$$\begin{bmatrix} \theta_1 \\ \theta_2 \\ \theta_3 \end{bmatrix} = \begin{bmatrix} \arctan2(2(q_1q_4 + q_2q_3), (1-2(q_1^2 + q_2^2))) \\ \arcsin(2(q_2q_4 - q_1q_3)) \\ \arctan2(2(q_3q_4 + q_1q_2), (1-2(q_2^2 + q_3^2))) \end{bmatrix}$$

其中，

$$\arctan2(x,y) = \begin{cases} \arctan\left(\dfrac{y}{x}\right) & x > 0 \\[2mm] \arctan\left(\dfrac{y}{x}\right) + \pi & y \geqslant 0, x < 0 \\[2mm] \arctan\left(\dfrac{y}{x}\right) - \pi & y < 0, x < 0 \\[2mm] +\dfrac{\pi}{2} & y > 0, x = 0 \\[2mm] -\dfrac{\pi}{2} & y < 0, x = 0 \\[2mm] \text{未定义的} & y = 0, x = 0 \end{cases}$$

4）四元数表示的坐标转换矩阵

四元数的姿态转移矩阵为

$$A(\boldsymbol{q}) = \Xi(\boldsymbol{q})^{\mathrm{T}} \Psi(\boldsymbol{q})$$

其中，

$$\Xi(\boldsymbol{q}) = \begin{bmatrix} q_4 E_{3\times3} + [\boldsymbol{\varepsilon} \times] \\ -\boldsymbol{\varepsilon}^{\mathrm{T}} \end{bmatrix}$$

式中，$E_{3\times3}$ 表示 3×3 阶的单位矩阵，则易得坐标转换矩阵为 $\Theta(\boldsymbol{q}) = [A(\boldsymbol{q})]^{-1}$。

相比欧拉角，四元数的优势在于不存在奇异值的问题，可以表述长时间连续的姿态变化，不需要三角函数参与计算，较为简便；但由于存在范数约束问题，易出现发散问题。

4. 罗德里格斯参数

罗德里格斯参数是针对四元数受范数约束限制而提出的，也称为"吉布斯参数"，其定义为

$$\boldsymbol{p} = \begin{bmatrix} p_1 \\ p_2 \\ p_3 \end{bmatrix} = \begin{bmatrix} q_1/q_4 \\ q_2/q_4 \\ q_3/q_4 \end{bmatrix} = \boldsymbol{e}\tan\left(\frac{\theta}{2}\right) \tag{7.3}$$

可以看出，当旋转角 $\theta = 180°$ 时，出现奇异。定义修正罗德里格斯参数为

$$\boldsymbol{p}' = \begin{bmatrix} p_1' \\ p_2' \\ p_3' \end{bmatrix} = \begin{bmatrix} q_1/(1+q_4) \\ q_2/(1+q_4) \\ q_3/(1+q_4) \end{bmatrix} = \boldsymbol{e}\tan\left(\frac{\theta}{4}\right) \tag{7.4}$$

可以看出,当旋转角 $\theta = 360°$ 时,出现奇异。

罗德里格斯参数与四元数的转换方式如下:

(1) 罗德里格斯参数到四元数,有

$$q_4 = \frac{-a\|\boldsymbol{p}\|^2 + f\sqrt{f^2 + (1-a^2)\|\boldsymbol{p}\|^2}}{f^2 + \|\boldsymbol{p}\|^2}, \quad \boldsymbol{\varepsilon} = f^{-1}(a+q_4)\boldsymbol{p}$$

(2) 四元数到罗德里格斯参数,有

$$\boldsymbol{p} = f\frac{\boldsymbol{\varepsilon}}{a+q_4}$$

式中, $a \in [0,1]$, f 为比例系数;当 $a=0$、$f=1$ 时,构成吉布斯参数;当 $a=1$、$f=1$ 时,构成修正罗德里格斯参数;随 a 和 f 取值的不同,罗德里格斯参数的奇异值位置在 $180° \sim 360°$ 变化。

7.2.2　姿态估计方法

基于光度曲线的空间目标姿态估计技术可以分为两种:非线性滤波方法与基于机器学习的方法。非线性滤波方法需要精确的物理模型作为基础,而基于机器学习的方法则需要大量数据样本作为支撑。基于光度曲线的空间目标姿态估计技术的相关文献如图 7.5 所示,这里不再详细展开。

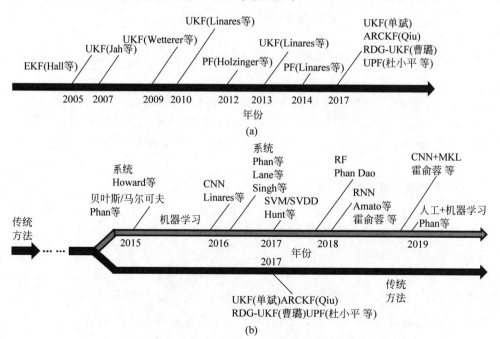

图 7.5　基于光度曲线的空间目标姿态估计技术的相关文献一览

(a) 传统方法;(b) 机器学习方法

对于传统的非线性滤波技术,常用的方法包括扩展卡尔曼滤波(extended Kalman filter,EKF)、无损卡尔曼滤波(unscented Kalman filter,UKF)、粒子滤波(particle filter,PF)。在传统方法中,由于 EKF 的雅可比行列式的计算量较大,并不适用于目标姿态估计这类多状态估计。UKF 会将非线性系统近似为线性系统,所以 UKF 仅适用于线性和近线性系统。而 PF 则无法直接获取状态的后验概率分布。传统的姿态估计方法需要先验信息的支撑,对所构建的物理模型的精度有较高的要求,并且,因计算效率较低,并不适用于大量目标的姿态估计。所以,为了解决上述问题,国内外的研究人员开始将目光投向机器学习方法,通过支持向量机、神经网络等技术将输入的光度特性数据映射到高维特征空间,完成对空间目标的姿态和状态的估计[69]。

基于机器学习的空间目标姿态估计方法是以纯数据驱动的模式,提取输入数据的特征,进而预测目标的运动状态。对于基于机器学习开展目标识别和姿态估计所使用的架构基本一致,基于机器学习对空间目标进行识别的部分方法包含了空间目标姿态估计的相关内容。基于机器学习的空间目标姿态估计方法一般不需要先验信息,只需要学习大量训练样本的特征,就可以实现目标姿态的识别。

7.3　基于物理模型的姿态估计方法

7.3.1　观测模型的建立

根据第 2 章理论部分的介绍,将 OCS 用于表征目标的可见光散射特性,能够全面反映目标表面材质及其几何结构、形状、姿态等因素对目标光学特性的影响。在空间目标的姿态估计仿真实验中,OCS 相对于星等的优势在于排除了观测距离对测量数据的影响,能够直接反映目标本身形状姿态改变对测量数据的影响,从而提高运算速度和估计精度;同时,星等较 OCS 具有较强的非线性,不利于解析计算,采用 OCS 为观测量,能够简化观测方程,加快运算。因此,本书以基于 OpenGL 拾取技术的空间目标光学横截面积计算方法为依据,生成目标 OCS 观测数据库,同时基于改进冯模型建立 OCS 观测模型,之后选取部分观测场景和卫星姿态下基于观测模型生成的 OCS 数据与库中相同场景下的观测数据进行对比,对观测模型的可行性进行评价。

改进冯模型以角度为输入的表达式为

$$f_r(\theta_i;\theta_r,\varphi)=\rho_d\cos\theta_i+\rho_s\frac{\cos^\alpha\beta}{\cos^\alpha\theta_i}\exp[-b(1-\cos\beta)^{1/\pi}] \tag{7.5}$$

$$\beta=\begin{cases}\arccos(\cos\theta_i\cos\theta_r+\sin\theta_i\sin\theta_r\cos\varphi), & \beta\leqslant\dfrac{\pi}{2}\\[2mm]\dfrac{\pi}{2}, & \beta>\dfrac{\pi}{2}\end{cases} \tag{7.6}$$

式中,$f_r(\theta_i;\theta_r,\varphi)$ 为材质的 BRDF;ρ_d 和 ρ_s 分别为材质的漫反射系数和镜面反射系数;α 为镜向指数,用以调节镜面反射强度;θ_i 为入射天顶角,$\theta_i\in\left(0,\dfrac{\pi}{2}\right)$;$\theta_r$ 为观测天顶角,$\theta_r\in\left(0,\dfrac{\pi}{2}\right)$;$\varphi$ 为观测方位角,表示观测方向在受射面投影与入射方向在受射面投影的夹角,$\varphi\in(0,\pi)$;β 指代观测方向与镜反方向的夹角,且满足 $\beta=\min\left\{\dfrac{\pi}{2},\beta\right\}$。面元受射示意图如图 7.6 所示。增补指数 $a>0,b>0$,分别用以调节菲涅耳现象的强度和镜面反射分量的增降速度。

设太阳指向目标的向量,即入射光向量为 $\boldsymbol{\lambda}_i$;目标指向测站的向量,即观测向量为 $\boldsymbol{\lambda}_r$。则得到入射天顶角 θ_i,观测天顶角 θ_r,以及观测方位角 φ 的表达式如下:

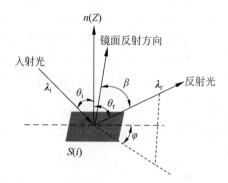

图 7.6　面元受射示意图

$$
\begin{cases}
\theta_i=\arccos\left(\dfrac{-\boldsymbol{\lambda}_i\cdot\boldsymbol{n}}{\parallel\boldsymbol{\lambda}_i\parallel\cdot\parallel\boldsymbol{n}\parallel}\right), & \theta_i\in\left(0,\dfrac{\pi}{2}\right)\\[3mm]
\theta_r=\arccos\left(\dfrac{\boldsymbol{\lambda}_r\cdot\boldsymbol{n}}{\parallel\boldsymbol{\lambda}_r\parallel\cdot\parallel\boldsymbol{n}\parallel}\right), & \theta_r\in\left(0,\dfrac{\pi}{2}\right)\\[3mm]
\varphi=\arccos\left(\dfrac{(\boldsymbol{n}\times(-\boldsymbol{\lambda}_i))\cdot(\boldsymbol{\lambda}_r\times\boldsymbol{n})}{\parallel\boldsymbol{n}\times(-\boldsymbol{\lambda}_i)\parallel\cdot\parallel\boldsymbol{\lambda}_r\times\boldsymbol{n}\parallel}\right), & \varphi\in(0,\pi)
\end{cases}
\tag{7.7}
$$

式中,$\boldsymbol{n}$ 表示在地球惯性坐标系中面元的法向量,由 $\boldsymbol{n}=\Theta_B^I\cdot\boldsymbol{n}_B$ 转换得到,$\boldsymbol{n}_B$ 表示本体坐标系下的面元法向量,Θ_B^I 表示由本体坐标系到地球惯性坐标系的坐标变换矩阵,即姿态转换矩阵 $\boldsymbol{A}_B^I$ 的逆;$-\boldsymbol{\lambda}_i$ 表示入射向量的反向量;$\boldsymbol{a}\times\boldsymbol{b}$ 表示向量的叉积,方向符合右手定则。再结合式(7.6)和式(7.7),即可求得观测模型中 BRDF。

单个面元的 OCS 表达式为

$$
\mathrm{OCS}(i)=f_r(\theta_i;\theta_r,\varphi)\cos\theta_i\cos\theta_r S(i)
\tag{7.8}
$$

式中,$\mathrm{OCS}(i)$ 为面元的 OCS 值;$S(i)$ 为面元的受射面积。由于面元对光线入射和观测均存在遮挡关系,即一次遮挡和二次遮挡,当入射光向量与面元法向量的夹

角大于 $\dfrac{\pi}{2}$ 或观测向量与面元法向量夹角大于 $\dfrac{\pi}{2}$ 时,认为测站接收不到反射光。故定义判定系数 η 满足

$$\eta = \begin{cases} 1, & \theta_i \in \left(0, \dfrac{\pi}{2}\right) \& \theta_r \in \left(0, \dfrac{\pi}{2}\right) \\ 0, & \text{其他} \end{cases} \tag{7.9}$$

累加得到空间目标的 OCS 计算公式为

$$S_{\text{OCS}} = \sum_i \left[f_r(\theta_i;\, \theta_r, \varphi) \cos\theta_i \cos\theta_r S(i) \cdot \eta \right] \tag{7.10}$$

7.3.2　系统方程的建立

在已建立 OCS 观测模型的基础上,进一步建立系统方程。为了避免"欧拉角"参数计算过程中可能出现的奇异值问题,本书选用四元数作为描述参量。以四元数表示的姿态运动方程与角速度动力学方程为

$$\begin{cases} \dot{\boldsymbol{q}}(t) = \dfrac{1}{2}\Xi[\boldsymbol{q}(t)]\boldsymbol{\omega}(t) + \boldsymbol{w}(t) \\ \dot{\boldsymbol{\omega}}(t) = J^{-1}(\boldsymbol{\Pi}(t) - [\boldsymbol{\omega}(t) \times]J\boldsymbol{\omega}(t)) + \boldsymbol{v}(t) \end{cases} \tag{7.11}$$

式中, $\boldsymbol{\omega}(t) = [\boldsymbol{\omega}_x \quad \boldsymbol{\omega}_y \quad \boldsymbol{\omega}_z]^T$ 表示本体系下目标的角速度。 $\boldsymbol{\Pi}(t)$ 为目标所受外部力矩和自身控制力矩之和,由于空间目标所受外部力矩常常可通过内部力矩抵消,故通常为 0。 J 为目标的转动惯量,由空间目标的形状、质量分布决定。 $\boldsymbol{w}(t)$ 和 $\boldsymbol{v}(t)$ 分别为过程噪声和观测噪声,以均值为 0 的高斯白噪声代替。

结合 7.3.1 节的观测模型,可得观测方程为

$$z(k) = h[\boldsymbol{q}(k), \boldsymbol{\omega}(k)] = \sum_i \left[f_r(k)\cos[\theta_i(k)]\cos[\theta_r(k)]S(i) \cdot \eta(k) \right] \tag{7.12}$$

式中, k 为观测时刻。

7.3.3　滤波估计

由于在滤波过程中产生的"加性"误差会破坏四元数的范数约束条件 $\boldsymbol{q}^T\boldsymbol{q} = 1$,导致滤波结果发散,本章采用"乘性"误差四元数的方式;同时,结合广义罗德里格斯参数(generalized Rodrigues parameters,GRPs),利用 GRPs 表示局部姿态,参与均值和协方差的更新,在数学模型上避开四元数的范数约束条件;利用四元数表示全局姿态,参与状态量的传递,避开 GRPs 的奇异值问题。

由于 GEO 目标姿态与角速度的密切相关性,本书采用 GRPs 与角速度的联合估计,将状态向量设置为 $\boldsymbol{x} = \begin{bmatrix} \delta\boldsymbol{p} \\ \boldsymbol{\omega} \end{bmatrix}$。其中, $\delta\boldsymbol{p}$ 表示误差广义罗德里格斯参数(error GRPs)。目标姿态指目标本体坐标系相对地球惯性坐标系的姿态。具体滤波步骤如下。

状态向量经过无味变换得到 $2n+1$ 个西格玛点(sigma point):

$$\boldsymbol{\chi}_k^+(i) \triangleq \begin{cases} \boldsymbol{x}_k^+, & i=0 \\ \boldsymbol{x}_k^+ + \sigma(i), & i \in [1,2n], i \in \mathbf{N} \end{cases}$$

$$\sigma(i) = \begin{cases} \{\mathrm{modchol}[(n+\lambda)P_k^+]\}_i, & i \in [1,n], i \in \mathbf{N} \\ -\{\mathrm{modchol}[(n+\lambda)P_k^+]\}_{(i-n)}, & i \in [n+1,2n], i \in \mathbf{N} \end{cases}$$

$$(7.13)$$

式中，$\boldsymbol{\chi}_k^+(i) = \begin{bmatrix} \delta \boldsymbol{p}_k^+(i) \\ \boldsymbol{\omega}_k^+(i) \end{bmatrix}$ 表示当前状态量的第 i 个西格玛点；将 k 时刻的滤波值 $\boldsymbol{x}_k^+$ 作为当前的均值西格玛点，记为 $\boldsymbol{\chi}_k^+(0)$；P_k^+ 为 k 时刻状态协方差矩阵的滤波值；用 $\boldsymbol{P}_i$ 表示矩阵 $\boldsymbol{P}$ 的第 i 列；$\mathrm{modchol}(\boldsymbol{P})$ 表示对矩阵 $\boldsymbol{P}$ 进行修正的楚列斯基分解（Chlesy decomposition），相较于传统的楚列斯基分解，修正的楚列斯基分解不需要取标量平方根，在保证不损失原有精度的前提下减少了计算量。其对应权值如下：

$$W(i) = \begin{cases} W_{\mathrm{mean}}(0) = \dfrac{\lambda}{n+\lambda}, W_{\mathrm{cov}}(0) = W_{\mathrm{mean}}(0) + (1 - \alpha^2 + \beta), & i=0 \\ W_{\mathrm{mean}}(i) = W_{\mathrm{cov}}(i) = \dfrac{1}{2(n+\lambda)}, & i \in [1,2n], i \in \mathbf{N} \end{cases}$$

$$(7.14)$$

式中，n 表示状态向量的维数；mean 表示均值；cov 表示协方差；α 控制西格玛点的扩散程度，取值范围通常为 $[10^{-4},1]$；β 为权值调整系数，通常取值为 2；$\lambda = \alpha^2(n+\kappa) - n$，为缩放比例系数，通常有 $\kappa = 3 - n$。

1. 状态预测阶段

获取误差四元数的西格玛点的步骤如下：

$$\begin{cases} \delta q_{4,k}^+(i) = \dfrac{-a \| \delta \boldsymbol{p}_k^+(i) \|^2 + f \sqrt{f^2 + (1-a^2) \| \delta \boldsymbol{p}_k^+(i) \|^2}}{f^2 + \| \delta \boldsymbol{p}_k^+(i) \|^2}, & i=1,2,\cdots,2n \\ \delta \boldsymbol{\varepsilon}_k^+(i) = f^{-1}[a + \delta q_{4,k}^+(i)] \cdot \delta \boldsymbol{p}_k^+(i), & i=1,2,\cdots,2n \end{cases}$$

$$(7.15)$$

$$\delta \boldsymbol{q}_k^+(i) = \begin{bmatrix} \delta \boldsymbol{\varepsilon}_k^+(i) \\ \delta q_{4,k}^+(i) \end{bmatrix}, \quad i=1,2,\cdots,2n \qquad (7.16)$$

式中，取 $a=1, f=2(a+1)$；再由下式进行误差四元数向四元数的转换：

$$\boldsymbol{q}_k^+(i) = \delta \boldsymbol{q}_k^+(i) \otimes \boldsymbol{q}_k^+(0), \quad i=1,2,\cdots,2n$$

式中，$\boldsymbol{q}_k^+(0) = \boldsymbol{q}_k^+$ 表示当前四元数西格玛点的均值；其次，四元数西格玛点和角速度西格玛点由离散化的状态方程传递：

$$\begin{cases} \boldsymbol{q}_{k+1}^-(i) = \Omega[\boldsymbol{\omega}_k^+(i)]\boldsymbol{q}_k^+(i), & i=0,1,\cdots,2n \\ \boldsymbol{\omega}_{k+1}^-(i) = \Gamma[\boldsymbol{\omega}_k^+(i)], & i=0,1,\cdots,2n \end{cases}$$

$$(7.17)$$

其中，

$$
\begin{cases}
\Omega[\boldsymbol{\omega}_k^+(i)] = \begin{bmatrix} Z_k^+(i) & \Phi_k^+(i) \\ -[\Phi_k^+(i)]^{\mathrm{T}} & \cos(0.5\,\|\,\boldsymbol{\omega}_k^+(i)\,\|\,\Delta t) \end{bmatrix}, & i = 0,1,\cdots,2n \\[2mm]
Z_k^+(i) = \cos(0.5\,\|\,\boldsymbol{\omega}_k^+(i)\,\|\,\Delta t) E_{3\times 3} - [\Phi_k^+(i)\times], & i = 0,1,\cdots,2n \\[2mm]
\Phi_k^+(i) = \sin(0.5\,\|\,\boldsymbol{\omega}_k^+(i)\,\|\,\Delta t)\,\boldsymbol{\omega}_k^+(i)/\|\,\boldsymbol{\omega}_k^+(i)\,\|, & i = 0,1,\cdots,2n
\end{cases}
$$

式中，Δt 为测站采样时间间隔；$\Gamma(\boldsymbol{\omega}_k)$ 由动力学方程在时域离散化得到。基于以上传递后的四元数西格玛点进行误差广义里德格斯参数点的转换：

$$
\delta \boldsymbol{q}_{k+1}^-(i) = \boldsymbol{q}_{k+1}^-(i) \otimes [\boldsymbol{q}_{k+1}^-(0)]^{-1}, \quad i = 1,2,\cdots,2n \tag{7.18}
$$

继而，

$$
\delta \boldsymbol{p}_{k+1}^-(i) = f\,\frac{\delta \boldsymbol{\varepsilon}_{k+1}^-(i)}{a + \delta q_{4,k+1}^-(i)}, \quad i = 1,2,\cdots,2n \tag{7.19}
$$

令其均值西格玛点 $\delta \boldsymbol{p}_{k+1}^-(0) = 0$，得到传递后状态向量的西格玛点为

$$
\boldsymbol{\chi}_{k+1}^-(i) = \begin{bmatrix} \delta \boldsymbol{p}_{k+1}^-(i) \\ \delta \boldsymbol{\omega}_{k+1}^-(i) \end{bmatrix}, \quad i = 0,1,\cdots,2n
$$

通过加权求和的方式进行状态预测和协方差预测：

$$
\begin{cases}
\boldsymbol{x}_{k+1}^- = \displaystyle\sum_{i=0}^{2n} W_{\mathrm{mean}}(i)\,\boldsymbol{\chi}_{k+1}^-(i) \\[3mm]
P_{k+1}^- = \displaystyle\sum_{i=0}^{2n} W_{\mathrm{cov}}(i)[\boldsymbol{\chi}_{k+1}^-(i) - \boldsymbol{x}_{k+1}^-][\boldsymbol{\chi}_{k+1}^-(i) - \boldsymbol{x}_{k+1}^-]^{\mathrm{T}} + Q_{k+1}
\end{cases} \tag{7.20}
$$

式中，Q_{k+1} 为离散时间的过程噪声协方差。

2. 状态更新阶段

观测变量设置为 $\boldsymbol{y} = S_{\mathrm{OCS}}$，由观测方程可计算每个西格玛点的观测预测值：

$$
\boldsymbol{\gamma}_{k+1}^-(i) = h[\boldsymbol{q}_{k+1}^-(i), \omega_{k+1}^-], \quad i = 0,1,\cdots,2n
$$

式中，$\boldsymbol{\gamma}_{k+1}^-(i)$ 为西格玛点对应的观测预测值；再通过加权求和得到观测预测均值，以及量测协方差和互协方差：

$$
\begin{cases}
\boldsymbol{y}_{k+1}^- = \displaystyle\sum_{i=0}^{2n} W_{\mathrm{mean}}(i)\,\boldsymbol{\gamma}_{k+1}^-(i) \\[3mm]
P_{k+1}^{yy} = \displaystyle\sum_{i=0}^{2n} W_{\mathrm{cov}}(i)[\boldsymbol{y}_{k+1}^- - \boldsymbol{\gamma}_{k+1}^-(i)][\boldsymbol{y}_{k+1}^- - \boldsymbol{\gamma}_{k+1}^-(i)]^{\mathrm{T}} + R_{k+1} \\[3mm]
P_{k+1}^{xy} = \displaystyle\sum_{i=0}^{2n} W_{\mathrm{cov}}(i)[\boldsymbol{x}_{k+1}^- - \boldsymbol{\chi}_{k+1}^-(i)][\boldsymbol{y}_{k+1}^- - \boldsymbol{\gamma}_{k+1}^-(i)]^{\mathrm{T}}
\end{cases} \tag{7.21}
$$

计算卡尔曼增益：

$$
K_{k+1} = P_{k+1}^{xy} \cdot (P_{k+1}^{yy})^{-1} \tag{7.22}
$$

更新状态和协方差：

$$\begin{cases} \boldsymbol{x}_{k+1}^{+} = \boldsymbol{x}_{k+1}^{-} + K_{k+1}(\bar{\boldsymbol{y}}_{k+1} - \bar{\boldsymbol{y}}_{k+1}^{-}) \\ P_{k+1}^{+} = P_{k+1}^{-} - K_{k+1} P_k^{yy} K_{k+1}^{\mathrm{T}} \end{cases} \tag{7.23}$$

式中，$\bar{\boldsymbol{y}}_{k+1}$ 为 $k+1$ 时刻的设备观测值，即基于 OpenGL 拾取技术的空间目标光学横截面积计算方法生成的目标 OCS 观测数据库中 $k+1$ 时刻的数据。

将状态滤波值中的误差广义里德格斯参数转化为四元数，并在下一次滤波开始前将其置零，即 $\delta \boldsymbol{p}_{k+1}^{+} = \boldsymbol{0}_{3\times 1}$。

7.3.4　仿真实验分析

观测场景设置：观测时间设置为 2019 年 5 月 5 日 04:30:00.000 至 2019 年 5 月 5 日 06:30:00.000 UTCG；测站选择：地基观测站（位于 25.49°E，101.17°N，2046.50m）；待测目标轨道根数设置为：$a = 42163\mathrm{km}$，$e = 0°$，$i = 0.943°$，$\omega = 65.9022°$，$\Omega = 0°$，$f = 241.971°$，运行状态为自旋，力矩为 0，运行初始速度为 [0　3.0747　0]km/s，初始角速度为 [0　-0.1　0](°)/s，初始状态的四元数设为 [-0.646924　0.401929　-0.333014　0.555917]。观测噪声设为标准差为 $0.05\mathrm{m}^2$ 的零均值白噪声。以长 3m，宽 2m，高 1.5m，贴敷聚酰亚胺薄膜的长方体模型为待测目标进行姿态估计。将四元数表示为欧拉角，得到如图 7.7 所示的估计误差，横坐标为观测时间 t，单位为 s；纵坐标为欧拉角估计误差（分别表示绕 Z 轴、Y 轴和 X 轴旋转的角度），用 $\delta\theta_1$、$\delta\theta_2$、$\delta\theta_3$ 表示，单位为(°)。

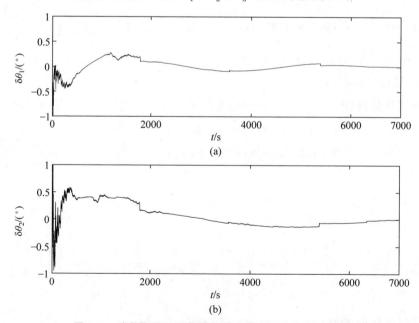

图 7.7　贴敷聚酰亚胺薄膜的长方体卫星姿态估计结果

(a) 欧拉角 1 的估计误差曲线；(b) 欧拉角 2 的估计误差曲线；(c) 欧拉角 3 的估计误差曲线

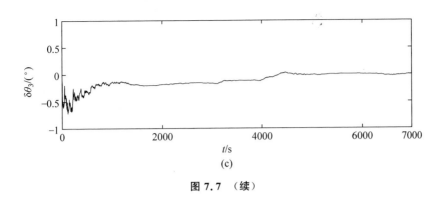

(c)

图7.7 （续）

为了研究目标表面材质对估计结果的影响,使用形状大小相同的长方体,设置3组材质不同的对比实验如下。

（1）设置各面 BRDF 均为 0.3 的朗伯体,其仿真结果见图 7.8。

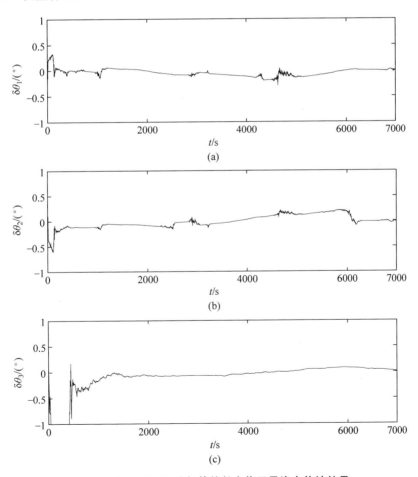

(a)

(b)

(c)

图7.8 每面 BRDF 均相等的长方体卫星姿态估计结果

(a) 欧拉角 1 的估计误差曲线;(b) 欧拉角 2 的估计误差曲线;(c) 欧拉角 3 的估计误差曲线

（2）设置 6 个面的 BRDF 分别为 0.3、0.05、0.01，其中每一组对称面的 BRDF 相等，其仿真结果见图 7.9。

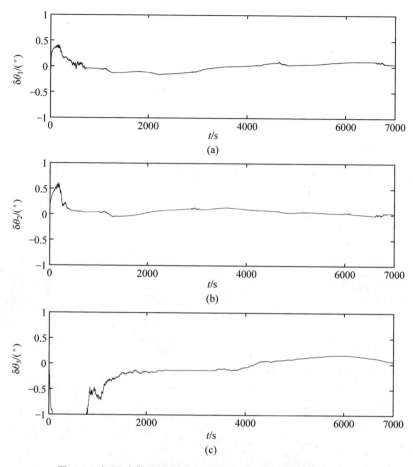

图 7.9　每面贴敷不同朗伯材质的长方体卫星姿态估计结果

（a）欧拉角 1 的估计误差曲线；（b）欧拉角 2 的估计误差曲线；（c）欧拉角 3 的估计误差曲线

（3）以 GaSa 作为表面材质，其仿真结果见图 7.10。

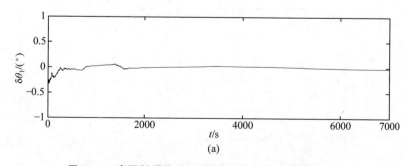

图 7.10　表面材质为 GaSa 的长方体卫性姿态估计结果

（a）欧拉角 1 的估计误差曲线；（b）欧拉角 2 的估计误差曲线；（c）欧拉角 3 的估计误差曲线

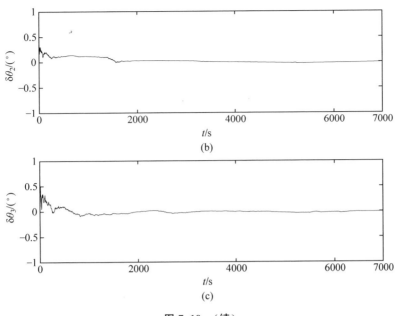

图 7.10 （续）

　　对比以上仿真结果,当材质为聚酰亚胺和 GaAs 等复杂材质时,滤波曲线的收敛速度较快,且收敛后稳定性较好;当材质设置为朗伯体时,滤波曲线的收敛速度较慢,振幅较大,且收敛后仍然出现较大波动,部分参数在规定时间内并未收敛。

　　根据以上结果可以得出结论:在形状相同的前提下,空间目标表面材质的光度特性越复杂,材质的 BRDF 与"太阳-目标-测站"几何位置的关系越密切,姿态估计准确率越高,稳定性越好。之后,再以边长为1m、高为2m、贴敷聚酰亚胺薄膜的正六棱柱和正八棱柱为对象进行姿态估计,得到的估计结果如图 7.11 和图 7.12 所示。

　　以上对贴敷聚酰亚胺材质的长方体、正六棱柱和正八棱柱卫星的姿态估计在规定时间内均平稳收敛,证明了本书模型和算法的有效性;同时,对比长方体的估计结果,在材质相同的前提下,随着目标表面数目的增加,收敛速度提高,振幅变小,稳定性提升,估计误差整体降低。

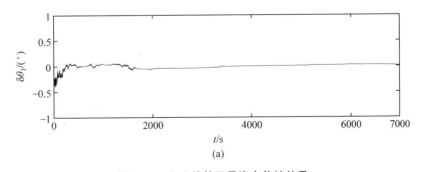

图 7.11　正六棱柱卫星姿态估计结果

（a）欧拉角 1 的估计误差曲线;（b）欧拉角 2 的估计误差曲线;（c）欧拉角 3 的估计误差曲线

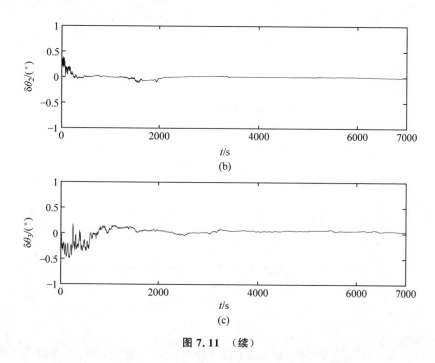

图 7.11 （续）

　　实际中,即使是合作目标,由于加工工艺的影响,也不可能完全掌握目标表面的材质特性。而对于非合作目标,甚至难以确定其外形和结构组成。这些未知的变量使得观测方程和状态方程难以准确建立,也就难以准确地估计目标的姿态。

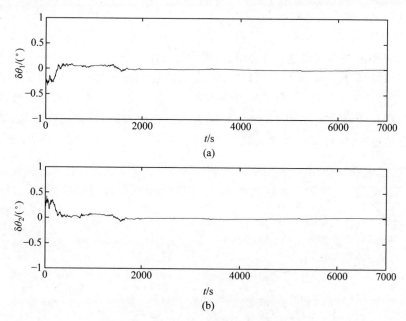

图 7.12　正八棱柱卫星姿态估计结果

（a）欧拉角 1 的估计误差曲线；（b）欧拉角 2 的估计误差曲线；（c）欧拉角 3 的估计误差曲线

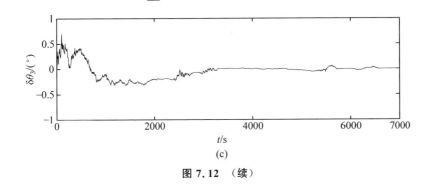

图 7.12 （续）

7.4 基于 GRU 网络的目标识别方法

7.4.1 门控循环神经网络

通过 7.3 节的分析可以发现,基于传统方法开展目标识别和姿态估计,需要已知目标的准确结构,这在实际中难以做到,而以深度神经网络为代表的机器学习方法以较强的适用性得到快速发展。本书即在传统卷积神经网络的基础上提出了一种适用于时间序列数据处理的门控循环神经网络。

与卷积神经网络(convolutional neural network,CNN)等前馈网络相比,循环神经网络(recurrent neural network,RNN)包含了一个循环性的连接结构[70],其隐藏层的每个节点间互有连接。从网络结构上来看,RNN 会记忆之前的信息,并用其影响后面节点的输出。所以,RNN 最擅长解决的就是与时间序列相关的问题。但是,由于 RNN 存在长期依赖性,在网络训练过程中会出现梯度消失或者梯度爆炸的现象,无法处理长期时序数据。为了解决该问题,LSTM[71-73]、GRU[74]等 RNN 的变种被提出。

GRU 是 LSTM 的一个变种。与 LSTM 相比,GRU 的参数少了近 1/3,所以结构相对简单,同时更容易收敛。GRU 中有两个门结构,分别为更新门和重置门。更新门用于控制进入到单元的前一时刻的状态信息量,重置门用于控制遗忘前一时刻的状态信息量。GRU 模型的一个单元如图 7.13 所示。图中 r、z 和 $\tilde{h}$ 分别表示 GRU 的重置门、更新门和候选状态。GRU 模型在处理时序数据时,比标准的

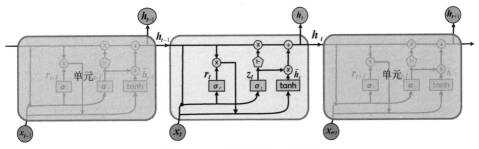

图 7.13 GRU 模型的一个单元

RNN 效果更好。

由于本章使用的数据为光度和 OCS 时序数据,而 RNN 最擅长解决的就是与时间序列相关的问题,所以,本章使用 GRU 网络构建基于光度和 OCS 数据的目标识别与姿态指向估计网络模型。

7.4.2 基于双向 GRU 的目标识别网络结构设计

本节提出的基于双向 GRU 网络的目标识别方法,通过 RNN 处理时序数据,对输入的光度特性序列数据进行特征提取,并直接输出目标识别结果。该方法的核心内容为一个目标识别网络:GCRNets。该目标识别网络由编码器(encoder)和分类器(classifier)构成。编码器将不同类别、不同长度的光度时序数据作为输入,生成与输入数据相对应的固定长度的特征向量。该特征向量包含足以对输入序列信号进行分类的信息。分类器是一个全连接神经网络,它将编码器产生的特征向量作为输入,生成对应的类别。

编码器由输入层、2 层单元数为 100 的 GRU 隐藏层,以及激活函数为线性、单元个数为 60 的全连接层构成。当输入数据进入编码器后,编码器最终会生成长度为 60 的特征向量。固定大小的特征向量将被作为分类器的输入数据。分类器由 2 层全连接层构成。其中,第一层全连接层的激活函数为线性整流函数 ReLU 函数,第二层的激活函数使用 Softmax 函数。GCRNets 通过最小化交叉熵损失函数(categorical crossentropy loss)训练网络模型,从而减小模型分类预测值与真实值的差别。交叉熵的损失可写为

$$L = -\sum_i y_k \log(\hat{y}_k) \tag{7.24}$$

式中,$\hat{y}_k$ 为网络的输出,y_k 为输入数据的标签。当使用该损失函数时,需要将光度特性数据的标签转化为形如“[样本数,类别]”的二值序列。GCRNets 使用 Adam[75] 作为网络优化器。GCRNets 的架构如图 7.14 所示。图中的 RNN 单元即 GRU 单元。

GRU 单元中的更新门 z_t 被定义为

$$z_t = \sigma(W_z x_t + U_z h_{t-1}) \tag{7.25}$$

式中,W 和 U 为网络的权重参数。x 表示输入数据,h 为隐藏状态。重置门 r_t 定义为

$$r_t = \sigma(W_r x_t + U_r h_{t-1}) \tag{7.26}$$

GRU 的隐藏状态可线性建模为

$$h_t = (1 - z_t)h_{t-1} + z_t \tilde{h}_t \tag{7.27}$$

候选隐藏状态可由下式得到:

$$\tilde{h}_t = \tanh(W_h x_t + U_h(r_t * h_{t-1})) \tag{7.28}$$

式中,符号“ * ”表示元素级乘运算。$\sigma(\cdot)$ 和 $\tanh(\cdot)$ 为两种不同的激活函数,其定义为

激活函数

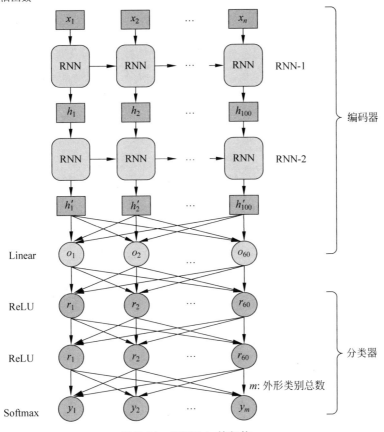

图 7.14　GCRNets 的架构

$$\sigma(x) = \frac{1}{1 + \mathrm{e}^{-x}}, \quad \tanh(x) = \frac{1 - \mathrm{e}^{2x}}{1 + \mathrm{e}^{2x}} \tag{7.29}$$

式中，$\sigma(\cdot)$ 为 S 型激活函数，$\tanh(\cdot)$ 为双曲正切激活函数。

7.4.3　实验验证

本节将介绍实验所使用的光度特性数据集的获取方式、数据的预处理方法、GCRNets 的参数设置与训练过程，以及对 GCRNets 的目标识别性能的评估结果。

1. 光度时序数据集的建立与预处理

在对网络模型进行训练并评估其性能时，一般需要建立 3 个数据集，分别为训练集、验证集、测试集。训练集用于训练模型；验证集通常用于网络模型的训练过程，以初步评估模型的分类识别性能，但并不用于模型参数的调整与优化；测试集用以测试、评估训练后的模型的性能。为了方便描述，通常将模型在训练集上的损失、分类准确度简称为"训练损失""训练准确度（精度）"，将模型在验证集、测试集上的分类准确度简称为"验证准确度(精度)""测试准确度(精度)"。本节将使用光度特性数据对 GCRNets 进行训练和验证。

1) 光度时序数据集的建立

本实验通过实验室测量的方式获取光度特性数据。首先,实验构建了 5 种不同外形的简单模型,分别为长方体、锥体、圆柱、球体和平面,并将其作为卫星本体的基本仿真模型。本体为长方体的卫星的尺寸为 $2m \times 1m \times 1m$;圆柱和椎体卫星的圆面半径为 0.5m,高度为 2m;球体卫星的球半径为 0.5m;平面卫星的尺寸为 $1m \times 1m \times 0.3m$。图 7.15 显示了在本体坐标系下,5 个卫星模型的本体结构和姿态指向。

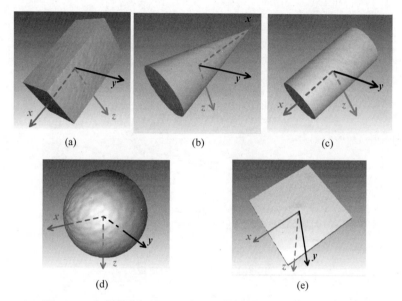

图 7.15　在本体坐标系下,5 个卫星模型的本体结构和姿态指向

(a) 长方体:$2m \times 1m \times 1m$;(b) 锥体:$0.5m^2 \times 2m$;(c) 圆柱:$0.5m^2 \times 2m$;
(d) 球体:半径为 0.5m;(e) 平面:$1m \times 1m \times 0.3m$

卫星的本体坐标系定义为 x 轴指向卫星的运动方向,z 轴指向地心,x 轴、y 轴、z 轴满足右手法则。选取一组轨道参数作为实验模拟参数,如表 7.1 所示。参数 h、e、i、w、Ω 和 f 分别为轨道高度、偏心率、轨道倾角、近地点幅角、升交点赤经和真近点角。

表 7.1　轨道参数

h/km	$e/(°)$	$i/(°)$	$w/(°)$	$\Omega/(°)$	$f/(°)$
1000	0	0	0	30	0

卫星表面涂有空间目标常用的白漆,其反射特性满足兰伯特漫反射定律。经过反演计算,其漫反射率为 0.2558,镜面反射率为 5.8022,镜面指数为 819.9209。

实验基于实际测量反演获取的 BRDF 计算 5 种不同卫星模型 100d 的 OCS 和光度曲线。BRDF 模型、测量方法和建模方法都已在第 3 章进行了描述。

实验中,每隔 30s 进行一次光度值采样。所获取的光度特性数据如图 7.16 所示。其中,图 7.16(a)和(b)展示了 100d 的长方体卫星模型和球体卫星模型的光度曲线。图 7.16(c)和(d)展示了在第 6 次观测弧段内,长方体卫星模型和球体卫星模型的光度曲线。

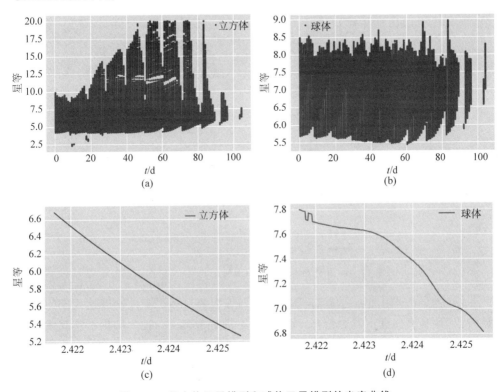

图 7.16 长方体卫星模型和球体卫星模型的光度曲线

(a) 100d 内,长方体卫星的光度数据;(b) 100d 内,球体卫星的光度数据;(c) 第 6 次观测时间段内,长方体卫星的光度数据;(d) 第 6 次观测时间段内,球体卫星的光度数据

通过对光度信号的模拟,可以得到 910 组不同长度的光度曲线。其中,长度是指采样点的个数。最短的光度曲线的采样点为 22 个,最长的光度曲线的采样点为 993 个。在 910 组光度曲线中,长方体、球形、圆锥、平面和圆柱体卫星分别对应 182 组光度数据。在使用深度学习进行目标识别时,往往需要大量的训练样本,训练样本可以是仿真的数据,也可以是实际测量的数据。若仿真数据与真实数据的相似度较高,在实际应用中就可以直接使用仿真数据来解决目标识别问题。

2) GCRNets 的训练

4432 组长度为 100 的光度时序数据将作为 GCRNets 的输入。为了避免网络过拟合,本书在原始 GCRNets 结构中的 2 个 RNN 层后使用了 dropout 机制。在每次训练迭代时,dropout 都会随机断开神经元的连接。本书根据大量训练经验,将 dropout 率设置为 0.25。需要注意的是,同一层的 RNN 单元之间不使用 dropout,其仅在不同的 RNN 层中使用。使用了 dropout 的 GCRNets 的 RNN 结构如图 7.17 所示。实验采用 Adam 优化器更新 GCRNets 的参数。根据经验,将学习率设置为 1×10^{-3},训练迭代次数设置为 1000。为了提高训练速度,在每层 RNN 层后接 BatchNorm 层。

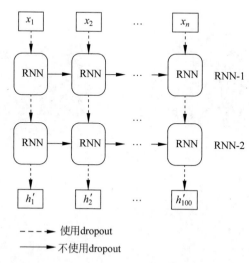

图 7.17　使用了 dropout 的 GCRNets 的 RNN 结构示意图

经过 1000 次的训练迭代,GCRNets 对训练集的目标识别准确度达到 99.74%,损失值(预测值和真实值的差异)持续下降。训练准确度与损失随训练迭代的变化如图 7.18 所示。同时,本书计算了网络的平均绝对误差(mean absolute error,MAE)。图 7.19 显示了 MAE 随训练迭代的变化情况。MAE 越小,预测结果越

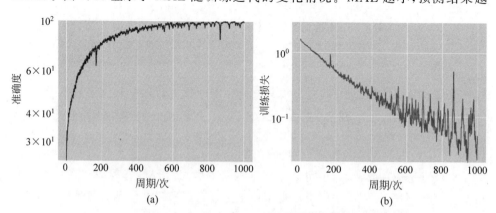

图 7.18　经过 1000 次训练迭代过程中的准确度和训练损失的变化

(a)准确度的变化;(b)训练损失的变化

准确。假设 $\hat{y}_i$ 为第 i 组样本数据的预测值，y_i 为预期值，则 MAE 可以表示为

$$\mathrm{MAE}(y,\hat{y}) = \frac{1}{n_M} \sum_{i=1}^{M} \mid y_i - \hat{y}_i \mid \tag{7.30}$$

式中，M 表示数据集的总样本数。在训练结束时，训练损失值为 0.05013，MAE 为 0.0117。

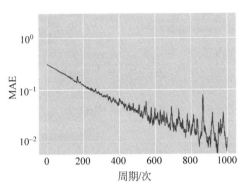

图 7.19　MAE 随训练迭代的变化

3）GCRNets 的验证

为了评估 GCRNets 的目标识别性能，实验选择了 374 组长方体、401 组圆锥体、412 组圆柱体、337 组平面和 413 组球体卫星模型的光度数据作为测试集来评估模型。将测试数据输入训练好的 GCRNets 中，并输出每组光度曲线所对应的目标类别。GCRNets 的分类结果见表 7.2 和图 7.20。图 7.20 中的水平方向为预测输出，垂直方向为真值标签，沿对角线的值为正确识别的样本数量，对角线外的值对应于识别错误的样本数量。结果显示，对于长方体卫星模型，GCRNets 的识别准确度达到 95.99%；对于圆锥体卫星模型，其识别准确度为 92.02%；对于圆柱体卫星模型，其识别准确度为 90.29%；对于平面卫星模型，其识别准确度为 97.92%；对于球体卫星模型，其识别准确度为 96.13%。结果表明，本书提出的 GCRNets 在提取特征和目标识别方面具有良好的性能，对不同的目标类别的识别准确度均达到 90% 以上。

表 7.2　分类精度

类　　别	分类精度
长方体	95.99%
圆锥体	92.02%
圆柱体	90.29%
平面	97.92%
球体	96.13%

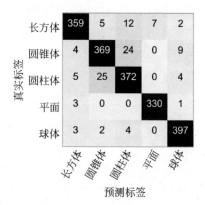

图 7.20 分类混淆矩阵

7.5 基于 GRU 网络与 SVM 的姿态估计算法

在完成目标外形估计的基础上,进一步开展基于 GRU 网络的目标姿态估计。本节将进一步构建基于双向门控循环网络的目标姿态识别模型:GRU-SVM 模型。

7.5.1 GRU-SVM 模型设计

GRU-SVM 模型由两部分组成:特征自动提取模块、基于支持向量机(support vector machine,SVM)的姿态识别分类器。为了方便描述,将 GRU-SVM 中的自动特征提取模块命名为 GRU-SVM-FE。GRU-SVM-FE 的结构与 7.5.1 节中提出的模型相似,都是由编码器和分类器两部分构成,但本节构建的网络分类器只用于训练自动特征提取模型,并不会用于姿态的识别分类。

在 GRU-SVM-FE 中,编码器包含 1 个输入层、2 个单元数为 100 的 GRU 隐藏层,以及一个单元数为 60 的线性全连接层。该全连接层用于输出提取的特征。GRU-SVM 模型的分类器是使用径向基函数核(radial basis function(RBF)kernel)的 SVM。GRU-SVM 模型的结构如图 7.21 所示。GRU-SVM 的特征自动提取模块使用交叉熵损失函数进行训练。在 GRU-SVM-FE 模型中,第一个全连接层所输出的特征向量将会作为 SVM 分类器的输入,进行后续的识别分类任务。

7.5.2 实验验证

1. OCS 时序数据仿真

本实验构建了 5 个不同外形的卫星模型,分别标记为目标 1、目标 2、目标 3、目标 4、目标 5,并仿真了其在 3 种不同三轴稳定姿态下的 OCS 数据。OCS 数据与星

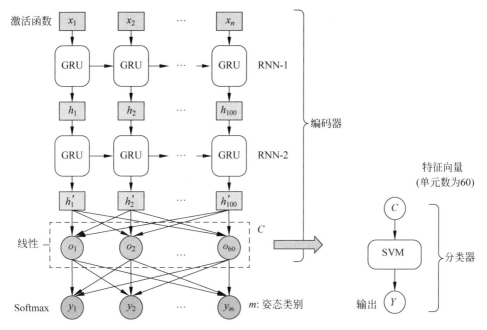

图 7.21 GRU-SVM 模型结构

等数据可以互相转换。实验数据来源于计算机仿真。

5 个空间目标的模型结构如图 7.22 所示。

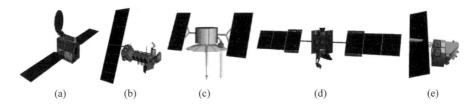

图 7.22 5 个空间目标的模型结构示意图

(a) 目标 1; (b) 目标 2; (c) 目标 3; (d) 目标 4; (e) 目标 5

图 7.23 显示了目标 1 的 3D 模型及其在卫星轨道坐标系中的姿态。3 种姿态定义为: ①x 轴指向卫星运动方向,z 轴指向地球; x 轴、y 轴、z 轴彼此正交并满

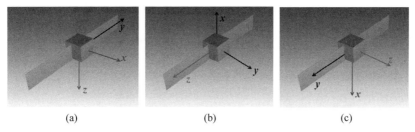

图 7.23 目标 1 的 3D 模型及其姿态

(a) 姿态 1; (b) 姿态 2; (c) 姿态 3

足右手定则。②y 轴指向卫星运动方向，z 轴沿太阳电池板方向；x 轴、y 轴、z 轴彼此正交并满足右手定则。③z 轴指向卫星运动方向；x 轴指向地球，x 轴、y 轴、z 轴彼此正交并满足右手定则。卫星表面的材质为银和金的聚酰亚胺薄膜、太阳能电池板材质和白色涂料。将卫星 3D 模型和观测时间序列作为 OCS 计算程序的输入，生成不同姿态下的目标的 OCS 数据。

实验通过计算机仿真的方式，获取了 100d、5 个不同外形的卫星模型在 3 种姿态下的 OCS 时序数据。在仿真过程中，模拟观测站设置为丽江天文观测站（25.6°N，101.1°E，2.465km）。通过对 OCS 数据的仿真，可获得共 5×399 条不同长度的 OCS 曲线，每个目标对应 399 条 OCS 曲线。在 399 条 OCS 曲线中，属于姿态 1、姿态 2 和姿态 3 的 3 种姿态指向类别的曲线分别是 133 条。OCS 的仿真数据如图 7.24 所示。其中，图 7.24(a) 展示了在一个观测弧段内具有一种姿态指向的 5 个目标的 OCS 曲线。图 7.24(b) 展示了在不同观测弧段内，目标 1 在一种姿态指向下的 OCS 曲线。图 7.24(c) 表示在一个观测弧段内，具有不同姿态指向的目标 1 的 OCS 曲线。图 7.24(d) 表示在一个观测弧段内，具有不同姿态指向的目标 2 的 OCS 曲线。

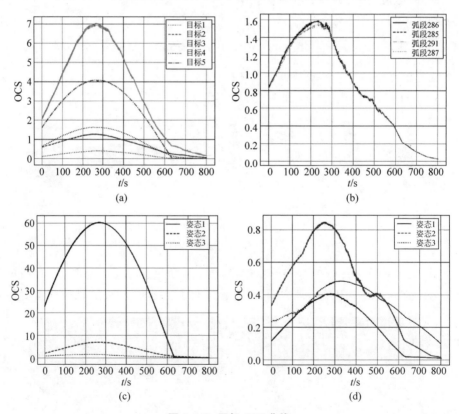

图 7.24　目标 OCS 曲线

(a) 一个观测弧段内，具有一种姿态指向的 5 个目标的 OCS 曲线；(b) 不同的观测弧段内，目标 1 在一种姿态指向下的 OCS 曲线；(c) 一个观测弧段内，具有不同姿态指向的目标 1 的 OCS 曲线；
(d) 一个观测弧段内，具有不同姿态指向的目标 2 的 OCS 曲线

在将仿真数据传递到 GRU-SVM 模型之前,需要对 OCS 序列数据进行预处理。与 7.4 节的数据预处理方式一样,本实验同样模拟了满足高斯分布的随机变量作为 OCS 曲线的噪声,同时筛除了质量较差的 OCS 曲线(星等数高于探测极限能力的数据,如 20 星等以上的数据已经超出设备测量能力)。将 OCS 曲线划分为长度为 200 的子序列。经过数据预处理后,OCS 时序数据集共有 1226 条长度为 200 的 OCS 曲线。

2. GRU-SVM 的训练

上述 OCS 时序数据集将作为输入,训练和验证 GRU-SVM 模型。为避免过度拟合,本书在原始 GRU-SVM 体系结构的两个 GRU 层中使用了 dropout 机制,设置 dropout 率为 0.25。训练前,随机从 OCS 时序数据集中抽取 80% 的 OCS 曲线作为训练集,剩余 20% 的数据集作为验证集。

使用 Adam 优化器对 GRU-SVM-FE 的参数进行更新,初始学习率 lr 设置为 1×10^{-3}。在训练时,使用学习率自动调整机制优化网络训练。该机制为,当训练的损失在 10 个迭代周期内没有下降时,学习率调整为 lr=lr×0.5。将目标 1 的 GRU-SVM-FE 模型的训练次数设置为 10000,将目标 2、目标 3、目标 4、目标 5 的 GRU-SVM-FE 模型的训练次数设置为 1000。本书使用式(7.30)定义的 MAE 来评估 GRU-SVM-FE 模型的特征提取效果。

训练和验证的准确度随训练迭代的变化如图 7.25 所示。图 7.26 显示了 GRU-SVM-FE 的 MAE 随训练迭代的变化情况。表 7.3 列出了 GRU-SVM-FE 模型在训练集和验证集上的识别准确度。表 7.4 中列出了分别经过 10000 个和 1000 个训练迭代后,GRU-SVM 模型对目标 1～目标 5 的姿态识别准确度。

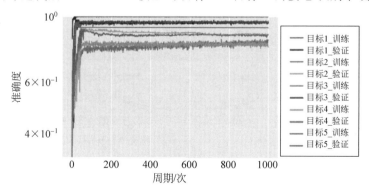

图 7.25　1000 次训练迭代后的训练和验证准确度

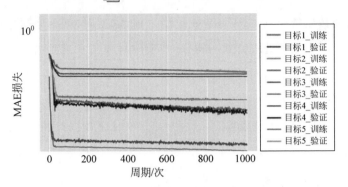

图 7.26　1000 次训练迭代后的训练和验证 MAE

表 7.3　GRU-SVM-FE 模型的训练和验证准确度

	目标 1	目标 2	目标 3	目标 4	目标 5
训练准确度	99.51%	83.33%	100%	79%	96.61%
验证准确度	97.29%	87.21%	100%	86.82%	91.86%

表 7.4　GRU-SVM 模型的训练和验证准确度

	目标 1	目标 2	目标 3	目标 4	目标 5
训练准确度	99.61%	97.87%	92.64%	93.12%	95.73%
验证准确度	100%	96.51%	90.31%	94.96%	97.09%

从结果可知,在训练迭代过程中,GRU-SVM-FE 的损失持续下降。该模型对 5 个目标的姿态指向识别准确度不断提高,证明了 GRU-SVM-FE 的特征提取效果较好。同时,从表 7.3 和表 7.4 的对比结果可以得出,GRU-SVM-FE 的识别精度明显低于 GRU-SVM,证明了 GRU-SVM 具有较好的识别性能。

3. GRU-SVM 的验证

为了评估 GRU-SVM 模型,构建了一个新的基于 GRU 的对比模型(new GRU)。图 7.27 显示了 new GRU 模型的框架。该框架的编码器模块依旧使用 GRU-SVM-FE 内的编码器。

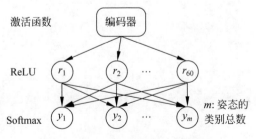

图 7.27　new GRU 模型的框架

本书使用训练 GRU-SVM 的数据集来训练 new GRU 模型。针对每个目标,分别选择 133 条类别为姿态 1、姿态 2、姿态 3 的 OCS 数据作为测试集。将测试数据输入训练后的 GRU-SVM 模型和 new GRU 模型,输出与 OCS 曲线对应的预测姿态。GRU-SVM 模型和 new GRU 模型的姿态识别结果如表 7.5 和图 7.28 所示。在图 7.28 中,水平方向为预测输出,垂直方向为真值标签,沿对角线的值是正确识别的样本数量,对角线外的值对应于错误识别的样本数量。

表 7.5　GRU-SVM 模型和 new GRU 模型的姿态识别结果

目　标	模　型	精度/%
目标 1	GRU-SVM	99.69
	new GRU	96.98
目标 2	GRU-SVM	97.60
	new GRU	88.53
目标 3	GRU-SVM	100
	new GRU	92.17
目标 4	GRU-SVM	93.49
	new GRU	85.50
目标 5	GRU-SVM	90
	new GRU	94.50

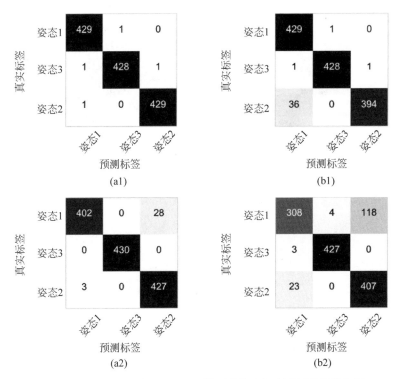

图 7.28　GRU-SVM 与 new GRU 模型的姿态识别结果的混淆矩阵

(a1) 目标 1-GRU-SVM;(b1) 目标 1-new GRU;(a2) 目标 2-GRU-SVM;(b2) 目标 2-new GRU;

(a3) 目标 3-GRU-SVM;(b3) 目标 3-new GRU;(a4) 目标 4-GRU-SVM;(b4) 目标 4-new GRU;

(a5) 目标 5-GRU-SVM;(b5) 目标 5-new GRU

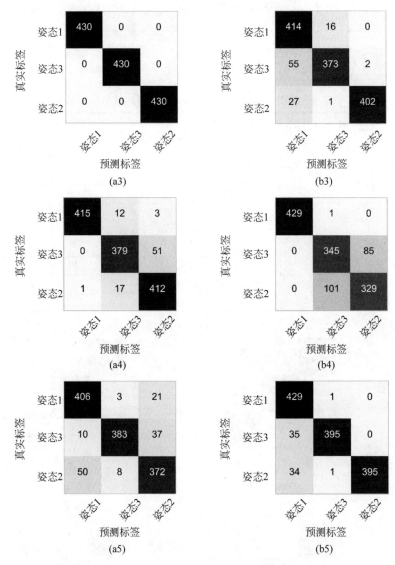

图 7.28 （续）

结果显示，与 new GRU 模型相比，本书提出的 GRU-SVM 模型在提取特征和姿态估计方面表现更好。

7.6　基于 RNN、CNN 与 MKL 的目标识别与姿态估计方法

本节将结合循环神经网络（RNN）与卷积神经网络（CNN）两种基本网络结构，并使用多核学习（multiple kernel learning，MKL）技术，构建可以同时完成空间目标识别与姿态指向识别的模型框架。该模型包含一个用以特征提取的网络模

型——C-RNN 识别网络模型,以及用以完成目标和姿态指向识别的多核 SVM 分类器。该分类器通过融合 C-RNN 识别网络模型所提取的不同特征,达到提高识别精度的目的。

7.6.1　C-RNN 识别网络模型的建立

C-RNN 识别网络模型结合了 RNN 与 CNN 两种深度学习技术,从而实现对卫星 OCS 曲线的自动特征提取。C-RNN 识别网络模型由三部分组成:编码器、解码器和分类器。C-RNN 识别网络模型如图 7.29 所示。图中的 (M,D) 表示卷积层的输出维度。

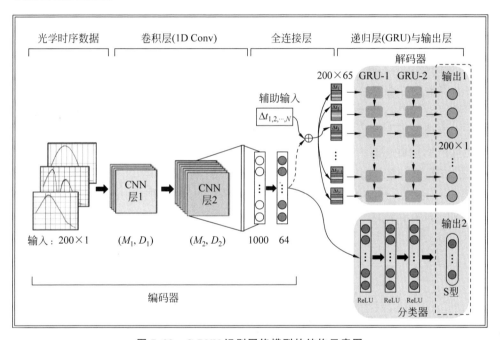

图 7.29　C-RNN 识别网络模型的结构示意图

编码器主要由 1D-CNN(1D 卷积)构成,它将 OCS 序列作为输入,并生成固定长度的特征向量。编码器中包含两个激活函数为 ReLU 函数的 1D 卷积层。1D 卷积层使用 1 维卷积核对 OCS 序列数据进行卷积,从而提取 OCS 序列数据的特征向量。1D 卷积的定义为

$$f_{\mathrm{conv}}(s) = (\boldsymbol{W} \cdot x)[s] = \sum_{i=0}^{n} \boldsymbol{W}(s-i) \cdot (i) \tag{7.31}$$

式中,$x \in \mathbb{R}^{1 \times n}$ 为输入的 OCS 序列数据,n 为序列数据的长度,$\boldsymbol{W}$ 和 s 分别表示 1D 卷积核和滑动步数,$f_{\mathrm{conv}} \in \mathbb{R}^{1 \times m}$ 为卷积后的输出向量。其中,$m = n - n_k + 1$,n_k 为卷积核的大小。为了防止神经网络过拟合,每个卷积层之后都附加了一个 dropout 层。第 2 个卷积层后有一个展平(flatten)层,该层将多维特征转换为 1D

特征。通过将展平层生成的 1D 特征传递到两个全连接层构成的结构中,即可生成最终的具有指定长度的特征。全连接层使用 ReLU 函数作为激活函数。

解码器通过编码器产生的特征向量重构输入的 OCS 曲线。特征向量在进入解码器前,会被复制 l 次。其中,l 是设定的解码器的输出序列长度。解码器应用两个 GRU 层来完成 OCS 曲线的重构任务。除特征向量外,解码器还采用了采样时间之间的差值 Δt_N 作为辅助性输入。其中,N 为采样点的个数。特征向量用于表征 OCS 序列数据,采样时间用以确定重构序列中每个点所在的位置。将通过附加采样点之间的时间差作为输入,C-RNN 识别网络模型可以用来处理非均匀采样的时序数据。

C-RNN 识别网络模型中的分类器可以用来处理多标签分类问题,该分类器可以对 GEO 目标的类型和姿态指向进行直接识别。但在本节提出的方法中,最终的分类任务由基于多核学习的分类器完成,C-RNN 中的分类器主要用于最大化不同类型、不同姿态的目标特征向量之间的距离,从而使编码器提取的特征信息更加准确。分类器由 3 个使用 ReLU 激活函数的全连接层和一个使用 S 型激活函数的输出层构成。编码器产生的特征向量是分类器的输入。输出层使用 S 型激活函数将特征映射到类别。通过分类器,可以直接获得与 GEO 目标的输入 OCS 曲线相对应的目标类别和姿态指向。

由于提出的模型包含两个输出,需要定义两个损失函数。本书使用均方误差(mean square error,MSE)作为 OCS 序列重构的损失函数,使用二元交叉熵作为目标识别和姿态估计过程的损失函数。MSE 的定义为

$$\mathrm{MSE} = \frac{1}{n}\sum_{j=1}^{N}\sum_{i=1}^{n} w_i (y_i^{(1)} - \hat{y}_i^{(1)})^2 \tag{7.32}$$

式中,$y_i^{(1)}$ 为第 i 个 OCS 序列,$\hat{y}_i^{(1)}$ 为第 i 个重构序列,w_i 为权重系数,n 表示输出序列的长度,N 表示输入 OCS 序列的总数。需要注意的是,当使用二元交叉熵作为损失函数时,序列数据的标签需要进行二值化,分类器的输出也为由 0 和 1 组成的向量。二元交叉熵损失函数的定义为

$$\mathrm{loss} = -\frac{1}{n_c}\sum_{j=1}^{N}\sum_{i=1}^{n_c} \hat{y}_i^{(2)} \log y_i^{(2)} + (1 - \hat{y}_i^{(2)}) \log(1 - \hat{y}_i^{(2)}) \tag{7.33}$$

式中,$y_i^{(2)}$ 和 $\hat{y}_i^{(2)}$ 分别为二值化后,标签中的第 i 个数值与分类器输出的类别向量中的第 i 个值,n_c 表示分类器输出的向量的长度。C-RNN 模型的总损失函数定义为

$$L = \mathrm{MSE} + \mathrm{loss} \tag{7.34}$$

模型训练过程中使用反向传播和随机梯度下降法使损失最小化。

7.6.2 MKL 分类器的构建

由于单内核的 SVM 很难选择最合适的核函数和相应的参数来得到最佳分类

效果,为了提高分类的精度,本节使用 MKL 技术构建新的分类器——MKL 分类器,来完成目标识别和姿态指向的估计。MKL 是一种多特征融合方法。目前,常用的 MKL 为基于 SVM 的方法。MKL 针对不同的特征采用不同的内核,并为不同的内核分配不同的权重,每个内核的权重由训练得到。通过选择内核的最佳组合,可以完成最终的分类任务。本书使用多核线性组合的方式组合不同的内核。假设 $\hat{k}_i(x,z)$ 表示第 i 个归一化的内核(内核也被称为"基本核函数"),则通过多核线性组合方式构建的最终核函数可表示为

$$K(x,z) = \sum_{i=1}^{n} \beta_i \hat{k}_i(x,z), \quad \text{s.t.} \sum_{i=1}^{n} \beta_i = 1, \beta_i \geqslant 0 \tag{7.35}$$

式中,$x,z \in X, X \in \mathbb{R}^n$ 为特征空间;$K(x,z)$ 表示由 n 个基本核函数线性组合而成的最终核函数;β_i 表示第 i 个系数。将最终核函数应用于 SVM 分类器构成 MKL 分类器,完成 GEO 目标的类别和姿态指向的识别。多核学习的原理示意图如图 7.30 所示。

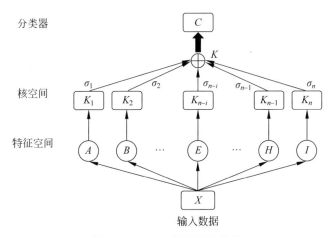

图 7.30 MKL 的原理示意图

7.6.3 OCS 数据的获取与预处理

本章的后续内容将对所构建的卫星识别与姿态估计模型进行实验验证。实验基于计算机仿真和实验室模拟测量获取空间目标的 OCS 序列数据,主要数据来源为计算机仿真。实验采用中国丽江天文台(25.6°N,101.1°E,2.465km)作为仿真的地球观测站,计算 5 个不同的卫星(7.5 节)在 3 种不同姿态(三轴稳定模式)下一年的 OCS 序列数据。

获取的 OCS 序列数据可分为 15 个大类,分别为:①目标1、姿态1;②目标1、姿态2;③目标1、姿态3;④目标2、姿态1;⑤目标2、姿态2;⑥目标2、姿态3;⑦目标3、姿态1;⑧目标3、姿态2;⑨目标3、姿态3;⑩目标4、姿态1;⑪目标4、

姿态 2;⑫目标 4、姿态 3;⑬目标 5、姿态 1;⑭目标 5、姿态 2;⑮目标 5、姿态 3。
3 种姿态分别为:①x 轴指向卫星运动方向,z 轴指向地面;x、y、z 轴彼此正交并满足右手法则。②y 轴指向卫星运动方向,z 轴沿太阳帆板方向;x、y、z 轴彼此正交并满足右手法则。③z 轴指向卫星运动方向,x 轴指向地球地心;x、y、z 轴彼此正交并满足右手法则。

　　通过实验室测量和计算机仿真,共获得 5 颗 GEO 卫星在 3 种姿态指向下的 6915条 OCS 序列数据,每颗卫星为 1383 条,每条 OCS 序列数据对应于不同的观测弧段。删除长度小于 200 的 OCS 序列数据。最终,可用的 OCS 数据总计为 5505 条,每个卫星为 1101 条,每种姿态为 367 条。15 个大类中的 OCS 曲线示例如图 7.31 所示。

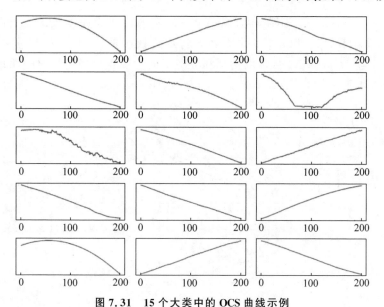

图 7.31　15 个大类中的 OCS 曲线示例

　　由于光度或 OCS 序列与观测几何密切相关,在进行实验前,可以将获得的OCS 序列数据根据其对应的观测几何位置关系进行预处理,以提升网络模型的训练效果。因此,本实验根据不同观测区间内 OCS 序列数据所对应的空间观测几何位置关系,将 OCS 数据划分到不同的子集,并将每个子集的标签设置为所对应类别的子类。其中,观测几何位置关系为太阳、空间目标和测站间的位置关系。根据观测区间内的空间观测几何位置关系,实验将每个卫星对应的 OCS 序列数据划分为 5 个子类别:第 1 个子类有 129 条 OCS 序列数据;第 2 个子类有 420 条 OCS 序列数据;第 3 个子类有 141 条 OCS 序列数据;第 4 个子类有 399 条 OCS 序列数据;第 5 个子类有 12 条 OCS 序列数据。因此,一年的 OCS 数据最终被划分为 15×5个类别。实验将使用该 75 个类别的 OCS 数据和对应的标签对网络进行训练。

　　此外,将每一段 OCS 序列处理为长度为 200 的序列数据,以便进行识别分类(这一步可选)。同时,为了使仿真的 OCS 时序数据更贴近实际观测,实验特别加入了采样点不均匀的数据,并且为每一条 OCS 数据添加了高斯白噪声作为观测误差数据,从而使目标分类过程更贴近实际(实际中的星等测量误差为 0.2~0.3 星等)。在数据预处理之后,训练集中的 OCS 序列数量约为 12500 个。从 OCS 序列数据集中随机抽取约 70% 的数据作为训练集,其余数据分别用作验证集和测试集。训练集中的样本分布如图 7.32 所示。图中,不同的颜色代表不同的类别。

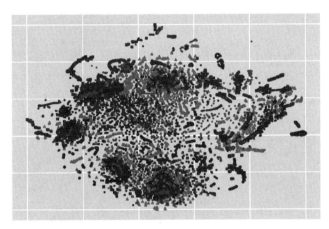

图 7.32 训练集样本分布

7.6.4 特征提取与模型训练

将经过预处理的 OCS 序列数据输入 C-RNN 识别网络模型。模型中的 2 个 CNN 层分别生成长度为 60 和 100 的特征向量。编码器的输出是长度为 64 的特征向量。解码器使用两个大小为 100 的双向 GRU 层重构 OCS 数据。解码器的输入是长度为 65 的特征向量,其中包括编码器的输出(长度为 64),以及 OCS 样本点之间的采样时间差值(长度为 1)。分类器处理编码器产生的特征向量并给出分类结果。由于分类器处理的为多标签分类问题,所以需要对每条 OCS 曲线的标签进行二值化。Adam 优化器用于优化网络,学习率设置为 1×10^{-3}。每个 dropout 层的 dropout 率设置为 0.25。C-RNN 识别网络需要训练 2 次。第一次,将大小为 5 的卷积核应用于两个 CNN 层;第二次,使用大小为 3 的卷积核。将迭代次数和批量大小分别设置为 2000 和 1000。为了方便描述,将第一次训练结束后得到的模型称为"C-RNN5",将第二次训练结束后得到的模型称为"C-RNN3"。分别使用 C-RNN5 和 C-RNN3 提取测试集中所有 OCS 数据的特征向量,并将其保存。为了方便描述,将 C-RNN5 所提取的特征称为"特征 A",将 C-RNN3 提取的特征称为"特征 B"。

两次训练结束后,即可对模型开始测试。测试集包含大约 2160 条 OCS 序列数据,测试数据分为 15 个类别,每个类别代表一个姿态下的一颗卫星,每个类别共有 144 条 OCS 曲线。图 7.33 展示了 C-RNN5 的解码器对姿态 2 下的 5 颗卫星的测试 OCS 序列数据进行重构后的结果。

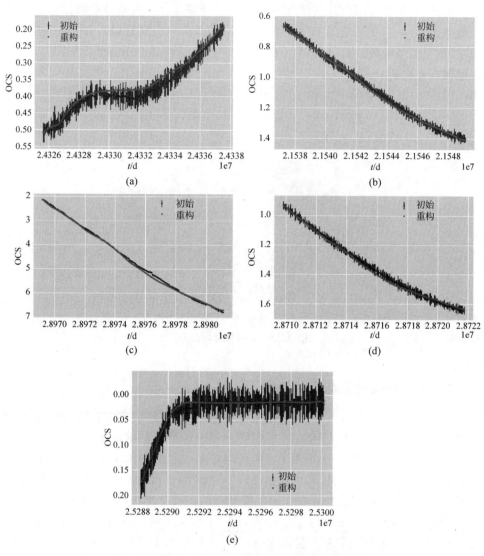

图 7.33　姿态 2 下,5 颗卫星的 OCS 曲线重构结果

（a）卫星 1(姿态 2)；（b）卫星 2(姿态 2)；（c）卫星 3(姿态 2)；（d）卫星 4(姿态 2)；（e）卫星 5(姿态 2)

图 7.34 和图 7.35 分别描述了 C-RNN5 与 C-RNN3 中的分类器对 OCS 数据进行分类的结果。图中"T0A1"表示"卫星 1、姿态 1",卫星从 T0～T4 编号,姿态从 A0～A3 编号,对角线上的值是正确分类的数量。当编码器使用大小为 5 的卷积核时,分类器的分类准确率达到 91.9%;当编码器使用大小为 3 的卷积核时,分类器的分类准确率为 83.3%。由于卷积核的大小不同,编码器会产生不同的特征向量,所以分类结果也是不同的。在模型结构不变的情况下,利用大小为 5 的卷积核的编码器所获得的特征,可以更好地表征 5 颗卫星 3 个姿态指向下的 OCS 序列数据。图 7.36 展示了将特征 A 和特征 B 进行降维后的可视化结果。

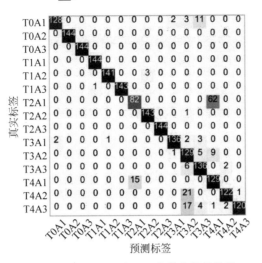

图 7.34 C-RNN5 对 OCS 曲线分类的结果

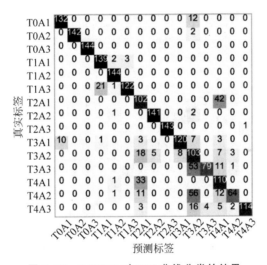

图 7.35 C-RNN3 对 OCS 曲线分类的结果

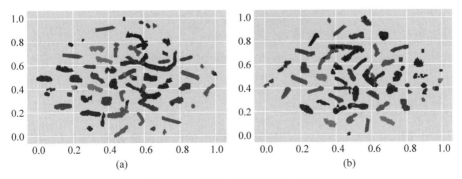

图 7.36 特征 *A* 与特征 *B* 的分布

（a）特征 *A*；（b）特征 *B*

7.6.5　MKL 分类器的目标识别与姿态估计

在完成特征提取后,即可使用 MKL 分类器完成目标的识别和姿态指向的估计。首先,需要将 C-RNN5 与 C-RNN3 所提取的特征向量 A 和 B 融合在一起。本书使用多项式核函数作为基本核函数,将 A 与 B 两个特征向量映射到高维空间。归一化的基本核函数定义为

$$k(x,z)=(\langle x,z \rangle + R)^d \tag{7.36}$$

式中,$x,z \in X$,$X \in \mathbb{R}^n$ 表示输入特征空间,R 为常数,d 表示多项式的阶。在实验中,为了使用多核学习进行分类,将基本核函数中的 R 设为 0。根据得到的两种特征向量 A 与 B,依次构造若干基本核函数。其中,每个基本核函数的阶数分别为 $d=1,2,3,\cdots,10$。然后,使用式(7.35)将多个基本核函数联结在一起,构成组合核 K。最后,将最终的组合核 K 作为 SVM 的核函数,构成 MKL 分类器,并使用训练集对 MKL 分类器进行训练。分类器训练结束后,得到 SVM 的最佳惩罚值 $C=1000$,核函数的线性组合系数都为 0。使用训练好的分类器对测试 OCS 数据进行目标和姿态指向的识别分类。最终,分类准确度达到了 99.58%。MKL 分类器的分类结果如图 7.37 所示。

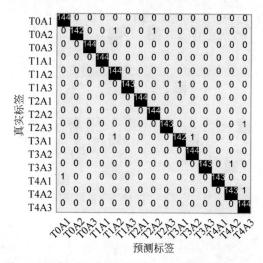

图 7.37　MKL 分类器对测试 OCS 曲线的分类结果

7.6.6　模型性能评估

为了评估所提出的 C-RNN 识别网络模型的特征提取性能,实验构建了多个网络模型与其进行比较。

(1) 第 1 个网络模型为去除 C-RNN 识别网络模型中的分类器模型,将该模型称为"ENDE-CR";

（2）第2个网络模型为将 ENDE-CR 中编码器的两个卷积层替换为大小为100 的两个 GRU 层的模型，将该模型称为"ENDE-RR"；

（3）第3个网络模型为去除 C-RNN 识别网络模型中解码器后的模型，将该模型称为"ENCLA-C"；

（4）第4个网络模型为将 ENCLA-C 中编码器的两个卷积层替换为两个单元为 96 的 GRU 层的模型，将该模型称为"ENCLA-R"。

分别训练上述 4 个网络模型。4 个网络模型的训练参数与训练 C-RNN 识别网络模型的参数一致。用于训练 C-RNN 识别网络模型的训练数据同样作为 ENDE-CR、ENDE-RR、ENCLA-C 与 ENCLA-R 的训练输入数据。在 2000 次训练迭代后，使用不同卷积核大小的 C-RNN 识别网络、ENDE-CR、ENDE-RR、ENCLA-C 和 ENCLA-R 的训练损失，以及 C-RNN 识别网络的训练与验证准确度变化如图 7.38 所示。为了方便比较，将 C-RNN 识别网络称为"ENDECLA-CR"。图 7.38 中，"ENDECLA-CR3""ENDECLA-CR5"分别表示使用卷积核大小为 3、5的 C-RNN 识别网络。

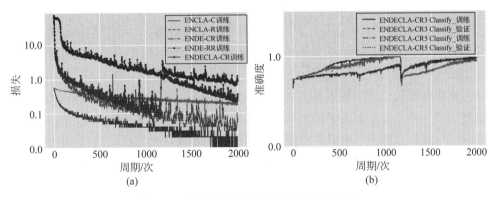

图 7.38　模型训练损失与训练、验证准确度

（a）训练损失；（b）训练与验证准确度

表 7.6 列出了使用 C-RNN 识别网络所提取的特征与使用 8 种特征提取模型所提取的特征进行目标识别与姿态指向估计的准确度（可视化结果如图 7.39 所示）。8 种特征提取模型包括主成分分析（principal component analysis，PCA）、线性判别分析（linear discriminant analysis，LDA）、字典学习（dictionary learning，DL）、ENDE-CR、ENDE-RR、ENCLA-C、ENCLA-R，以及一个简单的深层神经网络（sample deep neural network，SDNN）模型。SDNN 模型为将 ENDE-RR 的编码器和解码器替换为一个简单的多层全连接结构的模型。该模型包含 1 个输入层、5 个隐藏层和 1 个输出层。其中，输入层包含 200 个单元；5 个隐藏层中的单元数分别为 500、500、64、500、500；输出层包含 200 个单元。将 SDNN 模型的训练迭代次数设置为 2000，损失函数使用 MSE，优化器使用 Adam。

表 7.6   所提出的模型与 8 种特征提取比较模型的准确度

模型	ENDECLA-CR3	ENDECLA-CR5	PCA	LDA	DL	ENDE-CR
准确度/%	98.67	99	61	41	73	95.8
模型	ENDECLA-CR3	ENDECLA-CR5	ENDE-RR	ENCLA-C	ENCLA-R	SDNN
准确度/%	98.67	99	82.4	98.6	97.6	84.5

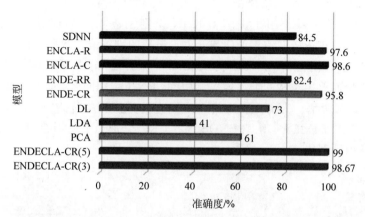

图 7.39   识别准确度的可视化结果

比较模型使用的训练集和测试集与 C-RNN 识别网络模型使用的训练集和测试集相同。将训练后的 9 个模型所提取的特征分别输入具有线性核的 SVM 分类器以进行分类。使用该分类器的原因是它不会将输入特征映射到高维空间或者执行其他转换,可以保证比较结果的有效性。表 7.6 中的第 2 行为平均准确度均值(mean average precision,mAP)。本书使用各模型的 mAP 来评估模型的识别性能。mAP 是所有类别的平均预测准确度,可表示为

$$\mathrm{mAP} = \frac{\sum_{c=1}^{N} P_c}{N}, \quad P_c = \frac{x_{Tc}}{M_c} \tag{7.37}$$

式中,N 为类别总数;P_c 为类别 c 的分类准确度;x_{Tc} 表示对于类别 c,正确预测的 OCS 序列个数;M_c 为识别结果为类别 c 的总 OCS 序列数量。

由 9 个模型的分类性能可知,PCA 和 LDA 识别模型的识别准确度分别达到 61% 和 76%;与 PCA 和 LDA 识别模型相比,DL 识别模型具有更好的识别性能,识别准确度为 73%;SDNN 的特征提取能力要优于 PCA、LDA、DL 等传统特征提取方法,其识别准确度达到 84.5%;ENDE-CR 和 ENDE-RR 在特征提取方面具有很大优势,识别准确度可分别达到 95.8% 和 83%。但是从结果来看,同时使用编码器和分类器的模型的分类结果好于同时使用编码器和解码器的模型,ENCLA-C 和 ENCLA-R 的识别准确度分别为 98.6% 和 97.6%。同时,从结果可以看出,本

章提出的 C-RNN 识别网络模型的识别准确度是最好的。当卷积核的大小分别为 3 和 5 时,识别准确度均超过 98%。由于 C-RNN 识别网络模型中的分类器增加了不同类别特征之间的距离,所以,编码器生成的特征向量能够更好地表征 OCS 序列数据,进而使所提出的 C-RNN 模型具有更好的识别性能。比较结果显示,本书所提出的 C-RNN 识别网络模型具有良好的识别性能。

第 8 章

空间目标光谱散射特性分析

第8章图片

8.1 空间目标光谱散射特性分析概述

近年来,包括航天器、火箭箭体、空间碎片在内的各类空间目标的种类和数量不断增加,给观测识别这些目标造成困难。大型雷达、光学望远镜被用于空间目标的监视,但当目标很小或位于中高轨时,雷达则无能为力,光学成像也只能看到有限的几个像元,其所提供的信息无法判断目标的材质组成,只能通过非成像观测技术进行材质识别,常用的非成像技术包括时序测光、多色测光、光谱测光和偏振测光 4 类。其中,光谱测光提供的信息最为丰富,也最能反映目标的材质特性。由于光谱是物质光学特性的本质属性,能够反映物质的材质特点,在化学和天文领域已获得广泛应用。

早在 1975 年,国外就已经出现了关于卫星光谱特性的研究,根据光谱特性反演卫星材质组成的研究也随之展开。其中最具代表性的是美国空军在毛伊岛开展的空间目标光谱观测,在该观测站举行的年度光学会议还设有空间目标光谱特性研究的专题。国内关于空间目标光谱的研究尚处在起步阶段,对光谱观测数据的利用还局限于时序光谱特征,对光谱数据的认知和利用均不充分。

8.1.1 固体光谱原理

当前,空间目标光谱观测中应用谱段最宽的是 $350 \sim 2500 \mathrm{nm}$,涉及可见光到近红外两个谱段。分子内部一般存在电子相对原子核的运动、原子在平衡位置上的振动和分子绕自身重心的转动,对应产生 3 种不同的能级,即电子能级、振动能级和转动能级。根据分子能级跃迁所需要的能量大小,空间目标光谱可依次分为

(1) 远红外光谱:转动能级间的能量差为 $0.005 \sim 0.05 \mathrm{eV}$;

（2）中近红外光谱：振动能级间的能量差为 $0.05\sim1eV$；

（3）紫外-可见光光谱：电子能级的能量差为 $1\sim20eV$，也称为分子的"电子光谱"。

通常，在振动能级跃迁时也伴有转动能级跃迁；在电子能级跃迁时，也伴有振动能级跃迁和转动能级跃迁；上述规律反向却不成立，这一结论对解释后续的红化效应具有参考意义。

空间目标的表面材料种类多样，从无机的金属、半导体材料到高分子材料及其混合物，其从形态上看均属于固体，所形成的光谱可以归为固体光谱。在 $350\sim2500nm$ 的光谱区间内，由于固体分子内电子的带际和带内跃迁，会形成紫外-可见光光谱。该光谱区间的近红外部分不是出于分立状态的分子振动（固体内部没有分立状态的分子）和转动能级间的跃迁而产生的，而是出于凝聚态的分子形成的晶体、多晶体甚至是非晶体扩展态的晶格振动跃迁而产生的。由于固体没有通常意义下的分子转动，也就没有形成远红外光谱。

8.1.2　空间目标散射光谱特点

从本质上讲，通过光谱仪测量得到的点目标光谱辐射照度或者辐射亮度曲线，是目标对入射光选择性吸收后散射、折射、透射光信号的频谱结构。在分析空间目标材质的光谱特性时，必须把握固体光谱的 3 个特点：

（1）由于固体分子连接紧密，固体光谱通常不存在转动光谱；

（2）固体光谱因分子的振动能量不同分为多个振动能级；

（3）每种分子的能量都是不连续的，即量子化的。每种分子运动所吸收的能量，必须等于其能级差的特定值，否则就没有吸收。因此，固体分子的带状谱线是电子能级和多个振动能级共同作用的结果，与原子光谱的线状光谱有所不同。

由于分子内部能级跃迁引起的能量变化是量子化的，分子在能级跃迁时，只能吸收特定波长的光能。而不同的物质结构不同，能级差也不同，这就决定了它们对不同波长光的选择性吸收。同时也注意到，即使两种材料形态、属性不一致，但只要含有共同的化学键，就有可能具有相同的光谱特性。如白漆和太阳能帆板的分子结构中均包含 C—H 键，在 $2200\sim2300nm$ 会表现为明显的吸收特征，并不能依据 C—H 键结构判定材质种类。

近红外光谱是由分子振动能级跃迁产生的振动光谱，在物质产生可见光光谱时，会同时产生近红外光谱。对于紫外和中远红外波段，如果探测路径穿过大气层，大气中的氧气、二氧化碳、水蒸气等会对该波段的光能量产生强烈吸收。因此，对于地基光学探测而言，重点是可见光-近红外波段。

空间目标运行在外空间，受到太阳光的照射并散射部分光信号。在这一过程中，根据目标材质的不同会对入射光进行调制。因此，计算反射光光谱与太阳光光谱的比值，可以消除太阳光波长的影响，直接发现目标的材质特征。在实际测量过程中,不可能直接测量太阳光谱的辐射照度,而是测量类太阳恒星,也就是 G 型恒星的光谱辐射照度。

因此,需要一种适用于描述非分辨空间目标光谱特性的简化模型。为建立适用于非分辨空间目标的光谱反射模型,需要理解几种常用的目标光谱反射模型,下面给出光谱 BRDF 模型和 4 种常用的光谱反射率模型的基本概念与定义。

8.2 4 种常用的光谱反射率模型

反射率定义为目标反射能量与入射能量的比值,通常所说的光谱反射率 (spectral reflectance)是指连续波长测量的目标反射率曲线。由于测量方式的差异,光谱反射率可以根据入射能量的照明方式和反射能量的测量方式给出如下 4 种定义:

(1) 方向-方向光谱反射率。入射能量的照明方式为平行直射光、没有散射光或者可以忽略散射光;光谱测量仪器仅测量某个特定方向的反射能量。在实验室环境下,以模拟太阳光为照明光源,利用光谱仪测量的材质光谱反射率就可以近似为方向-方向光谱反射率,方向-方向光谱反射率的定义如下:

$$\rho(\theta_i,\varphi_i;\theta_r,\varphi_r;\lambda)=\pi\frac{L_r(\theta_i,\varphi_i;\theta_r,\varphi_r;\lambda)}{E_i(\theta_i,\varphi_i;\lambda)} \tag{8.1}$$

式中,$L_r(\theta_i,\varphi_i;\theta_r,\varphi_r;\lambda)$ 是目标在 (θ_r,φ_r) 方向反射的光谱辐射亮度,$E_i(\theta_i,\varphi_i;\lambda)$ 是目标在 (θ_i,φ_i) 方向入射的光谱辐射照度,它们是 dL_r 和 dE_i 在有效面元 dA 上的积分。

(2) 半球-方向光谱反射率。入射能量在 2π 半球空间内均匀分布,光谱测量仪器仅测量某个特定方向的反射能量。在没有太阳光直射、仅有环境散射光照射目标时,利用光谱仪测量的材质光谱反射率就可以近似为半球-方向光谱反射率。半球-方向光谱反射率的定义如下:

$$\rho(\theta_r,\varphi_r;\lambda)=\pi\frac{L_r(\theta_r,\varphi_r;\lambda)}{E_d(\lambda)}=\pi\frac{L_r(\theta_r,\varphi_r;\lambda)}{\int_0^{2\pi}\int_0^{\pi/2}E_i(\theta_i,\varphi_i;\lambda)\cos\theta_i\sin\varphi_i d\theta_i d\varphi_i} \tag{8.2}$$

式中,$E_d(\lambda)$ 是 2π 半球空间内到达目标表面的所有光谱辐射照度的总和。

(3) 方向-半球反射率(direction hemisphere reflectance,DHR)。入射能量的照明方式为平行直射光,没有散射光或者可以忽略散射光;光谱测量仪器测量的 2π 半球空间的平均光谱反射能量。利用积分球原理测量的目标光谱反射率就是方向-半球光谱反射率。方向-半球光谱反射率的定义如下:

$$\rho(\theta_i,\varphi_i;\lambda)=\pi\frac{L_{mean}(\lambda)}{E_i(\theta_i,\varphi_i;\lambda)}=\frac{\int_0^{2\pi}\int_0^{\pi/2}L_r(\theta_i,\varphi_i;\theta_r,\varphi_r;\lambda)\cos\theta_r\sin\varphi_r d\theta_r d\varphi_r}{2\times E_i(\theta_i,\varphi_i;\lambda)}$$

$$\tag{8.3}$$

式中，$L_{\text{mean}}(\lambda)$ 是 2π 半球空间内目标反射的平均光谱辐射亮度。

（4）半球-半球光谱反射率。入射能量在 2π 半球空间内均匀分布，波谱测量仪器测量的是 2π 半球空间的平均反射能量。半球-半球反射率的定义如下：

$$\rho(\lambda) = \pi \frac{L_{\text{mean}}(\lambda)}{E_{\text{d}}(\lambda)} = \frac{\int_0^{2\pi}\int_0^{\pi/2} L_{\text{r}}(\theta_{\text{r}}, \varphi_{\text{r}}; \lambda)\cos\theta_{\text{r}}\sin\varphi_{\text{r}}\,\mathrm{d}\theta_{\text{r}}\,\mathrm{d}\varphi_{\text{r}}}{2\times \int_0^{2\pi}\int_0^{\pi/2} E_{\text{i}}(\theta_{\text{i}}, \varphi_{\text{i}}; \lambda)\cos\theta_{\text{i}}\sin\varphi_{\text{i}}\,\mathrm{d}\theta_{\text{i}}\,\mathrm{d}\varphi_{\text{i}}} \tag{8.4}$$

若不严格要求入射能量在 2π 半球空间内均匀分布，半球-半球反射率的波谱就是地物光谱反射率。注意到目标在 $(\theta_{\text{r}}, \varphi_{\text{r}})$ 方向反射的光谱辐射亮度 $L_{\text{r}}(\lambda)$，当入射光为平行光时利用 $L_{\text{r}}(\theta_{\text{i}}, \varphi_{\text{i}}; \theta_{\text{r}}, \varphi_{\text{r}}; \lambda)$ 表示，表明此光谱辐射亮度是与 $(\theta_{\text{i}}, \varphi_{\text{i}})$ 方向的入射平行光相关的，如方向-方向光谱反射率和方向-半球光谱反射率；当入射光在 2π 半球空间内均匀分布时，利用 $L_{\text{r}}(\theta_{\text{r}}, \varphi_{\text{r}}; \lambda)$ 表示目标在 $(\theta_{\text{r}}, \varphi_{\text{r}})$ 方向反射的光谱辐射亮度，表明此光谱的辐射亮度是与入射光方向无关的。

不同的应用目的可能需要测量不同的光谱反射率。在遥感光谱反射率测量领域，按照测量方法的不同，将方向-方向光谱反射率和半球-方向光谱反射率统称为"方向光谱反射率"，将方向-半球光谱反射率和半球-半球光谱反射率统称为"半球光谱反射率"。根据光谱反射率的定义可知，对于空间目标而言，地面测站测量的目标光谱反射率就是方向-方向光谱反射率，因此需要对其着重研究。

8.3　空间目标光谱 BRDF 模型

根据光谱 BRDF 的定义，可以推导空间目标光谱的 BRDF 模型，该过程是空间目标光谱 BRDF 模型的正向建模过程，面元探测几何的示意图如图 8.1 所示。其中，n 为目标表面面元 $\mathrm{d}A$ 的法线方向，n' 为探测器入瞳面的法线方向，A_{pupil} 为探测器的入瞳面积，θ_{d} 为探测器的偏角。

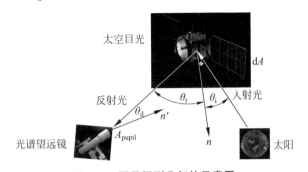

图 8.1　面元探测几何的示意图

设面元 $\mathrm{d}A$ 处的太阳辐射照度为 E_{sun}，则面元 $\mathrm{d}A$ 沿 $(\theta_{\text{r}}, \varphi_{\text{r}})$ 方向的反射光谱辐射亮度为

$$dL_r(\theta_i, \varphi_i; \theta_r, \varphi_r; \lambda) = f_r(\theta_i, \varphi_i; \theta_r, \varphi_r; \lambda) dE_i(\theta_i, \varphi_i; \lambda)$$

$$= f_r(\theta_i, \varphi_i; \theta_r, \varphi_r; \lambda) E_{sun}(\lambda) \cos\theta_i \tag{8.5}$$

面元 dA 沿 (θ_r, φ_r) 方向的反射光谱辐射强度为

$$dI(\theta_i, \varphi_i; \theta_r, \varphi_r; \lambda) = dL_r(\theta_i, \varphi_i; \theta_r, \varphi_r; \lambda) dA \cos\theta_r \tag{8.6}$$

则面元 dA 在探测器入瞳处的光谱辐射通量为

$$d\Phi_{pupil}(\theta_i, \varphi_i; \theta_r, \varphi_r; \lambda) = dI(\theta_i, \varphi_i; \theta_r, \varphi_r; \lambda) d\Omega$$

$$= dI(\lambda) A_{pupil} \cos\theta_d / R^2 \tag{8.7}$$

式中,$d\Omega$ 为探测立体角,R 为探测距离,且 $d\Omega = A_{pupil} \cos\theta_d / R^2$。

面元 dA 在探测器入瞳处的光谱辐射照度为

$$dE_{pupil}(\theta_i, \varphi_i; \theta_r, \varphi_r; \lambda) = d\Phi_{pupil}(\theta_i, \varphi_i; \theta_r, \varphi_r; \lambda) / A_{pupil} \tag{8.8}$$

基于式(8.8)在目标的有效面元积分,得到空间目标在探测器入瞳处的光谱辐射照度:

$$E_{pupil}(\theta_{iequ}, \varphi_{iequ}; \theta_{requ}, \varphi_{requ}; \lambda)$$

$$= \sum_{n=1}^{N} dE_{pupil}(\theta_{in}, \varphi_{in}; \theta_{rn}, \varphi_{rn}; \lambda)$$

$$= \sum_{n=1}^{N} f_{rn}(\theta_{in}, \varphi_{in}; \theta_{rn}, \varphi_{rn}; \lambda) dA_n E_{sun}(\lambda) \cos\theta_{in} \cos\theta_{rn} \cos\theta_d / R^2$$

$$= E_{sun}(\lambda) \cos\theta_d / R^2 \sum_{n=1}^{N} f_{rn}(\theta_{in}, \varphi_{in}; \theta_{rn}, \varphi_{rn}; \lambda) dA_n \cos\theta_{in} \cos\theta_{rn} \tag{8.9}$$

式中,下标 n 代表第 n 个有效面元;N 代表有效面元数量;$f_{rn}(\theta_{in}, \varphi_{in}; \theta_{rn}, \varphi_{rn}; \lambda)$,$dA_n$,$\cos\theta_{in}$,$\cos\theta_{rn}$ 分别表示第 n 个有效面元的光谱 BRDF,有效面积,入射、出射矢量与面元法线矢量的夹角。注意到探测器入瞳处的光谱辐射照度 E_{pupil} 在表示角度信息时,采用了 $(\theta_{iequ}, \varphi_{iequ}; \theta_{requ}, \varphi_{requ}; \lambda)$,这是将复杂空间目标等效为平面时的入射光、反射光与等效平面法线矢量的夹角,称为"等效天顶角"和"等效方位角"。

基于探测器入瞳处的光谱辐射照度,可以得到目标的光谱反射率:

$$\rho(\theta_{iequ}, \varphi_{iequ}; \theta_{requ}, \varphi_{requ}; \lambda) = \frac{E_{pupil}(\theta_{iequ}, \varphi_{iequ}; \theta_{requ}, \varphi_{requ}; \lambda)}{E_{sun}(\lambda)}$$

$$= \frac{\cos\theta_d}{R^2} \sum_{n=1}^{N} f_{rn}(\theta_{in}, \varphi_{in}; \theta_{rn}, \varphi_{rn}; \lambda) dA_n \cos\theta_{in} \cos\theta_{rn}$$

$$\tag{8.10}$$

根据 4 种光谱的反射率定义可知,由式(8.10)得到的空间目标光谱反射率在本质上属于方向-方向光谱反射率。综上可以看出,在已知空间目标的三维模型的条件下,利用材质光谱 BRDF 模型可以建立空间目标的光谱 BRDF 模型,其准确性主要受材质光谱 BRDF 模型的影响,同时还可以得到空间目标的方向-方向光谱反射率。基于得到的探测器入瞳处的光谱辐射照度和光谱反射率数据,可以开展

表面材质、轨道、姿态、运行状态等对目标散射光谱影响的理论研究。

8.4　光谱 BRDF 模型对非分辨空间目标适用性问题

空间目标光谱 BRDF 模型既考虑了目标的亮度信息（探测器入瞳处的光谱辐射照度），又包含了目标的光谱形状信息（光谱反射率），光谱 BRDF 模型理论上是理想的描述空间目标的光谱散射模型。但是对于非分辨空间目标，该模型存在以下两方面问题：一是非分辨空间目标的光谱 BRDF 正向建模问题，主要包括褶皱材质的光谱 BRDF 建模问题和非分辨空间目标三维模型问题；二是通过光谱 BRDF 模型反向识别非分辨空间目标信息问题。下面对这两方面问题进行定性解释。

1）非分辨空间目标的光谱 BRDF 正向建模问题

为了保证空间目标在温度剧烈变化的空间中稳定运行，空间目标表面通常会包覆多层隔热（multi-layer insulation，MLI）材质，受空间目标外形结构和真空环境影响，这些包覆材质会出现不规则的褶皱现象（图 8.2），并且很难通过计算机仿真还原其实际中的光谱散射特性。比如由于褶皱程度的不同，即使是同一个卫星上的包覆膜部件，其光谱散射分布也有很大差异。

图 8.2　空间目标包覆材质

关于不规则褶皱对目标光学散射特性的影响，国内外公开可见的文献并不多。在工程实践中，可通过 3D Max 软件控制褶皱的起伏数量和起伏高度，模拟空间目标包覆材质褶皱形态，以研究不同褶皱情况对目标光学散射特性的影响。通过仿真发现，褶皱使目标的峰值散射变暗，但使探测器的可观测范围变大，由平整表面的 5°镜面反射角发散至褶皱表面的约 42°可观测反射角。利用搭建的实验系统，测量了金色聚酰亚胺在不同褶皱情况下的光谱辐射亮度，并转换为星等，定量分析不规则褶皱对其散射特性的影响。

从图 8.3 可以看出，当入射角为 45°时，金色聚酰亚胺平面的理论星等曲线平滑，在镜反射点 45°存在单一峰值；在进行不同程度的褶皱处理后，在反射角 50°附近存在一个主波峰，并在附近出现若干个小波峰。由此可见，褶皱程度不同，星等曲线的整体变化趋势也不同；当褶皱程度较高时，容易观察到明显的多峰现象。

因此，当考虑多层隔热材质的褶皱特性后，建立褶皱材质 BRDF 模型的难度加

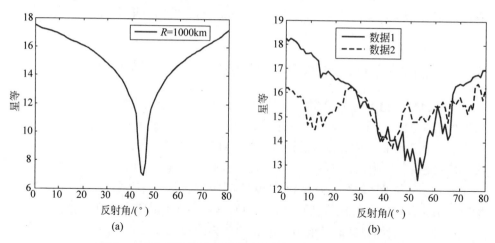

图 8.3　金色聚酰亚胺平面的理论和不同褶皱下的实际星等

(a) 平面理论星等；(b) 不同褶皱下的实际星等

大。同时，对于非分辨空间目标，其三维模型是未知的，无法准确正向建立非分辨空间目标的光谱 BRDF 模型。

2) 通过光谱 BRDF 模型反向识别非分辨空间目标信息问题

建立空间目标光谱模型的主要目的是进行非分辨空间目标的特征识别。国外已经开展基于地基望远镜的空间目标光谱探测。空间目标本身不发光，探测器接收到的光信号主要是空间目标反射的太阳光，因此理想的定标星是太阳，但是地基观测通常在夜间进行，无法直接对当时的太阳光谱进行观测，只能选择类太阳恒星作为参考星，该类恒星的光谱谱型与太阳类似。通常选用空间目标天区附近的类太阳恒星，测量目标反射的模数转换单位(analog digital unit，ADU)与类太阳恒星的原始 ADU，两者的比值即实测目标的光谱反射率：

$$R_{\text{sat}}(\lambda, t) = \frac{S_{\text{sat}}(\lambda, t)}{S_{\text{SA}}(\lambda)} \tag{8.11}$$

式中，$R_{\text{sat}}(\lambda, t)$ 代表 t 时刻空间目标的瞬时实测光谱反射率，$S_{\text{sat}}(\lambda, t)$ 是 t 时刻探测器接收的原始 ADU，$S_{\text{SA}}(\lambda)$ 是探测器接收的空间目标天区附近的类太阳恒星光谱原始 ADU。从式(8.11)可以看出，$R_{\text{sat}}(\lambda)$ 的本质是采用相对测量法得到的相对类太阳参考恒星的空间目标的方向-方向反射率，因此空间目标的光谱反射率属于方向-方向反射率。但是针对非分辨空间目标光谱实测数据中并不带有关于入射和出射角度的信息，通过轨道信息只能得到目标相位角的变化情况。现将式(8.10)和式(8.11)联立，即已知空间目标实测光谱发射率数据后，反演目标的材质和面积信息：

$$R_{\text{sat}}(\lambda, t) \frac{R^2}{\cos\theta_{\text{d}}} = \sum_{n=1}^{N} f_{rn}(\theta_{in}, \varphi_{in}; \theta_{rn}, \varphi_{rn}; \lambda) \mathrm{d}A_n \cos\theta_{in} \cos\theta_{rn}$$

$$= f_{\text{requ}}(\theta_{\text{iequ}}, \varphi_{\text{iequ}}; \theta_{\text{requ}}, \varphi_{\text{requ}}; \lambda) A_{\text{equ}} \cos\theta_{\text{iequ}} \cos\theta_{\text{requ}} \tag{8.12}$$

式中，$f_{\text{requ}}(\theta_{\text{iequ}},\varphi_{\text{iequ}};\theta_{\text{requ}},\varphi_{\text{requ}};\lambda)$ 和 A_{equ} 分别代表将复杂空间目标等效为平面时等效平面的光谱 BRDF 和等效面积。

由式(8.12)进一步联立空间目标 OCS 的计算公式，可得：

$$R_{\text{sat}}(\lambda,t)\frac{R^2}{\cos\theta_d} = f_{\text{requ}}(\theta_{\text{iequ}},\varphi_{\text{iequ}};\theta_{\text{requ}},\varphi_{\text{requ}};\lambda)A_{\text{equ}}\cos\theta_{\text{iequ}}\cos\theta_{\text{requ}}$$

$$= \text{OCS}(\theta_{\text{iequ}},\varphi_{\text{iequ}};\theta_{\text{requ}},\varphi_{\text{requ}};\lambda) \qquad (8.13)$$

式中，$\text{OCS}(\theta_{\text{iequ}},\varphi_{\text{iequ}};\theta_{\text{requ}},\varphi_{\text{requ}};\lambda)$ 代表空间目标等效平面的光谱散射截面面积。

通过上述分析可以看出，当已知空间目标的实测光谱反射率后，对于非分辨空间目标，由于其外形信息是未知的，从信息论的角度来看，即使建立了空间目标的材质光谱 BRDF 模型，也仅能得到目标的等效光谱散射截面 $\text{OCS}(\theta_i,\varphi_i;\theta_r,\varphi_r;\lambda)$，并不能反演得到目标本身的材质和面积等信息。虽然光谱 BRDF 模型同时包含目标的亮度信息和波谱信息，且其对于非分辨空间目标的识别并不是最理想的模型，但目前利用其进行材质级的光谱散射特性研究是可行的。

8.5　平均方向-方向光谱反射率模型

通过 8.4 节的分析可知，地基望远镜实测的空间目标光谱反射率是目标在某些特定观测方向的反射太阳光能量，可以近似为方向-方向光谱反射率数据。因此，本节将研究空间目标常用材质的方向-方向光谱反射率测量技术，利用光谱角距(spectral angle distance,SAD)来定量分析入射角和反射角对光谱反射率谱型的影响，在主要考虑反射光谱形状的前提下，提出利用不同角度下的方向-方向光谱反射率的平均值作为目标材质的光谱反射率，并对可行性进行分析，为非分辨空间目标识别提供数据基础。

8.5.1　空间目标常用材质及其散射类型分析

不同类型的空间目标形状、大小、表面材质型号等通常相差较大。美国 NASA JSC 建立了包含 300 多种空间目标常用材质的光谱反射率数据库[76-78]，实现了对不同材质型号的细分，具备了材质型号识别的能力。本书并没有建立如此完备的空间目标材质光谱反射率数据库，主要对卫星常用的几类材质方向-方向光谱反射率进行了测量。通常来说，卫星结构可以分为三大部分：卫星本体、太阳能帆板和有效载荷。卫星的结构材质广泛使用的是铝合金、钛合金，部分采用高强度钢材；为了维持卫星在高温、低温交变的空间环境中正常工作，卫星本体表面通常包覆具有特殊反射与辐射性能的多层隔热材质，主要以聚酰亚胺(polyimide,PI)类的包覆薄膜为主和以喷漆为辅的热控涂层，部分空间目标安装光学太阳反射镜(optical solar reflector,OSR)用于关键部位的反光；太阳能帆板目前广泛采用的是三结砷化镓(GaAs)太阳能电池，但是部分早期卫星采用的是硅(Si)太阳能电池，其背面采用复合材质铝蒙皮蜂窝板或者柔性太阳能基底。卫星的有效载荷种类多样,但是表面可见的载荷表面通常喷涂有机涂漆(以有机白漆为主),盘状天线通常采用碳纤维加强的铝蜂窝板或者钛合金。为表述方便,表 8.1 给出了空间目标的典型结构和材质信息。

表 8.1　空间目标的典型结构和材质信息

部件信息	位置	典型材质
多层隔热材质 MLI	卫星最外面包覆材质	PI 薄膜(金色、银色、黑色)
鞭状天线	卫星外	铝合金,部分喷涂有机白漆
盘状天线	卫星外	碳纤维加强铝蜂窝板、钛合金
卫星本体结构	卫星本体外壳	铝合金、铝蒙皮蜂窝板
玻璃二次表面镜	卫星外	OSR
控制单元	卫星内部	铝、印刷电路板(printed circuit board,PCB)
燃料箱	卫星内部	铝合金、钛合金、碳纤维
喷涂隔热材料	卫星外	有机喷漆(有机白漆、黑漆、环氧漆、钛青蓝漆)
太阳能帆板	卫星外	GaAs/Si

表 8.1 包含部分空间目标的内部材质,主要考虑到空间碎片中包含空间目标的内部材质类型。总结起来,空间目标的典型材质可以分为四大类:合金类、包覆材质类、太阳能帆板类、热控涂层类。按照每种材质的 BRDF 特性,可以大体归为两大类:以镜面反射为主的镜反射类材质和以漫反射为主的漫反射类型材质。镜反射类材质主要包括包覆材质、太阳能帆板和部分抛光合金;漫反射类材质主要是各种热控涂层材质,包括有机喷漆类、碳纤维和部分氧化合金等。

8.5.2　方向-方向光谱反射率测量

同材质 BRDF 测量一样,光谱反射率的测量方法主要分为两种:绝对测量法和相对测量法。绝对测量法指在不使用任何参考标准的情况下直接测出反射光谱的辐射亮度和入射光谱辐射照度,求两者的比值,在测量过程中光源功率的不稳定、光束质量变化、探测器的不稳定等都会对测量结果产生影响,并且对光谱亮度计和光谱照度计的精度要求较高,其原理如式(8.1)所示;相对测量法是利用已知光谱反射率的参考标准板与待测材质做比较的测量,这在很大程度上消除了光源、探测器不稳定等因素的影响,在式(8.11)中,空间目标的实测光谱反射率采用的就是相对测量法。本书采用相对测量法测量材质的方向-方向反射率。

光谱反射率的实验测量系统如图 8.4 所示,主要由 REFLET 180S 和 ASD (analytical sepctral devices) FieldSpec@4 光纤光谱仪组成。由于 REFLET 180S 是高精度自动化测量样片散射 BRDF 的测量系统,其角度控制精度为 0.01°,并且可以提供稳定光源和黑暗背景,因此被选用作为光源和转台控制系统。FieldSpec@4

光纤光谱仪具有高光谱分辨率($3\mathrm{nm}@700\mathrm{nm}$,$10\mathrm{nm}@1400/2100\mathrm{nm}$)和宽光谱范围的优点($350\sim2500\mathrm{nm}$),美国 NASA JSC 建立的材质光谱数据库采用的就是 FieldSpec@4 光纤光谱仪,因此本实验中同样选用 FieldSpec@4 作为光谱探测器。考虑到 REFLET 180S 内置光源的光谱范围(在 1800nm 以上能量较弱),本次实验测量的波长范围为 $400\sim1800\mathrm{nm}$。

(a)　　　　　　　　　　　　　　　　(b)

图 8.4　材质光谱反射率测量系统

(a) 光谱反射率实验测量系统；(b) 内部转台

根据材质 BRDF 特性的不同,漫反射类和镜反射类材质采用不同的定标体。对于漫反射类的材质,采用聚四氟乙烯(F4)压制的白板作为定标体；对于镜反射类的材质,若采用常规的聚四氟乙烯(F4)压制的白板,在镜反射方向附近的反射光能量将会超过 ASD 探测阈值,造成光谱失真,因此实验中采用 REFLET 180S 配备的由美国计量院标定的标准平面反射镜作为定标体。相对测量法测量光谱反射率的原理：设入射角为(θ_i,φ_i),反射角为(θ_r,φ_r),且满足 $\varphi_r-\varphi_i=180°$,即只测量入射平面的光谱反射率,不考虑方位角对测量结果的影响；ASD 测量的待测材质的光谱原始灰度(digital number,DN)为 $\mathrm{DN}_{\mathrm{material}}(\theta_i,\theta_r)$,定标体在镜反射方向上的 DN 为 $\mathrm{DN}_{\mathrm{cal}}(\theta_i,\theta_i)$,则待测材质在$(\theta_i,\theta_r)$方向上的光谱反射率 $\rho(\theta_i,\theta_r)$ 为

$$\rho(\theta_i,\theta_r)=\frac{\mathrm{DN}_{\mathrm{material}}(\theta_i,\theta_r)}{\mathrm{DN}_{\mathrm{cal}}(\theta_i,\theta_i)} \tag{8.14}$$

从式(8.14)可以看出,定标体只测量了镜反角度下的 DN,与方向-方向光谱反射率相比,测量过程只考虑了入射平面内的光谱反射情况,将光谱反射率简化为随入射天顶角 θ_i 和反射天顶角 θ_r 变化的量,简化方位角的影响,并且不同散射类型、材质类型采用了不同的定标体。因此,该方法得到的是相对方向-方向光谱反射率。为方便描述,在不引起歧义的情况下,仍将相对方向-方向光谱反射率简称为"光谱反射率"。

实验测量采用逐点测量的方法。由于镜反射类的材质 BRDF 半高全宽(full width at half maximum,FWHM)很窄,应对金色聚酰亚胺薄膜、银色聚酰亚胺薄膜、三结 GaAs、硅帆板、OSR、钛合金加密测量角度。测量入射角 θ_i 选取 $5°$、$15°$、

$30°$、$45°$、$60°$，反射角 $\theta_r = \theta_i \pm 3°$，角度间隔为 $0.1°$；其余材质主要以漫反射为主，入射角 θ_i 选取 $30°$、$45°$，反射角固定为 $2° \sim 60°$，角度间隔为 $2°$。光谱反射率的测量流程如图 8.5 所示。

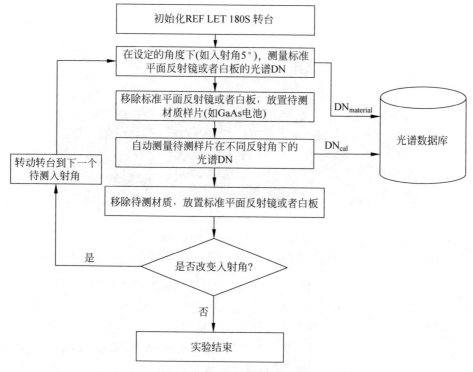

图 8.5　光谱反射率测量流程

采用相对测量法，在测量材质样片和定标体光谱 DN 的过程中，光源、ASD 光谱仪响应函数和系统误差是一致的，因此根据式(8.14)计算的样片的光谱反射率与光源无关，可以用来表征材质样片的光谱反射特性。

1. 光谱反射率谱型随角度变化规律研究

空间目标表面材质虽然多样，但仍以包覆材质、太阳能电池和涂漆三大类为主。涂漆类材质属于典型漫反射类材质，具有较宽的探测角度范围，其光谱反射率随角度变化不明显，因此本节主要针对金色聚酰亚胺、银色聚酰亚胺、Si 太阳能电池板和三结 GaAs 的光谱反射特性进行定量分析。

图 8.6 为这 4 种材质在入射角为 $30°$时的光谱反射率曲线。

从图 8.6 中可以初步得出以下结论：

（1）利用标准平面反射镜定标测量聚酰亚胺薄膜，光谱反射率在镜反射角时接近 0.9，而太阳能电池的光谱反射率则在 0.2 左右，说明两种聚酰亚胺薄膜相比太阳能电池具有更强的镜面反射特性；

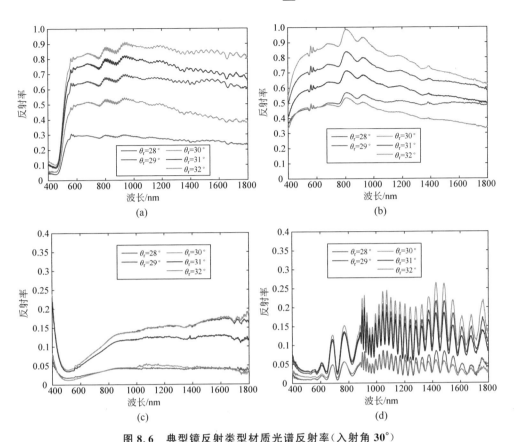

图 8.6　典型镜反射类型材质光谱反射率(入射角 30°)

(a) 金色聚酰亚胺薄膜;(b) 银色聚酰亚胺薄膜;(c) Si 太阳能电池板;(d) 三结 GaAs 太阳能电池

　　(2) 4 种材质的光谱曲线谱型差别较大,每种材质的光谱谱型都具有一定特殊性。金色聚酰亚胺薄膜的光谱反射率在波长为 400~470nm 时较低,在 460nm 存在明显拐点,在 470~570nm 时迅速升高,光谱的一阶导数特征明显;在 570nm 以后基本保持稳定,这与金色聚酰亚胺薄膜呈现金黄色(黄色的光谱范围为 570~590nm)的外观一致;同时发现光谱反射率在波长为 590~1000nm 时出现了一种类正(余)弦周期性振荡,但是振荡幅度较小,且在 1000nm 以后不再明显。对于该问题,文献[79]利用等倾干涉产生的光程差拟合光谱,通过分析模拟光谱和实测光谱条纹间隔的相关性,得出产生上述问题的原因是金色聚酰亚胺介质上下表面发生等倾干涉。银色聚酰亚胺的光谱反射率从 400nm 开始逐渐上升,在 460nm 附近存在一个吸收峰,这和铝的光谱特性相似。因此,该银色聚酰亚胺是镀铝聚酰亚胺复合材料。通过金色聚酰亚胺和银色聚酰亚胺的光谱反射特性发现,聚酰亚胺薄膜在 460nm 左右存在明显拐点,这是典型的以聚酰亚胺为主的 MLI 材质的光谱吸收特性。Si 太阳能电池的光谱反射率从 400nm 开始快速下降,在 480nm 左右存在明显拐点,随后逐渐升高,在 800nm 后趋于稳定。三结 GaAs 电池的反射光谱曲线在可见光波段为 600～850nm 时，均出现了 3 个明显吸收峰，900nm 后出现了明显的类正(余)弦曲线的周期性震荡特征，振幅比金色聚酰亚胺大得多；而硅帆板则没有这些光谱特性，因此推测该特性是三结 GaAs 电池固有的光谱特性。

(3) 光谱反射率的幅值随着反射角偏离镜反方向逐渐减小，虽然光谱曲线的谱型基本一致，但是仍然存在差异，下面将采用光谱角距离(spectral angle distance，SAD)定量描述光谱谱型随入射和出射角度的变化规律。

本书由于采用了两种不同的定标体，得到的光谱反射率幅值是相对量而不是绝对量，不能对比不同定标体的光谱反射率幅值，而应该重点关注波长维度的信息(谱型)。

光谱相似性度量主要用于光谱匹配、地物的分类、混合像元分解等。常用的光谱相似性度量方法按照分类标准的不同可以分为四大类：基于距离的光谱相似性度量方法、基于投影的光谱相似性度量方法、基于信息测度的光谱相似性度量方法、基于统计特性的光谱相似性度量方法[80]。由于光谱曲线的幅值和形状分别对应向量在欧几里得空间中的长度和方向，乘性因子仅引起向量长度的变化，并不改变向量的方向。SAD 对光谱的形状差异敏感，对光谱幅值差异不敏感，是一种常用的比较光谱形状的光谱相似性度量方法。本节主要分析同种材质的光谱反射率形状在不同入射角和出射角之间的差异，因此采用 SAD 来定量描述光谱反射率随角度的变化规律。

将两条光谱曲线看作二维空间的向量，通过计算向量的广义夹角来表征其相似程度：夹角越小，相似程度越高。设待比较的两条光谱曲线分别为 $\boldsymbol{x}$ 和 $\boldsymbol{y}$，且 $\boldsymbol{x}=[x_1,x_2,\cdots,x_n],\boldsymbol{y}=[y_1,y_2,\cdots,y_n]$。其中，$n$ 为波段数，则光谱曲线 $\boldsymbol{x}$ 和 $\boldsymbol{y}$ 的夹角用反余弦表示：

$$\mathrm{SAD}(\boldsymbol{x},\boldsymbol{y})=\arccos\left(\frac{\langle\boldsymbol{x},\boldsymbol{y}\rangle}{|\boldsymbol{x}|\cdot|\boldsymbol{y}|}\right)=\arccos\left(\frac{\sum\limits_{i=1}^{n}x_i\cdot y_i}{\sqrt{\sum\limits_{i=1}^{n}x_i^2}\cdot\sqrt{\sum\limits_{i=1}^{n}y_i^2}}\right) \quad (8.15)$$

式中，SAD 越小，其余弦值越大，两光谱曲线的形状越相似。

下面从两个方面比较光谱反射率谱型随角度的变化情况。

1) 相同入射角条件下 SAD 随反射角的变化情况

以镜反方向为基准光谱，分析反射角逐渐偏离镜反方向时 SAD 的变化，以入射角 30° 为例，SAD 随反射角的变化规律如图 8.7 所示。

从图 8.7(a)可以看出，SAD 基本呈现以镜反射角 30° 为中心，偏离镜反射方向对称增大的现象；从图 8.7(b)可以看出，太阳能电池 SAD 的最大值和平均值比两种包覆材质大，说明太阳能电池的光谱形状受反射角变化的影响比包覆材质大。但是 4 种材质的 SAD 均值都比较小，当镜反角度偏离 2° 以内时，SAD 均在 0.1 以内，说明这 4 种材质的光谱反射率形状基本稳定。

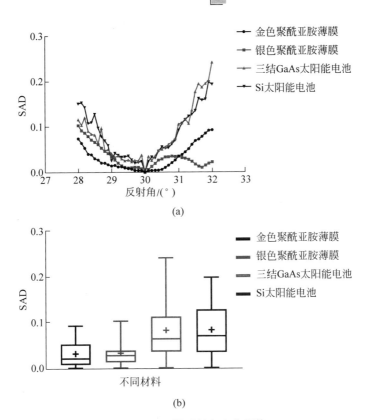

图 8.7 SAD 随反射角变化规律

(a) SAD 随反射角变化(镜反射角 30°为基准);(b) SAD 四分位图

2) 镜反方向,SAD 随不同入射角的变化情况

以入射角为 30°时的镜反方向光谱反射率为基准,分析 SAD 在不同材质的镜反射方向随入射角的变化情况,如图 8.8 所示。

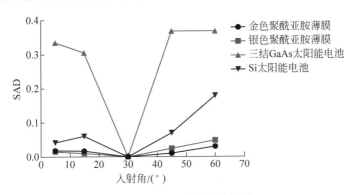

图 8.8 SAD 随入射角的变化情况

从图 8.8 可以看出,以 30°镜反方向为基准,三结 GaAs 电池的 SAD 基本都大于 0.3,而其他 3 种材质的 SAD 基本都在 0.1 以内,原因是三结 GaAs 的光谱反射率曲线形状复杂,存在 3 个吸收峰和近红外震荡现象,复杂的光谱形状导致其受入射角影响比其他 3 种材质更大。

通过以上分析,不同材质的光谱反射率曲线形状受入射角和反射角变化影响不同,相对于其他 3 种材质,三结 GaAs 的光谱形状受角度影响更大。

2. 平均光谱反射率

为进一步简化方向-方向光谱反射率中的角度信息,利用每种材质的方向-方向光谱反射率的平均值作为该材质的光谱反射率。图 8.9 为 16 种材质的平均光谱反射率。

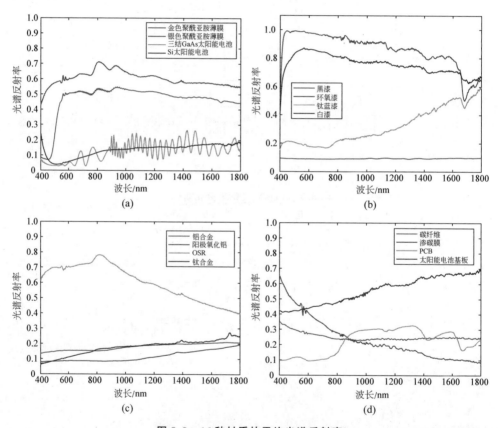

图 8.9 16 种材质的平均光谱反射率

(a) 包覆材质和太阳能电池;(b) 不同类型涂漆;(c) 合金类和 OSR;(d) 碳纤维、渗碳膜、PCB、电池基板

从图 8.9(b)可以看出,有机白漆和环氧漆光谱的曲线谱型相似,典型的光谱特征在 400nm 开始出现,光谱反射率迅速升高,光谱一阶导数的特征明显,由于 C—H 的存在,在 1700nm 左右出现明显的吸收光谱特性,并且该吸收特性在钛青蓝漆中同样存在,说明在钛青蓝漆中同样存在 C—H;而黑漆光谱特性不明显,基

本呈现低反射率的水平线。

从图 8.9(c)可以看出,铝合金在 800nm 存在光谱吸收峰,但是氧化铝的该特征就不明显;OSR 和银色聚酰亚胺的光谱形状相似,主要是与 OSR 表面镀银膜材质有关。

从图 8.9(d)可以看出,PCB 板在可见光波段 550nm 处存在一个反射峰,导致 PCB 板的主要颜色为绿色(495～570nm),并且在 1450nm 和 1700nm 附近存在两个明显吸收峰,可以作为 PCB 板典型的光谱特征;渗碳膜和碳纤维光谱的反射率曲线类似,都呈现缓慢下降趋势;而太阳能柔性基底光谱的反射率曲线逐渐上升,没有明显的光谱特征。

为定量分析采用平均光谱反射率后不同材质光谱反射率谱型的变化,以金色聚酰亚胺、银色聚酰亚胺、三结 GaAs 和 Si 太阳能电池板 4 种材质为例,给出平均光谱反射率与不同角度下的测量光谱反射率的 SAD,如图 8.10 所示。

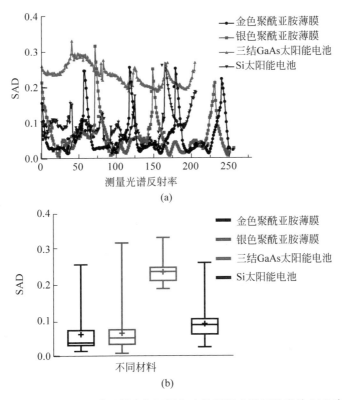

图 8.10　不同材质平均光谱反射率与不同角度的测量光谱反射率的 SAD 变化曲线

(a) 平均光谱反射率与不同角度下的测量光谱反射率的 SAD; (b) SAD 变化四分位图

从图 8.10 可以看出,采用平均光谱反射率后,除了三结 GaAs 外,平均光谱反射率与不同角度下的测量光谱反射率曲线的 SAD 平均值基本在 0.1 以内,而 GaAs 的 SAD 平均值在 0.25 左右,说明平均光谱反射率基本考虑了不同角度对光谱反射率形状的综合影响,利用平均光谱反射率表征材质不同角度下的光谱反射特性是可行的。

在分析三结 GaAs 的光谱反射率时发现,其平均光谱反射率与不同角度下的测量光谱反射率曲线的 SAD 明显偏大,说明该材质的光谱反射率与角度关联很大。

第 9 章

基于光谱特性数据的空间目标材质识别技术

第 9 章图片

空间目标的光谱反射率消除了太阳光谱的影响,表征的是目标固有的光谱特性,可用于分析目标表面的材质组成。除单一材质目标(部分碎片)外,光学设备探测到的光谱数据都是多种材质共同作用的结果,观测到的光谱数据是混合光谱。根据光谱仪分辨率的不同,光谱数据分为多光谱(multispetctral)、高光谱(hyperspetctral)和超光谱(ultraspetctral),本书使用 ASD FieldSpec 4(Std-Res)光纤光谱仪,其光谱分辨率为 3nm@700nm,10nm@1400/2100nm,可测量的光谱范围为 350~2500nm,是目前国际上普遍采用的空间目标光谱测量设备。因此,实验测量的光谱数据是高光谱数据。从混合光谱中提取目标的材质信息对于非分辨空间目标材质识别、外形结构等特征的识别具有重要意义。

光谱解混的概念最早是在高光谱遥感领域提出的。高光谱图像的空间分辨率较低,导致每个像元可能同时包含多个基本地物的光谱信息,该像元被称为"混合像元"。大量混合像元的存在阻碍了高光谱图像分析技术的应用和发展。因此,从混合像元中提取基本地物和计算各个基本地物在混合像元中所占的比例成为高光谱图像分析的关键预处理技术,即"高光谱解混"(hyperspectral unmixing,HU)算法。提取混合像元中包含的基本地物被称为"端元提取";计算每种基本地物所占的比例(丰度)被称为"丰度估计"或"丰度反演"。经过几十年的发展,遥感领域的高光谱解混算法已经比较成熟,可以为非分辨空间高光谱解混提供重要的理论支撑。但需要指出的是,高光谱遥感的混合像元是因为其空间分辨率较低,造成瞬时视场内有多个混合像元;而空间目标混合光谱是时序光谱数据,这与高光谱遥感数据有本质的区别。因此,高光谱遥感领域成熟的算法并不能直接照搬,下文将在遥感高光谱解混算法的基础上提出符合空间目标光谱的解混算法。目前公开的文献中对于时序光谱解混的研究较少,为了与遥感领域统一,仍用高光谱解混、端元提取和丰度估计来描述空间目标的光谱解混过程。

9.1　时序光谱线性混合模型

空间目标的时序光谱模型并没有严格的理论推导,它与高光谱遥感光谱模型的共性和不同之处也没有相关说明,缺少研究的理论基础。本章先来推导空间目标的时序光谱混合模型。

首先给出空间目标光谱反射率的表达式:

$$\rho(\lambda,t) = \frac{\cos\theta_d}{R^2} \sum_{n=1}^{N} f_{rn}(\theta_{in},\varphi_{in};\theta_{rn},\varphi_{rn};\lambda) dA_n \cos\theta_{in}\cos\theta_{rn} \tag{9.1}$$

利用式(9.1)只能得到目标的等效光谱散射截面,并不能得到目标表面的材质信息。现在将式(9.1)进行简化处理。通过简化角度信息,得到:

$$\rho(\lambda,t) = \frac{\cos\theta_d}{R^2} \sum_{n=1}^{N} f_{rn}(\theta_{in},\varphi_{in};\theta_{rn},\varphi_{rn};\lambda) dA_{equ,n} \tag{9.2}$$

式中,$dA_{equ,n} = dA_n \cos\theta_{in}\cos\theta_{rn}$,称为第 n 个面元的"等效面积"。

进一步利用材质的平均光谱反射率代替材质光谱 BRDF,得到:

$$\rho(\lambda,t) = \frac{\cos\theta_d}{R^2} \sum_{n=1}^{N} \rho'_n(\lambda) dA_{equ,n}\alpha(\theta_{in},\varphi_{in};\theta_{rn},\varphi_{rn};\lambda) \tag{9.3}$$

式中,$\rho'_n(\lambda)$ 是第 n 种材质的平均光谱反射率,$\alpha_n(\theta_{in},\varphi_{in};\theta_{rn},\varphi_{rn};\lambda)$ 是第 n 种材质光谱 BRDF 归一化为平均反射率 $\rho'_n(\lambda)$ 的调制系数,且满足:

$$\alpha_n(\theta_{in},\varphi_{in};\theta_{rn},\varphi_{rn};\lambda) = \frac{f_{rn}(\theta_{in},\varphi_{in};\theta_{rn},\varphi_{rn};\lambda)}{\rho'_n(\lambda)} \tag{9.4}$$

进一步将探测器偏角 $\cos\theta_d$ 和探测距离 R 归一化到式(9.3),得到:

$$\begin{aligned}
\rho(\lambda,t) &= \sum_{n=1}^{N} \rho'_n(\lambda) dA_{equ,n}\alpha_n(\theta_{in},\varphi_{in};\theta_{rn},\varphi_{rn};\lambda) \frac{\cos\theta_d}{R^2} \\
&= \sum_{n=1}^{N} \rho'_n(\lambda)\alpha'_n
\end{aligned} \tag{9.5}$$

在对空间目标的实测光谱数据进行材质分析时,通常要进行归一化处理,得到目标归一化的光谱反射率。其目的是基于光谱反射率的谱型分析材质组成,消除光谱反射率幅值对结果的影响。本书采用的归一化方法是基于固定波长的归一化方法,即将全谱段光谱反射率除以某一固定波长的光谱反射率,归一化波长选取为650nm。光谱反射率归一化的重要作用将在 9.2 节由相关的仿真实验证明。将式(9.5)中对目标光谱反射率 $\rho(\lambda,t)$ 和材质的平均光谱反射率 $\rho'_n(\lambda)$ 进行归一化处理,得到:

$$\rho(\lambda,t)_{normalized} = \sum_{n=1}^{N} \rho'_n(\lambda)_{normalized}\beta_n \tag{9.6}$$

式中,β_n 即为第 n 种材质在混合光谱中归一化调制系数,其表达式为

$$\beta_n = \eta \cdot \mathrm{d}A_{\mathrm{equ},n} \frac{f_{\mathrm{r}n}(\theta_{\mathrm{in}}, \varphi_{\mathrm{in}}; \theta_{\mathrm{r}n}, \varphi_{\mathrm{r}n}; \lambda)}{\rho'_n(\lambda)} \frac{\cos\theta_{\mathrm{d}}}{R^2} \tag{9.7}$$

式中,η 为归一化系数,从式(9.7)可以看出,此时的 β_n 并不单纯是该材质的面积信息,这是特别需要注意的认识误区。根据式(9.6)得到的 β_n 是光谱 BRDF 中的幅值和角度信息、有效面元信息、入射光和反射光角度信息、探测器偏角和探测距离信息的融合。该表达式十分复杂,虽然 β_n 不是材质的实际面积,但是仍然与面积相关,对于解算空间目标的面积具有一定的借鉴意义。同时,β_n 的变化规律同样与目标运行状态相关。

按照光谱混合方式的不同,遥感领域的光谱解混模型主要分为两类:线性混合模型(linear mixing model,LMM)和非线性混合模型。LMM 具有简单、高效、物理意义清晰等优点,被广泛用于解决光谱解混问题。从式(9.5)可以看出,空间目标的光谱模型也属于线性混合模型。从空间目标的观测角度来看,混合光谱就是空间目标中的不同材质的光谱按照不同比例混合后共同作用的结果。因此,空间目标的时序光谱解混从形式上看与遥感领域的高光谱解混一致,这为时序光谱解混提供了依据。

在时序光谱线性混合模型的推导过程中,没有加入观测噪声,现在加入观测噪声,得到含有观测噪声的光谱混合模型:

$$\rho(\lambda, t) = \sum_{i=1}^{p} \rho'_i(\lambda)\beta_i + e \tag{9.8}$$

式中,e 表示观测噪声,下标 i 代表第 i 种材质,材质数目为 p。观测光谱 $\rho(\lambda, t)$ 和材质光谱 $\rho'_i(\lambda)$ 有相同的波段数,设波段数为 m,为了更好地理解光谱混合模型,现将式(9.8)展开:

$$
\begin{bmatrix} \rho(1,1) \\ \rho(2,1) \\ \vdots \\ \rho(k,1) \\ \vdots \\ \rho(m,1) \end{bmatrix}
=
\begin{bmatrix} \rho'(1,1) & \rho'(1,i) & \cdots & \rho'(1,p) \\ \rho'(2,1) & \rho'(2,i) & \cdots & \rho'(2,p) \\ \vdots & \vdots & \vdots & \vdots \\ \rho'(k,1) & \rho'(k,i) & \cdots & \rho'(k,p) \\ \vdots & \vdots & \vdots & \vdots \\ \rho'(m,1) & \rho'(m,i) & \cdots & \rho'(m,p) \end{bmatrix}
\cdot
\begin{bmatrix} \beta(1,1) \\ \beta(2,1) \\ \vdots \\ \beta(i,1) \\ \vdots \\ \beta(p,1) \end{bmatrix}
+
\begin{bmatrix} e(1,1) \\ e(2,1) \\ \vdots \\ e(k,1) \\ \vdots \\ e(m,1) \end{bmatrix}
\tag{9.9}
$$

式中,$\rho(k,1)$ 表示在第 k 个波段测量的混合光谱反射率,$\rho'(k,i)$ 表示第 i 种材质在第 k 个波段的光谱反射率,$\beta(i,1)$ 表示第 i 种材质的归一化调制系数,$e(k,1)$ 表示在第 k 个波段的噪声。在式(9.9)中,光谱波段数一般是远大于材质数目的,即 $m \gg p$,例如 ASD 光谱仪在全谱段的波段数 $m=717$。可以看出,式(9.9)本质上是一个超定方程组,通常没有精确解,所求的解为最小二乘解。

为与高光谱遥感混合光谱表达式的形式一致,仍将 β_n 称为"丰度",令 x 表示 t 时刻的观测光谱,A 表示端元矩阵,s 表示丰度向量,将式(9.8)式(9.9)改写成矩阵

形式:

$$x = As + e \tag{9.10}$$

其中,

$$A = \begin{bmatrix} \rho'(1,1) & \rho'(1,i) & \cdots & \rho'(1,p) \\ \rho'(2,1) & \rho'(2,i) & \cdots & \rho'(2,p) \\ \vdots & \vdots & \vdots & \vdots \\ \rho'(k,1) & \rho'(k,i) & \cdots & \rho'(k,p) \\ \vdots & \vdots & \vdots & \vdots \\ \rho'(m,1) & \rho'(m,i) & \cdots & \rho'(m,p) \end{bmatrix} = (a_1, a_2, \cdots, a_p),$$

$$s = \begin{bmatrix} \beta(1,1) \\ \beta(2,1) \\ \vdots \\ \beta(i,1) \\ \vdots \\ \beta(p,1) \end{bmatrix} = (s_1, s_2, \cdots, s_p)^{\mathrm{T}} \tag{9.11}$$

这个模型在理论上从丰度分数的角度看存在两个物理约束:丰度非负约束(abundance nonnegativity constraint, ANC)与丰度和为 1 约束(abundance sum to one constraint, ASC),其表达式为

$$s_i \geqslant 0, \quad 1 \leqslant i \leqslant p \tag{9.12}$$

$$\sum_{i=1}^{p} s_i = 1 \tag{9.13}$$

当对空间目标光谱进行连续观测时,即在时域对式(9.11)进行拓展,设 x_i($1 \leqslant t \leqslant n$),则式(9.10)变为

$$X = AS + E \tag{9.14}$$

式中,$X = [x_1, x_2, \cdots, x_n]$,$S = [s_1, s_2, \cdots, s_n]$,$E = [e_1, e_2, \cdots, e_n]$,$X$ 称为"观测光谱矩阵",S 称为"丰度矩阵",E 称为"噪声矩阵"。

光谱解混通常包含两个步骤:端元提取和丰度估计。端元提取即确定混合光谱中存在的基本空间目标的材质光谱信息;丰度估计即计算各材质在混合光谱中所占比例的过程。当端元矩阵 A 完全已知时,光谱解混问题就变为只需要进行丰度估计即可,比如美国在对 GEO 空间目标表面材质类型进行分析时,通常直接采用非负最小二乘函数[32-33,113]进行丰度估计,这主要得益于其完备的空间目标材质光谱数据库。当具有不同型号级别细分的材质光谱数据库时,光谱解混过程基本属于端元矩阵 A 完全已知的理想情况。由于国外并没有详细介绍其丰度估计过程,国内对在端元矩阵 A 完全已知时的丰度估计过程没有统一的流程规范,对观测光谱数据是否需要进行归一化预处理这一问题上的研究仍不够深入。部分研究人员采用归一化观测光谱数据进行丰度估计;另一部分研究人员直接利用观测

光谱数据进行丰度估计,再将丰度向量归一化。何种归一化方法得到的丰度更接近于真实丰度是首先需要研究的问题。当端元矩阵 A 仅部分已知或者完全未知时,光谱解混就必须首先进行端元提取,然后利用提取端元和部分已知的材质光谱信息进行丰度估计。对于重点关注的空间目标,当具有多次观测光谱数据后,受限于没有材质光谱数据库或者现有材质光谱数据库种类不全,缺少某些特殊类型的材质,导致光谱解混结果不理想,无法提取目标表面的主要材质信息,进而无法对该目标所属类型和主要功能进行估计,这时就需要首先提取端元的光谱信息。

本章将针对以上两个问题进行研究:一是研究已知端元矩阵 A 时丰度估计规范化问题,利用合成光谱分析两种归一化方法对丰度估计的影响,明确适用于空间目标材质丰度估计的归一化方法;二是基于观测光谱数据开展端元提取研究,以应对具有特殊材质类型的非分辨空间目标表面的材质识别。

9.2　光谱解混归一化问题

从式(9.14)来看,空间目标的光谱线性混合模型形式简单,当端元矩阵 A 完全已知时,直接利用最小二乘法(least squares method,LSM)算法即可求得丰度矩阵 S。根据光谱解混时其对丰度是否具有约束性,相关算法可以分为无约束最小二乘(unconstrained least squares,ULS)算法、和为 1 约束最小二乘(sum-to-one constrained least squares,SCLS)算法,非负约束最小二乘(nonnegative constrained least squares,NCLS)算法和全约束(非负且和为 1)最小二乘法(full constrained least squares,FCLS)算法。对于空间目标的光谱解混丰度估计,丰度元素不能为负,即必须严格遵守 ANC,因此本书只讨论 NCLS 算法。

9.2.1　NCLS 算法

在 ANC 下可以得到:

$$\begin{cases} x = As + n \\ s_i \geqslant 0, (1 \leqslant i \leqslant p) \end{cases} \tag{9.15}$$

此时,无约束最小二乘问题变成了非负约束最小二乘问题:

$$\min(x - As)^{\mathrm{T}}(x - As), \quad s_i \geqslant 0 \tag{9.16}$$

构造一个拉格朗日乘数,则有:

$$J = \frac{1}{2}(x - As)^{\mathrm{T}}(x - As) + \lambda(s - c) \tag{9.17}$$

式中,$\lambda = (\lambda_1, \lambda_2, \cdots, \lambda_p)^{\mathrm{T}}$。令 $s = c$,由 $\partial J / \partial x = 0$ 可以推出:

$$A^{\mathrm{T}}A\hat{s}_{\mathrm{NCLS}} - A^{\mathrm{T}}x + \lambda = 0 \tag{9.18}$$

由此可以推出两个方程求解 NCLS 问题:

$$\hat{s}_{\mathrm{NCLS}} = (A^{\mathrm{T}}A)^{-1}A^{\mathrm{T}}x - (A^{\mathrm{T}}A)^{-1}\lambda = \hat{s}_{\mathrm{LS}} - (A^{\mathrm{T}}A)^{-1}\lambda \tag{9.19}$$

$$\lambda = \boldsymbol{A}^{\mathrm{T}}(\boldsymbol{x} - \boldsymbol{A}\hat{\boldsymbol{s}}_{\mathrm{NCLS}}) \tag{9.20}$$

式中,$\hat{\boldsymbol{s}}_{\mathrm{NCLS}}$ 和 $\hat{\boldsymbol{s}}_{\mathrm{LS}}$ 分别代表非负约束最小二乘解和无约束最小二乘解。可以看出这是一个迭代关系式,必须有结束条件,即当所有的 $s_i(1 \leqslant i \leqslant p)$ 满足条件时停止迭代。在此引入一个主动集合 P 和被动集合 R,其中 P 标记所有 $\hat{\boldsymbol{s}}_{\mathrm{LS}}$ 中的正值,R 标记所有被用于迭代过程式(9.19)和式(9.20)中的 $\hat{\boldsymbol{s}}_{\mathrm{LS}}$ 中的非正值。当迭代结束时,所有拉格朗日乘数 λ 必须满足卡罗需-库恩-塔克条件(Karush-Kuhn-Tucker conditions,KKT):

$$\begin{cases} \lambda_i = 0, & i \in P \\ \lambda_i < 0, & i \in R \end{cases} \tag{9.21}$$

利用式(9.21),NCLS 算法能够从 P 个端元光谱中选择有效的数据来构建主动集合 P。正是这种选择过程使得 ANC 对 NCLS 算法和 FCLS 算法的实施极为重要和有利。

FCLS 算法在 NCLS 算法的基础上,同时考虑了 ASC,只需要用新的观测光谱 $\tilde{\boldsymbol{x}}$ 和端元矩阵 $\widetilde{\boldsymbol{A}}$ 替换 NCLS 算法中的观测光谱 $\boldsymbol{x}$ 和端元矩阵 $\boldsymbol{A}$:

$$\tilde{\boldsymbol{x}} = \begin{bmatrix} \boldsymbol{x} \\ \delta \boldsymbol{I} \end{bmatrix}, \quad \widetilde{\boldsymbol{A}} = \begin{bmatrix} \boldsymbol{A} \\ \delta \boldsymbol{I}_p \end{bmatrix} \tag{9.22}$$

式中,$\boldsymbol{I}$ 是 $p \times 1$ 维全 1 向量,$\boldsymbol{I} = (1,1,\cdots,1)^{\mathrm{T}}$;$\delta$ 用来控制 ASC 收敛速度。δ 越大,ASC 越强,精度越高,收敛速度越慢。实际应用中考虑到端元矩阵 $\boldsymbol{A}$ 中不一定包含所有端元光谱,不能强制施加 ASC,本书主要基于 NCLS 算法开展丰度估计研究。

为了评估解混的精度,定义相对残差 ε 为绝对残差(实测光谱与解混光谱之差)的 2 范数与实测光谱 2 范数的比值,公式为

$$\varepsilon = \frac{\| \boldsymbol{x} - \boldsymbol{A}\boldsymbol{s} \|_{\mathrm{F}}^2}{\| \boldsymbol{x} \|_{\mathrm{F}}^2} \tag{9.23}$$

9.2.2 合成光谱与评价标准

利用合成光谱开展研究,其端元矩阵 $\boldsymbol{A}$ 和丰度矩阵 $\boldsymbol{S}$ 完全已知,因此适用于光谱解混算法的研究。实验室有一贴覆真实材质的卫星缩比模型,如图 9.1 所示,并且卫星模型表面包覆材质已进行褶皱处理。模型表面主要贴覆 6 种材质,利用光谱仪对表面材质的光谱反射率进行多点测量,取平均值作为每种材质的光谱反射率。合成光谱采用这 6 种材质作为端元光谱,在每种材质的名称前加入前缀 Satellite(如 Satellite-Al 为航天级铝材质)。模型表面材质的光谱反射率如图 9.2 所示。

从图 9.2 中可以看出,由于测量波长范围为 350~1800nm,除观测到近红外波段的干涉特性外,370nm 附近三结 GaAs 电池的光谱存在明显的拐点,这是太阳能电池典型的光谱特性;金色聚酰亚胺和铝在 830nm 处有一个明显的吸收峰,因此该卫星表面的金色聚酰亚胺薄膜是镀铝聚酰亚胺薄膜;白漆与第 2 章测量的有机

白漆、环氧漆光谱的形状基本相同,其典型特征是 1700nm 附近的吸收峰;卫星电池背面的碳纤维铝蜂窝板由于表面呈现黑色粗糙面,光谱反射率的幅值较低,没有典型的光谱特征,整体光谱曲线呈现缓慢上升的趋势。

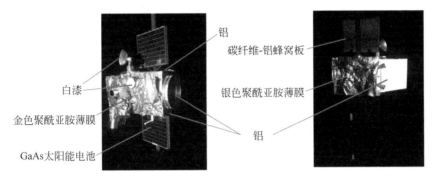

图 9.1　卫星缩比模型

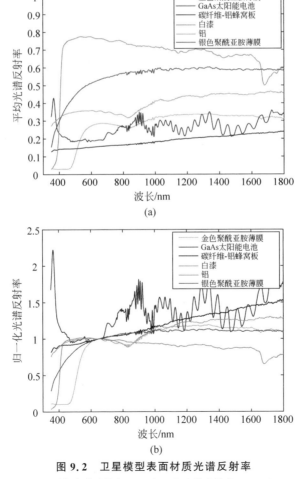

图 9.2　卫星模型表面材质光谱反射率

(a) 平均光谱反射率;(b) 归一化光谱反射率(650nm)

　　空间目标时序光谱的合成方法主要有两种：一种是直接设定各材质的丰度初值，按照线性递减或递增；另一种是将其中一种材质作为主材质，设定其丰度初值为 0.5 左右，按照随机振幅、相位、频率的正弦曲线变化。显然，第二种方法比第一种更接近实际情况，但该方法假设的是探测器观测目标一个表面的情况，或者说假设的是卫星各表面材质类型和丰度基本一致；假设随着卫星与探测器的相对运动，探测器观测卫星表面发生变化，由 A 表面变为 B 表面，且 A 表面卫星的材质类型与丰度和 B 表面存在较大差异，那么在由 A 表面进入 B 表面后，需要重新调整材质的类型和丰度。因此，本书将基于此改进方法模拟丰度数据。

　　在利用式(9.14)合成光谱时，材质光谱的反射率并不进行归一化处理，主要目的是研究两种不同的归一化方法对光谱材质分析的影响。合成光谱需要加入观测噪声，本实验中加入信噪比(signal to noise ratio，SNR)为 20dB 的零均值高斯白噪声，SNR 与噪声方差的关系为

$$SNR = 10\lg \frac{E(\boldsymbol{x}^{\mathrm{T}}\boldsymbol{x})}{E(\boldsymbol{e}^{\mathrm{T}}\boldsymbol{e})} \tag{9.24}$$

$$\sigma_e^2 = \frac{E(\boldsymbol{x}^{\mathrm{T}}\boldsymbol{x})}{10^{\mathrm{SNR}/10}} \tag{9.25}$$

式中，$\boldsymbol{x}$ 和 $\boldsymbol{e}$ 分别表示 t 时刻的合成光谱和观测噪声，$E(\cdot)$ 表示期望运算。

　　合成光谱总数 800 条，由 4 组数据组成，每组数据分别模拟观测卫星的一个表面，如图 9.3 所示。第 1 组数据以银色聚酰亚胺膜为主，同时包含铝、碳纤维铝蜂窝板两种材质；第 2 组数据以 GaAs 电池为主，同时包含白漆、金色聚酰亚胺和铝等 3 种材质；第 3 组数据只包含白漆和金色聚酰亚胺两种材质；第 4 组数据以铝为主，同时包含金色聚酰亚胺、银色聚酰亚胺、碳纤维铝蜂窝板、白漆等4 种材质。

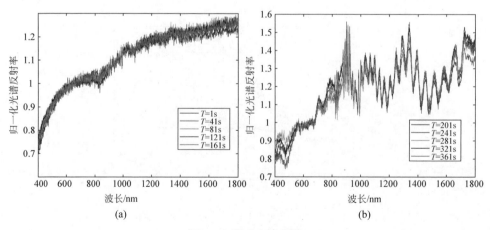

图 9.3　部分合成光谱

(a) 第 1 组；(b) 第 2 组；(c) 第 3 组；(d) 第 4 组

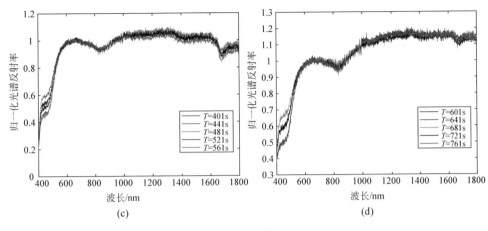

图 9.3　(续)

因为采用合成光谱,真实丰度是完全已知的,对于合成光谱解混的评估,除了对通用的相对残差进行评估外,还应重点对反演丰度进行评估。评估的标准包括欧几里得距离(euclidean distance,ED)和丰度角距离(abudance angel disatance,AAD)。欧几里得距离与丰度差异直接相关,对丰度曲线形状不敏感;丰度角距离对丰度曲线的形状差异敏感,对幅值不敏感,因此需要综合采用两个指标来评估解混丰度的差异。设第 i 个合成光谱的真实丰度为 s_i,解混丰度为 $\hat{s}_i$,合成光谱的数目为 n,则欧几里得距离的表达式为

$$\mathrm{ED}_i = \| s_i - \hat{s}_i \| \tag{9.26}$$

为了全面衡量丰度差异,定义丰度欧几里得距离的均方根误差:

$$\mathrm{RMS}_{\mathrm{ED}} = \left(\frac{1}{n} \sum_{i=1}^{n} (\mathrm{ED}_i)^2 \right)^{1/2} \tag{9.27}$$

使用丰度角距离[81]来定量评估解混丰度和真实丰度曲线形状的差异:

$$\mathrm{AAD}_i = \arccos\left(\frac{s_i^{\mathrm{T}} \hat{s}_i}{\| s_i \| \ \| \hat{s}_i \|} \right) \tag{9.28}$$

为了全面衡量丰度差异,定义丰度角距离的均方根误差为

$$\mathrm{RMS}_{\mathrm{AAD}} = \left(\frac{1}{n} \sum_{i=1}^{n} (\mathrm{AAD}_i)^2 \right)^{1/2} \tag{9.29}$$

9.2.3　合成光谱解混结果分析

第 8 章已经分析过,同型号的材质光谱反射率谱型信息基本一致,幅值则与光照和观测角度有关,因此端元矩阵 A 完全已知是指 A 中包含混合光谱中的真实端

元信息,为了更好地模拟实际情况,将这 6 种材质的光谱反射率分别乘以固定系数 $[1.1, 0.8, 1.1, 0.9, 0.9, 1.2]$,以模拟同型号材质由于光照和观测角度不同引起的光谱反射率幅值差异,光谱反射率的谱型保持不变。本书将已测量的 16 种材质和上述 6 种材质的光谱反射率数据组成材质光谱库,库中共有 22 种材质的光谱反射率数据,构成了光谱解混中的已知端元矩阵 A。

利用已知端元矩阵 A 分析观测光谱归一化对解混丰度的影响。在不施加 ASC 的情况下,对合成光谱进行解混,相对残差曲线和解混结果如图 9.4 和图 9.5 所示。

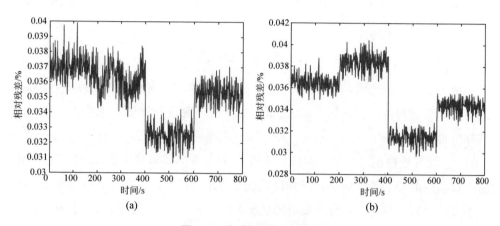

图 9.4　光谱解混相对残差

(a) 归一化相对残差;(b) 未归一化相对残差

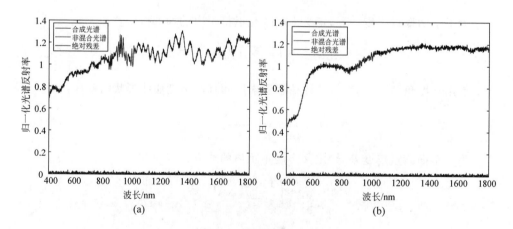

图 9.5　光谱解混结果

(a) 归一化光谱解混($T=220\text{s}$);(b) 归一化光谱解混($T=620\text{s}$);
(c) 未归一化光谱解混($T=220\text{s}$);(d) 未归一化光谱解混($T=620\text{s}$)

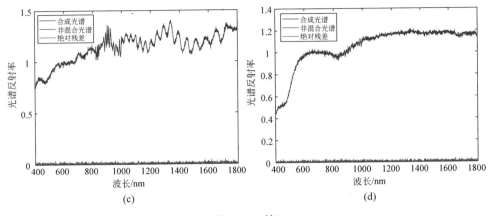

图 9.5 （续）

从图 9.4 可以看出，无论是否对光谱数据进行归一化处理，都能得到很小的残差，主要原因是端元矩阵 **A** 中包含全部同型号的材质光谱数据，所以相对残差均在 0.04% 以内；从图 9.5 中也可以得出相同的结论。

在对所有材质丰度进行分析后发现，端元矩阵 **A** 在加入之前测量的 16 种材质光谱数据后，解混丰度中均包含了部分同类材质，忽略仅在极短时间内占比在 2% 以下的材质，主要识别铝合金、金色聚酰亚胺、环氧漆、银色聚酰亚胺和柔性太阳能帆板基板。其中，前 4 种材质因为和合成光谱所用的材质属于同一类型，所以被识别出来；而柔性太阳能帆板被误识别的主要原因是它的光谱反射率在近红外波段呈现上升趋势，与合成光谱材质中的碳纤维铝蜂窝板和铝合金在近红外波段的曲线形状相似，因此识别出了约 2% 的柔性太阳能帆板基板。但是上述各材质的丰度都较低，前 16 种材质的丰度占比总和一般在 3% 以内，平均值为 1%，局部最高值为 8%。占比最高的是铝合金，在 600~800s 的平均丰度约为 3%。上述内容说明，当材质光谱数据库中包含同种型号材质时，利用 NCLS 算法仍能实现材质型号级别的识别。

从图 9.5 中看出，无论是否对合成光谱进行归一化，单从相对残差和解混对比图中无法看到归一化对解混结果的影响，下面主要从解混丰度对光谱解混结果进行定量分析，丰度曲线如图 9.6 所示。从图 9.6 可以看出，在不施加 ASC 的情况下，在对合成光谱数据进行归一化后，利用 NCLS 算法解混得到丰度总和在 0.98~1.02 波动，平均值为 1.001，说明当端元光谱中包含全部同类材质时，即使不施加 ASC，NCLS 算法也能自动实现 ASC。但是由于未对合成光谱数据进行归一化预处理，得到的材质丰度总和远大于 1，所以还需要将丰度矩阵进行归一化处理，使得丰度之和为 1。

下面给出以合成光谱归一化和丰度归一化两种方法得到的解混丰度和真实丰度的对比图，如图 9.7 所示。

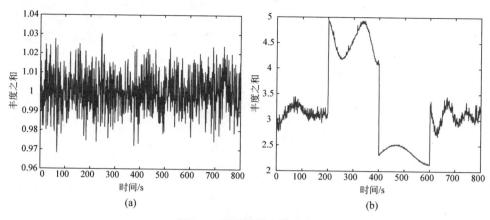

图 9.6　光谱解混丰度之和

（a）光谱归一化解混丰度之和；（b）光谱未归一化解混丰度之和

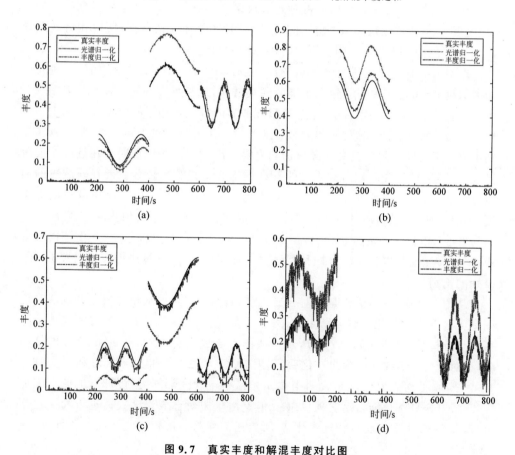

图 9.7　真实丰度和解混丰度对比图

（a）卫星-金色聚酰亚胺；（b）卫星-GaAs 太阳能电池；（c）卫星-碳纤维铝蜂窝板；

（d）卫星-白漆；（e）卫星-铝合金；（f）卫星-银色聚酰亚胺

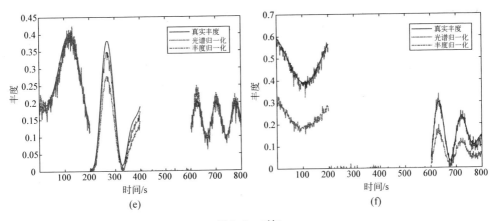

图 9.7　(续)

从图 9.7 中可以看出,当对合成光谱归一化处理后,解混得到的丰度与真实丰度相近,两条曲线基本重合;当对丰度矩阵进行和归一化后,得到的丰度与真实丰度仍然差异较大。根据式(9.26)～式(9.29)对丰度欧氏距离和丰度角距离进行计算,得到丰度欧氏距离和丰度角距离分别如图 9.8 和图 9.9 所示。(其中1代表对合成光谱归一化预处理解混的结果,2代表对丰度和归一化的结果)

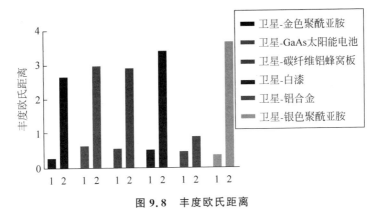

图 9.8　丰度欧氏距离

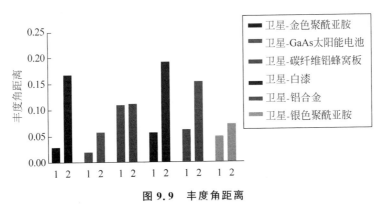

图 9.9　丰度角距离

从图9.8和图9.9中可以看出,对光谱数据进行归一化预处理后得到的丰度欧氏距离和丰度角距离均比未进行光谱归一化处理的小,丰度欧氏距离的均方根 RMS_{ED} 分别为0.4896和2.872,丰度角距离的均方根 RMS_{AAD} 分别为0.0610和0.1345。

通过对合成光谱进行光谱解混,得出如下结论。

(1) 光谱数据解混之前必须进行归一化预处理。在对空间目标光谱数据进行光谱解混前,必须对观测光谱和端元光谱进行归一化预处理,以消除由测量角度带来的对光谱反射率幅值的影响。如果不对观测光谱进行归一化预处理,即使对得到的丰度进行归一化预处理,仍然不能得到其真实丰度。

(2) NCLS算法不用强制施加ASC。当已知全部先验端元信息时,即使不施加ASC,NCLS算法解混丰度依然能自动满足ASC,考虑到实际端元矩阵中不一定包含所有材质的光谱,本书在对空间目标光谱进行解混时,只考虑ANC,而不强制施加ASC。

(3) 建立完备材质光谱反射率数据库具有重要意义。在进行光谱解混时,即使光谱中存在同类型的材质,NCLS算法依然能实现材质型号级别的识别。

9.3　基于实验测量数据的光谱解混研究

通过对合成光谱解混可知,在已知全部端元信息时,利用NCLS算法,通过对观测光谱进行归一化预处理即可得到精确的解混丰度。但是合成光谱具有较强的规律性,在没有实测空间目标光谱的情况下,为了克服非分辨空间目标识别研究中实测数据和计算机仿真的局限性,可以利用实验测量目标光谱数据,从而对光谱解混算法和流程进行研究。

9.3.1　光谱数据预处理

空间目标光谱数据的测量原理和实测空间目标的光谱反射率一致,如式(8.11)所示。但是式(8.11)中空间目标和定标星的DN指的是扣除平底、观测天区背景、暗电流后的目标的DN,因此在空间目标实验测量时同样需要考虑扣除平底、暗电流、观测天区背景等问题。其中,平底和暗电流属于光谱仪的内部噪声,可以通过仪器内置的优化程序进行处理;而观测天区背景则属于背景噪声,必须单独测量后扣除。光谱仪对于平底和暗电流已经进行了内部优化处理,并且室内太阳模拟器的光源稳定,所以通常在实验开始前、实验中和实验结束后分别进行一次优化处理,即可扣除仪器的内部噪声。而实验背景噪声则是在实验开始前和实验结束后关闭太阳模拟器,测量实验室内部的背景噪声。设3次背景噪声DN(每次DN均为10次测量的平均值)为 $DN_{dark}(\lambda)$,实验测量的卫星模型 t 时刻的原始DN为 $DN_{sat}(\lambda, t)$,实验采用的定标体为聚四氟乙烯压制的白板(实验室白板已经由

Reflectance Calibration Laboratory 校准,编号为 99AA04-0715-2211),白板的原始 DN 为 $DN_{cal}(\lambda)$,则空间目标光谱反射率测量原理的公式可以表示为

$$R_{sat}(\lambda,t) = \frac{S_{sat}(\lambda,t)}{S_{SA}(\lambda)} = \frac{DN_{sat}(\lambda,t) - DN_{dark}(\lambda)}{DN_{cal}(\lambda) - DN_{dark}(\lambda)} \tag{9.30}$$

标准白板作为定标板,其光谱形状反映太阳模拟器的光谱形状,幅值反映太阳模拟器发出的光到达卫星模型处的光谱辐射通量,定标板的 DN(在下文为表述方便,卫星模型和定标板的 DN 均指扣除背景噪声后的 DN)和光谱反射率如图 9.10 所示(10 次测量的平均值)。实验采用定标体的原始 DN。

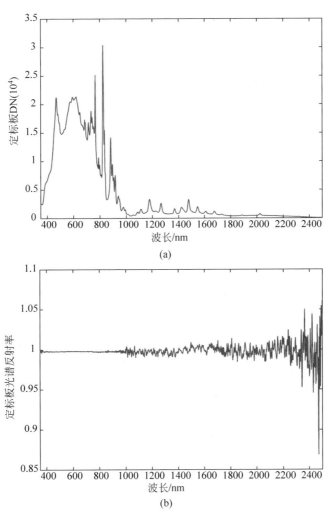

图 9.10　定标板的 DN 和光谱反射率

(a)定标板 DN；(b)定标板光谱反射率

从图 9.10(a)可以看出,尽管太阳模拟器的光谱范围为 350～2500nm,但是从 900nm 以后,DN 迅速降低,350～900nm 的平均 DN 为 13629;900～1800nm 的平均 DN 为 1314,1800～2500nm 的平均 DN 为 319。900nm 以上的 DN 与可见光波段相比,能量较低。从图 9.10(b)可以看出,900nm 以下的光谱反射率谱型稳定,基本是一条接近 1 的水平线;900nm 以上的光谱反射率出现波动,说明实验室内的太阳模拟器光谱在近红外波段不稳定,为保证实验数据的准确性,本实验选取有效波段的范围为 350～900nm。

9.3.2　模拟光谱数据处理结果分析

本节基于 STK 定制地基观测 GEO 目标的光谱数据场景。STK 场景参数设定:仿真时长为 2018 年 1 月 1 日 14:00:00.000 至 2018 年 1 月 1 日 20:00:00.000 UTCG,步长为 60s,共 361 组数据。测站采用兴隆站,WGS-84 坐标系下经纬高分别为(117.6.1°E,40.383°N,0.9km)。观测目标为 GEO 卫星,定点经度 104.630°E。由于三轴稳定 GEO 卫星短时间内基本保持近似对地静止,地面测站通常只能观测到卫星的对地表面,所以短时间内其光谱数据变化不明显,为了在实验过程中观测到卫星的更多表面,设置卫星姿态为慢旋运动,旋转轴为 Y 轴(帆板轴),转动速率为 0.02r/min。

卫星模型的定标板 DN 和归一化光谱反射率如图 9.11 所示。

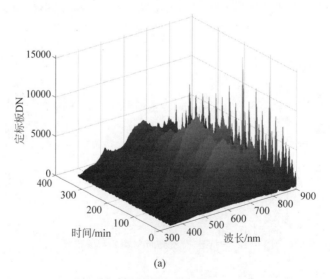

(a)

图 9.11　卫星模型的定标板 DN 和归一化光谱反射率

(a) 定标板 DN；(b) 归一化光谱反射率

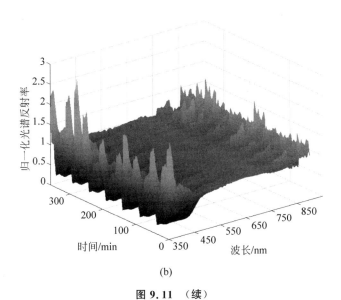

(b)

图 9.11 （续）

利用 NCLS 算法对归一化光谱反射率进行解混，结果如图 9.12 所示。

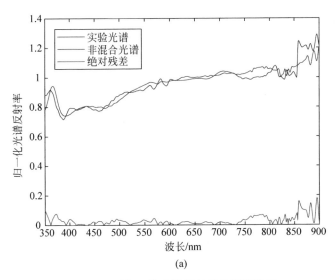

(a)

图 9.12 对归一化光谱反射率的解混结果

（a）120min；（b）320min

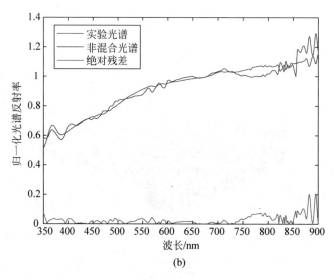

(b)

图 9.12 （续）

解混丰度之和及相对残差曲线如图 9.13 所示。

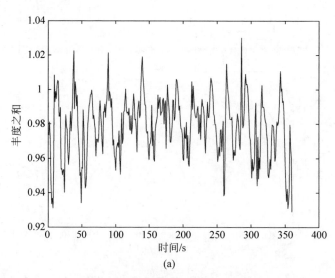

(a)

图 9.13 解混丰度之和及相对残差曲线

（a）丰度之和；（b）相对残差

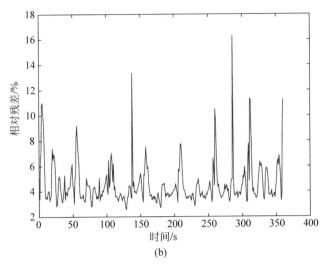

(b)

图 9.13　（续）

　　从图 9.12 和图 9.13 可以看出,归一化的解混光谱曲线与实验测量光谱曲线基本一致,相对残差的平均值为 4.6%,且在不施加 ASC 的情况下,解混丰度之和基本为 1,这与合成光谱的解混结果是一致的。图 9.14 是解混得到的各材质丰度的曲线。

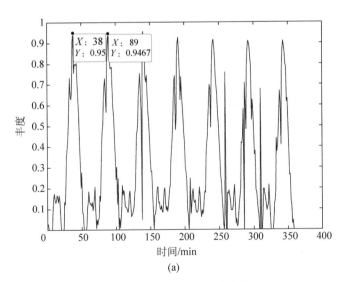

(a)

图 9.14　各材质解混丰度曲线

　　(a) 卫星-金色聚酰亚胺;(b) 卫星-GaAs 太阳能电池;(c) 卫星-碳纤维铝蜂窝板;

　　(d) 卫星-白漆;(e) 卫星-铝合金;(f) 卫星-银色聚酰亚胺

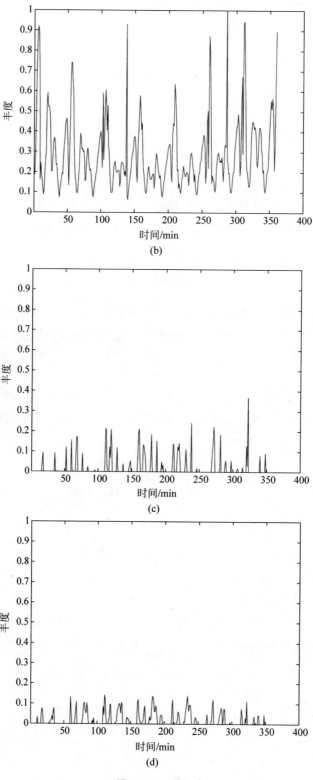

图 9.14　（续）

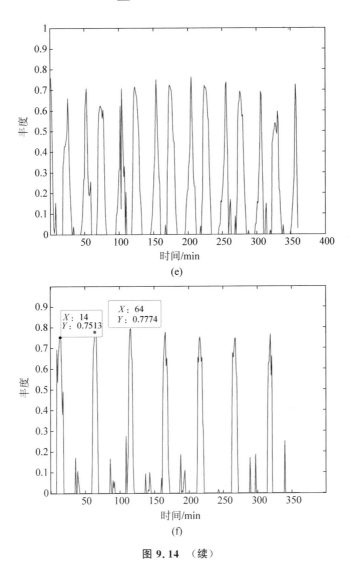

图 9.14 （续）

　　从图 9.14 中可以看出，碳纤维铝蜂窝板和白漆的丰度在整个实验过程中较低；其余 4 种材质的丰度在部分时间段内都超过 0.6。在设定卫星绕 Y 轴转动过程中，ASD 测量的卫星模型表面主要有 4 个，实验初始时主要是银色聚酰亚胺面对准光谱仪，因此按照顺序依次为银色聚酰亚胺、铝、金色聚酰亚胺和铝。按照设定的转速 0.02r/min，卫星模型的转动周期为 50min，观测时间为 6h，则卫星模型共转动 7.2r，因此金色聚酰亚胺和银色聚酰亚胺的丰度应该存在 7 个主峰，而铝应该有 14 个主峰，并且各材质丰度的主峰应该按照顺序出现，这与图 9.14 的丰度曲线一致。下面分析这 4 种材质主峰的半幅值脉宽（full duration at half maximum，FDHM）出现的时间段。因为目标模型的旋转运动规律性较强，所以只对第一组主峰进行分析。

银色聚酰亚胺的主峰峰值出现时间为 $t=14\mathrm{min}$,峰值为 0.75,FDHM 时间段为 9～18min,持续时间为 9min;铝的第一个主峰峰值出现时间为 $t=26\mathrm{min}$,峰值为 0.66,FDHM 时间段为 19～28min,持续时间为 9min;金色聚酰亚胺的主峰峰值出现时间为 $t=38\mathrm{min}$,峰值为 0.95,FDHM 时间段为 31～46min,持续时间为 15min;铝的第二个主峰峰值出现时间为 $t=53\mathrm{min}$,峰值为 0.71,FDHM 时间段为 51～54min,持续时间为 3min。通过分析可以发现,对材质丰度主峰 FDHM 出现时间的分析结果与实验设定一致,即按照银色聚酰亚胺、铝、金色聚酰亚胺和铝的顺序变化。根据金色聚酰亚胺或银色聚酰亚胺两次主峰出现的时间,得出转动周期 $T \approx 50\mathrm{min}$。通过对各材质主峰进行分析,得出两点结论:

(1) 材质丰度的分析结果与实验设定一致,结合图 9.13、图 9.14,可以得出光谱归一化方法和 NCLS 算法在光谱解混中的正确性。

(2) 对混合光谱进行解混,除了能得出存在的主要材质和丰度信息外,还能基于解混的材质信息和丰度变化分析卫星的运动状态。

9.4　基于 CNMF 算法的端元提取

由于实验测量的材质种类有限,当采用实验测量材质光谱数据作为端元矩阵进行丰度估计时,解混光谱无法拟合目标典型的光谱特征,说明该目标表面可能采用了某种特殊材质。在对该目标进行多次光谱观测后,为了获取目标表面主要的材质信息和丰度信息,首先需要进行端元提取,然后利用 NCLS 算法进行丰度估计。其中,端元光谱提取是实现光谱解混的关键。

当端元矩阵完全未知时,问题变为盲源信号分离(blind source separation,BBS)问题。利用矩阵分解来解决实际问题的分析方法很多,如主成分分析(principal components analysis,PCA)、独立成分分析(independent components analysis,ICA)、奇异值分解(singular value decomposition,SVD)、矢量量化(vector quantization,VQ)等。这些方法的共同特点都是分解矩阵元素可正可负,即使初始矩阵元素全是正值,在经过传统的减秩运算后,结果也不能保证非负性。理论上讲,数值分解结果中存在负值是正确的,但是对于空间目标光谱解混这一实际问题,端元矩阵和丰度矩阵不可能存在负值,负值元素是没有任何物理意义的。针对矩阵分解中存在负值的问题,Lee 和 Seung 提出了一种新的矩阵分解算法——非负矩阵分解(non-negative matrix factorization,NMF)算法[82],即在矩阵中的所有元素均为非负数的约束条件之下的矩阵分解算法。该算法在高光谱遥感领域得到迅速发展。

目前,大多数高光谱遥感光谱数据都是基于 NMF 改进算法进行光谱解混处理。但是在空间目标时序光谱的解混中,研究及应用均较少,需要进一步研究 NMF 算法在时序光谱解混中的适用性问题。

9.4.1 3种常见的 NMF 算法

NMF 算法的基本原理是指在所有矩阵元素非负的要求下,对一个维数较大的矩阵进行分解,使得分解后的矩阵维数减小,即给定一个维数较大的非负矩阵 $X \in R^{m \times n}$ 和一个满足条件的正整数 $p < \min(m,n)$,寻求一个近似解,使得

$$X \approx AS \tag{9.31}$$

式中,$A \in R^{m \times p}$,$S \in R^{p \times n}$。对应于空间目标的光谱端元提取,在获取大量非分辨空间目标光谱观测数据后,给定端元数目 p,即可得到两个非负矩阵 A 和 S。其中,A 中包含全部或部分所需的端元光谱信息。

对于式(9.31)求解的问题,Lee 和 Seung 给出了两种目标优化损失函数,分别是基于欧氏距离的目标损失函数和 K-L 散度构造的损失函数。目前应用较多的是基于欧氏距离的损失函数,其公式如下:

$$J(A,S) = \frac{1}{2} \| X - AS \|_F^2 = \frac{1}{2} \sum_{i,j} (X_{ij} - (AS)_{ij})$$
$$\text{s.t.} \quad A,S \geqslant 0 \tag{9.32}$$

1. NMF 算法

NMF 算法是一种基于交替梯度下降的算法。给定 A 和 S 的初值,序列 $\{A^{k+1}\}$ 和 $\{S^{k+1}\}$ 可以通过以下公式计算:

$$A_{ij}^{k+1} = A_{ij}^k - \theta_{ij} \frac{\partial J(A,S)}{\partial A_{ij}}, \quad 1 \leqslant i \leqslant m, 1 \leqslant j \leqslant p \tag{9.33}$$

$$S_{ij}^{k+1} = S_{ij}^k - \phi_{ij} \frac{\partial J(A,S)}{\partial S_{ij}}, \quad 1 \leqslant i \leqslant p, 1 \leqslant j \leqslant n \tag{9.34}$$

式中,θ_{ij} 和 ϕ_{ij} 是迭代步长,$J(A,S)/\partial A_{ij}$ 和 $J(A,S)/\partial S_{ij}$ 是 $J(A,S)$ 关于 A_{ij} 和 S_{ij} 的偏导数:

$$\frac{\partial J(A,S)}{\partial A_{ij}} = -XS^{\mathrm{T}} + ASS^{\mathrm{T}} \tag{9.35}$$

$$\frac{\partial J(A,S)}{\partial S_{ij}} = -A^{\mathrm{T}}X + A^{\mathrm{T}}AS \tag{9.36}$$

由于式(9.35)和式(9.36)中存在减法,不能保证每次迭代后 A 和 S 的非负性,Lee 和 Seung 设置迭代步长为

$$\theta_{ij} = \frac{A_{ij}^k}{(A^k SS^{\mathrm{T}})_{ij}} \tag{9.37}$$

$$\phi_{ij} = \frac{S_{ij}^k}{(A^{\mathrm{T}}AS^k)_{ij}} \tag{9.38}$$

由此得到 NMF 算法的乘法迭代(multiplicative update,MU)法则:

$$A_{ij}^{k+1} = A_{ij}^k \cdot \frac{(XS^{\mathrm{T}})_{ij}}{(A^kSS^{\mathrm{T}})_{ij} + \tau} \tag{9.39}$$

$$S_{ij}^{k+1} = S_{ij}^k \cdot \frac{(A^{\mathrm{T}}X)_{ij}}{(A^{\mathrm{T}}AS^k)_{ij} + \tau} \tag{9.40}$$

为了保证分母不为 0,通常在式(9.39)和式(9.40)的分母加入一个小的正数 $\tau = 10^{-9}$。

2. CNMF 算法

NMF 算法会使损失函数式(9.32)具有明显的非凸性,存在大量局部极小值,导致表达式 $X \approx AS = (AD)D^{-1}S$ 对于任何可逆矩阵 D 都成立。为了减小可行解集,可以在损失函数上增加约束项,常见的如光滑约束、稀疏约束等。基于约束控制的 NMF 算法的损失函数为

$$J(A,S) = \frac{1}{2}\|X - AS\|_F^2 + \alpha J_1(A) + \beta J_2(S) \tag{9.41}$$

式中,$J_1(A)$ 和 $J_2(S)$ 为惩罚项,用于约束 A 和 S;α 和 β 为规则化参数,用于控制 $J_1(A)$ 和 $J_2(S)$ 的约束程度,可以平衡逼近误差和约束之间的关系。

Pauca[83] 等根据空间目标混合光谱特征,对惩罚项采用平滑约束,即 $J_1(A) = \|A\|$,$J_2(S) = \|S\|$,在迭代步长的选择上与式(9.37)和式(9.38)相同,得到 CNMF 算法的更新公式为

$$A_{ij}^{k+1} = A_{ij}^k \cdot \frac{(XS^{\mathrm{T}})_{ij} - \alpha A_{ij}^k}{(A^kSS^{\mathrm{T}})_{ij} + \tau} \tag{9.42}$$

$$S_{ij}^{k+1} = S_{ij}^k \cdot \frac{(A^{\mathrm{T}}X)_{ij} - \beta S_{ij}^k}{(A^{\mathrm{T}}AS^k)_{ij} + \tau} \tag{9.43}$$

在实际应用中,设置 $\alpha = 1$、$\beta = 0$,即只对端元矩阵 A 进行平滑约束,对丰度矩阵 S 不进行约束。

3. $L_{1/2}$-NMF 算法

$L_{1/2}$-NMF 算法在约束控制的式(9.41)中对丰度矩阵引入 $L_{1/2}$ 范数[84] 稀疏约束 $J_2(S) = \|S\|_{1/2}$,且

$$\|S\|_{1/2} = \sum_{i=1}^{p}\sum_{j=1}^{n} s_{ij}^{1/2} \tag{9.44}$$

从式(9.42)和式(9.43)看到,在乘法更新公式中,分子存在减法运算,而在 NMF 算法中应尽量避免减法运算,因此在 $L_{1/2}$-NMF 算法中修改式(9.37)和式(9.38)的迭代步长,将 θ_{ij} 和 ϕ_{ij} 更新为

$$\theta_{ij} = \frac{A_{ij}^{k}}{(A^{k}SS^{T})_{ij}} \tag{9.45}$$

$$\phi_{ij} = \frac{S_{ij}^{k}}{(A^{T}AS^{k})_{ij} + \frac{\beta}{2}(S_{ij}^{k})^{-1/2}} \tag{9.46}$$

则 $L_{1/2}$-NMF 算法的乘法更新公式变为

$$A_{ij}^{k+1} = A_{ij}^{k} \cdot \frac{(XS^{T})_{ij}}{(A^{k}SS^{T})_{ij} + \tau} \tag{9.47}$$

$$S_{ij}^{k+1} = S_{ij}^{k} \cdot \frac{(A^{T}X)_{ij}}{(A^{T}AS^{k})_{ij} + \frac{\beta}{2}(S_{ij}^{k})^{-1/2} + \tau} \tag{9.48}$$

在实际应用中,可以在 $L_{1/2}$-NMF 算法中设置 $\beta=1$。

对于高光谱遥感领域,在已充分证明 NMF 算法适用于高光谱遥感领域 BSS 后,每年都有大量基于 NMF 算法的改进算法被提出,如图正则化 NMF 算法[85]、多层 NMF 矩阵分解算法、空间加权稀疏回归 NMF 算法等[86-88]。但是对于空间目标的时序光谱 BSS 问题,目前可见的公开文献很少,且公开的文献中仅使用了合成光谱进行 NMF 解混,因此 NMF 算法的适用性是首先需要研究的问题。本节将采用实验测量的光谱数据作为观测光谱开展 NMF 算法端元的提取研究。

9.4.2　算法应用中的关键问题说明

（1）初始化问题。通常有两种初始化方法,分别是随机初始化方法和顶点成分分析（vertex component analysis,VCA）方法。可采用随机初始化方法,即随机选择 0～1 的值作为 A 和 S 的初值。但是高光谱遥感领域通常采用 VCA 方法进行初始化,因此需要研究两种不同初始化方法对时序光谱端元提取的影响。

（2）观测光谱数目问题。实验中的观测光谱共有 360 组数据,为模拟空间目标实测过程中对同一目标的观测次数,分析观测光谱数目对对端元提取结果的影响,按照等间隔选取的原则,共设置 5 组实验,分别设置观测光谱数目 n 为 20、50、100、200、360。

（3）迭代停止规则。通常迭代方法采用的停止条件有两种：一是设定最大迭代次数 T_{max},当迭代次数达到设置最大时停止,设置 $T_{max}=500$。二是设定前后两次迭代误差,选择迭代阈值 $\varepsilon=10^{-4}$,当连续 10 次目标函数的差值小于 ε 时,迭代停止。目标函数如式（9.49）所示：

$$O = \frac{1}{2} \| X - AS \|_{F}^{2} \tag{9.49}$$

则停止迭代规则为

$$\| O_{new} - O_{old} \| \leqslant \varepsilon \tag{9.50}$$

算法流程如下。

算法：（NMF 算法，CNMF 算法，$L_{1/2}$-NMF 算法）计算 A 和 S，使得 $X \approx AS$

输入：矩阵 $X \in R^{m \times n}$，端元数目 p，$p \ll \min(m, n)$，最大迭代次数 $T_{\max}$，迭代阈值 ε

输出：端元矩阵 A

初始化：随机初始化 $A = \mathrm{rand}(m, p)$，$S = \mathrm{rand}(p, n)$ 或者利用 VCA 方法初始化 A

端元矩阵 A 和归一化：$A = A . / \mathrm{sum}(A)$

For $k = 1$ **to** $T_{\max}$

　　利用乘法迭代法则更新 S_{ij}^{k+1}（NMF 算法，式（9.40）；（CNMF 算法，式（9.43））；（$L_{1/2}$-NMF 算法，式（9.48））

　　利用乘法迭代法则更新 A_{ij}^{k+1}（NMF 算法，式（9.40）；（CNMF 算法，式（9.43））；（$L_{1/2}$-NMF 算法，式（9.48））

　　if 停止条件 $\| O_{\mathrm{new}} - O_{\mathrm{old}} \| \leqslant \varepsilon$ 满足

　　　　break

　　end

　　端元矩阵 A 和归一化：$A = A . / \mathrm{sum}(A)$

end

9.4.3　实验结果分析

与高光谱遥感领域的 NMF 算法的光谱解混不同，利用 NMF 算法对时序光谱进行解混的主要目的是提取端元光谱，因此并没有对丰度矩阵施加 ASC。因为重点关注端元提取，依然采用第 8 章的 SAD 进行比较。由于解混光谱中包含多种材质，为了全面衡量 SAD 的差异，定义光谱角距离的均方根误差：

$$\mathrm{RMS}_{\mathrm{SAD}} = \left(\frac{1}{p} \sum_{i=1}^{p} (\mathrm{SAD}_i)^2 \right)^{1/2} \tag{9.51}$$

实验 1：不同初始化方法的对比实验。本实验分别采用随机初始化和 VCA 两种方法，主要研究不同初始化方法对端元提取结果的影响。设定端元数目 $p = 6$，每种算法各运行 20 次，实验结果如图 9.15 图 9.16 所示。可以明显看出 $L_{1/2}$-NMF 算法不适合空间目标光谱数据的解混，CNMF 算法的 $\mathrm{RMS}_{\mathrm{SAD}}$ 和标准差相比于 VCA 方法、NMF 算法和 $L_{1/2}$-NMF 算法最小，说明与高光谱遥感光谱数据不同，空间目标光谱数据的解混应该对端元矩阵施加光滑约束，而不是对丰度矩阵施加稀疏约束。在采用随机初始化方法时，NMF 算法、$L_{1/2}$-NMF 算法和 CNMF 算法的 $\mathrm{RMS}_{\mathrm{SAD}}$ 和标准差均降低，使得端元的提取精度有所提高。对 NMF 算法采用 VCA 方法后，其 $\mathrm{RMS}_{\mathrm{SAD}}$ 由 0.481 降为 0.318，标准差由 0.053 降为 0.047；对 $L_{1/2}$-NMF 算法采用 VCA 方法后，其 $\mathrm{RMS}_{\mathrm{SAD}}$ 由 0.932 降为 0.752，标准差由 0.023 降为 0.009；对 CNMF 算法采用 VCA 方法后，其 $\mathrm{RMS}_{\mathrm{SAD}}$ 由 0.183 降为 0.166，标准差由 0.022 降为 0.012。这主要是因为 VCA 方法提供了更精确的初始点,更接近全局最优,减少了在迭代过程中陷入许多局部极小点的可能性。

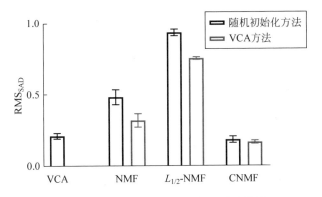

图 9.15 光谱角距离的均方根误差变化图

下面给出 CNMF 算法提取的端元光谱和材质原始测量光谱的对比图(图 9.16)。

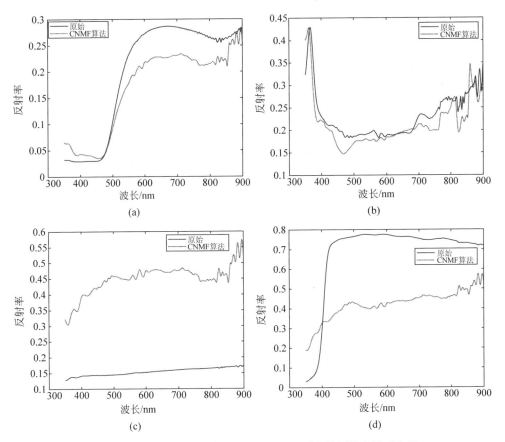

图 9.16 CNMF 算法提取的端元光谱和材质原始测量光谱对比图

(a) 卫星-金色聚酰亚胺;(b) 卫星-GaAs 太阳能电池;(c) 卫星-碳纤维铝蜂窝板;

(d) 卫星-白漆;(e) 卫星-铝合金;(f) 卫星-银色聚酰亚胺

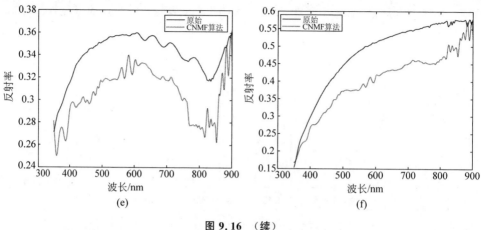

图 9.16 （续）

从图 9.16 可以看出，CNMF 算法对金色聚酰亚胺、GaAs 太阳能电池、铝合金和银色聚酰亚胺 4 种材质的提取精度较好，而对碳纤维铝蜂窝板和白漆两种材质的提取精度较差。结合图 9.15 可知，金色聚酰亚胺、GaAs 太阳能电池、铝合金和银色聚酰亚胺 4 种材质的丰度较大，是混合光谱中的主要材质组成。作为对比，设定端元数目 $p=4$，分析在不同端元数目下 CNMF 算法提取端元光谱的结果，如图 9.17 所示。

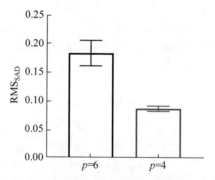

图 9.17 不同端元数目下 CNMF 算法提取端元光谱的结果

从图 9.17 可以看出，当端元数目设为 4 后，RMS_{SAD} 由 0.183 降为 0.086，标准差由 0.022 变为 0.005，结合图 9.16 可以得出，CNMF 算法可以较准确地提取混合光谱中的主要材质信息。

实验 2：不同观测光谱数目分析实验。采用 CNMF 算法，并且利用 VCA 方法进行初始化。设定端元数目 $p=4$，观测光谱数目 n 为 20、60、90、180、360，分析不同观测光谱数目对主要端元提取结果的影响，如图 9.18 所示。

从图 9.18 可以看出，随着观测光谱数的增加，CNMF 算法提取端元的精度逐渐升高，当观测光谱数目 $n=20$ 时，RMS_{SAD} 为 1.053，标准差为 0.234，说明当观测光谱数目太少时，利用 CNMF 算法无法实现对观测光谱的端元提取；当观测光

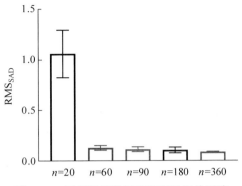

图 9.18　不同观测数目对提取结果的影响

谱数目 $n=60$ 时,$\mathrm{RMS_{SAD}}$ 降低为 0.127,标准差降低为 0.023;当观测光谱数目 $n=90$ 时,$\mathrm{RMS_{SAD}}$ 降低为 0.112,标准差仍为 0.023;当观测光谱数目 $n=180$ 时,$\mathrm{RMS_{SAD}}$ 降低为 0.093,标准差降低为 0.016;当观测光谱数目 $n=360$ 时,$\mathrm{RMS_{SAD}}$ 降低为 0.086,标准差降低为 0.005。

　　当观测光谱数目从 20 增大到 60 时,$\mathrm{RMS_{SAD}}$ 和标准差迅速降低,之后即使观测光谱数目增多,$\mathrm{RMS_{SAD}}$ 和标准差的降幅也很小,说明当观测光谱数目从 20 增大到 60 时,存在可实现端元光谱提取的观测光谱数目临界阈值 n_{Thr}。当观测光谱数目大于临界阈值时,利用 CNMF 算法可以提取端元光谱。当观测数目小于临界阈值时,无法提取端元光谱。为了找到该临界阈值,设定 $n=20:10:60$,结果如图 9.19 所示。

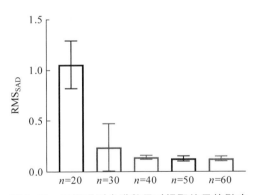

图 9.19　不同观测光谱数目对提取结果的影响

　　从图 9.19 可以看出,当观测光谱数目 $n=30$ 时,$\mathrm{RMS_{SAD}}$ 降低为 0.239,标准差降低为 0.232;当观测光谱数目 $n=40$ 时,$\mathrm{RMS_{SAD}}$ 降低为 0.142,标准差降低为 0.021;当观测光谱数目 $n=50$ 时,$\mathrm{RMS_{SAD}}$ 降低为 0.128,标准差略微增大,为 0.025。通过以上分析可知,利用 CNMF 算法进行空间目标端元提取,观测光谱数目的阈值 $n\approx40$。也就是说在对非分辨空间目标进行光谱观测时,当获得约 40 组的观测数据时,利用 CNMF 算法就能够实现未知主要端元的光谱提取。

第 ⑩ 章

空间目标光学图像特性分析

第 10 章图片

10.1 空间目标光学图像概述

当探测器对目标的空间分辨率进一步提高、能够分辨具体细节时,目标相对探测器而言成为面目标,此时可以基于空间目标的图像分析出更多、更详实的细节,如空间目标的姿态参数和部件结构参数等。

当目标尺寸超过两个分辨率大小时,可以对卫星进行成像观测。按照成像平台分布位置的不同,成像又可以分为地基光学成像和天基光学成像,其成像几何如图 10.1 所示。

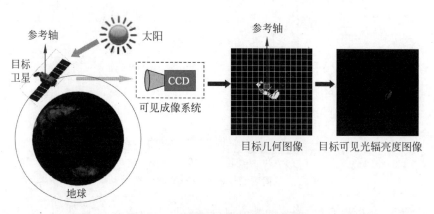

图 10.1 空间目标成像几何示意图

空间目标光学图像的最大特点是:入射光源单一且强烈,据此简要分析空间目标的光学图像特征。

(1) 天基光学图像特征

天基光学图像是指利用安装在天基平台上的光学载荷所获取的目标图像。天基平台上的光学载荷大多为 CCD 或 CMOS 等高效的光电转换器件,以至于获取的图像大多数为灰度图,如图 10.2 所示。当然,通过安装多路不同颜色的传感器(透过波段不同),也可以获取彩色图像,这样会损失一部分能量,降低探测能力。

图 10.2　天基光学图像

由于空间目标表面通常使用强反射的薄膜材质,当发生镜面反射且探测距离较近时,会出现饱和现象,而如果照射偏离镜面反射较多,则会出现较暗的情况,以至于探测器无法探测到该部件。这种强暗交替的情况也被称为"阴阳脸"现象,如图 10.3 所示。

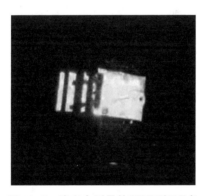

图 10.3　暗室内测量的"阴阳脸"现象

解决"阴阳脸"最直接、有效的方式就是提高探测器的动态范围,当动态范围足以容纳目标散射亮度时,"阴阳脸"现象消失。

（2）地基光学图像特征

大气对目标散射信号的影响不仅是衰减,还有图像畸变。这种影响与透过流动的水观看水底的物体一样。为校正这种现象,需要采用自适应光学技术进行处理。该技术的核心是通过对反射光波前的检测,确定大气的波动程度,并进行补偿,实现对目标的清晰成像。如图 10.4 所示为美国 3.6m 口径的望远镜对空间目标进行自适应光学处理前后的图像对比。

基于可见光图像对空间目标进行检测的含义是,通过二维图像信息,判断图像包含目标的类型,并定位目标在图像中的位置。基于可见光图像估计目标位姿的

图 10.4   自适应光学处理前后的地基光学图像

（a）自适应光学处理前；（b）自适应光学处理后

含义是，通过二维图像信息和相关的位姿估计方法，得到目标的 6 自由度（degree of freedom,DOF）位姿参数。6 DOF 位姿参数为目标与观测设备（地基光电望远镜或天基观测平台）的相对位置，以及目标相对于观测设备的位姿（包括平移变换与旋转变换）。通常，基于可见光图像估计目标位姿的研究都需要以目标检测为前提，即在对目标进行位姿估计前，需要先得到目标在图像中的位置。

10.2   相机成像模型与空间目标位姿表示方式

相机的成像模型是目标位姿估计的基础。本节首先建立相机成像的数学模型，用以说明目标位姿与相机、成像的关系；然后对位姿的表示方法进行描述，为后续研究基于空间目标近距离天基观测图像的位姿估计算法奠定基础。

10.2.1   相机成像模型

目标的成像过程如图 10.5 所示。目标的成像过程可以简述为空间三维（3D）

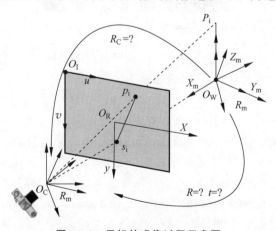

图 10.5   目标的成像过程示意图

点到图像二维(2D)点的投影过程。在描述相机成像模型前,需要定义 4 个坐标系:世界坐标系 $O_W\text{-}X_WY_WZ_W$、相机坐标系 $O_C\text{-}X_CY_CZ_C$、物理成像平面上的成像坐标系 $O_R\text{-}xy$,与像素坐标系 $O_I\text{-}uv$。

一般而言,相机坐标系 $O_C\text{-}X_CY_CZ_C$ 的原点 O_C 为相机的光心,X_C 轴指向右,Y_C 轴指向下,Z_C 轴指向相机前方。成像坐标系 $O_R\text{-}xy$ 的原点 O_R 为光轴与相平面的交点,一般为相平面的中心点,x 轴沿相平面指向右,y 轴指向下。像素坐标系 $O_I\text{-}uv$ 的原点 O_I 为图像的左上角,u 轴沿图像向右并与 x 轴平行,v 轴向下并与 y 轴平行。

若存在一个空间点 P,在相机坐标系下的坐标为 $P_C(x_C,y_C,z_C)^T$,则根据三角相似关系,该点在经过透视投影后,在相平面的成像点 p 可表示为

$$x = \frac{fx_C}{z_C}, \quad y = \frac{fy_C}{z_C} \tag{10.1}$$

式中,f 为相机的焦距,定义为物理成像平面到光心的距离。成像平面的坐标采用物理尺寸(比如米)表示。

由于图像是由多个像素点构成的,需要在物理成像平面上对所成的像进行采样和量化,即成像坐标系到像素坐标系的转换。像点 p 在像素坐标系下的坐标为

$$\begin{cases} u = f_x x + u_0 \\ v = f_y y + v_0 \end{cases} \tag{10.2}$$

式中,$f_x = 1/d_x$、$f_y = 1/d_y$,d_x、d_y 为每个像素点在物理成像平面的 x 轴和 y 轴方向上的物理尺寸,f_x、f_y 为单位物理尺寸上的像素数,单位为像素;(u_0,v_0) 为像素坐标系的中心点坐标。将式(10.2)写成矩阵形式,并以齐次坐标表示为

$$\begin{bmatrix} u \\ v \\ 1 \end{bmatrix} = \begin{bmatrix} f_x & 0 & u_0 \\ 0 & f_y & v_0 \\ 0 & 0 & 1 \end{bmatrix} \begin{bmatrix} x \\ y \\ 1 \end{bmatrix} \tag{10.3}$$

则相机坐标系转换为像素坐标系的过程可以表示为

$$z_C \begin{bmatrix} u \\ v \\ 1 \end{bmatrix} = \begin{bmatrix} f_x & 0 & u_0 \\ 0 & f_y & v_0 \\ 0 & 0 & 1 \end{bmatrix} \begin{bmatrix} x_C \\ y_C \\ z_C \end{bmatrix} \tag{10.4}$$

在式(10.4)中,等号右侧的第一个矩阵被定义为相机的内参矩阵,记为 $\boldsymbol{K}$,其通常由相机厂商给出,但也可以自行标定。

在空间点投影成像的过程中,使用的是空间点 P 在相机坐标系下的坐标;但在相机运动的过程中,空间点 P 在相机坐标系下的坐标是在变化的。那么在相机坐标系下,空间点 P 的坐标是其在世界坐标系 $O_W\text{-}X_WY_WZ_W$ 下的坐标根据当前的相机位姿 $\boldsymbol{T}$ 进行变换得到的。相机位姿 $\boldsymbol{T}$ 为相机坐标系与世界坐标系间的变换关系,可由旋转矩阵 $\boldsymbol{R}$ 和平移变换 $\boldsymbol{t}$ 表示。综上,三维空间点 P 从世界坐标系

变换到相机坐标系的过程,可由齐次坐标表示为

$$\begin{bmatrix} x_{\mathrm{C}} \\ y_{\mathrm{C}} \\ z_{\mathrm{C}} \\ 1 \end{bmatrix} = T \begin{bmatrix} x_{\mathrm{W}} \\ y_{\mathrm{W}} \\ z_{\mathrm{W}} \\ 1 \end{bmatrix} = \begin{bmatrix} \boldsymbol{R} & \boldsymbol{t} \\ \boldsymbol{0}^{\mathrm{T}} & 1 \end{bmatrix} \begin{bmatrix} x_{\mathrm{W}} \\ y_{\mathrm{W}} \\ z_{\mathrm{W}} \\ 1 \end{bmatrix} \tag{10.5}$$

式中,T 也被称为相机的"外参矩阵"。那么,世界坐标系下的三维空间点 P 投影到像素坐标系的过程可以表示为

$$z_{\mathrm{C}} \begin{bmatrix} u \\ v \\ 1 \end{bmatrix} = \begin{bmatrix} f_x & 0 & u_0 \\ 0 & f_y & v_0 \\ 0 & 0 & 1 \end{bmatrix} \begin{bmatrix} \boldsymbol{R} & \boldsymbol{t} \\ \boldsymbol{0}^{\mathrm{T}} & 1 \end{bmatrix} \begin{bmatrix} x_{\mathrm{W}} \\ y_{\mathrm{W}} \\ z_{\mathrm{W}} \\ 1 \end{bmatrix} = KT \begin{bmatrix} x_{\mathrm{W}} \\ y_{\mathrm{W}} \\ z_{\mathrm{W}} \\ 1 \end{bmatrix} = KTP_{\mathrm{W}} \tag{10.6}$$

外参矩阵 $T = [\boldsymbol{R}, \boldsymbol{t}]$ 会随着相机与三维空间目标的运动发生变化,这也是本书在基于天基图像进行位姿估计的研究中所需要估计的参数。

上述相机成像模型为理想状态下的成像模型。实际上,在相机的生产、装配过程中,相机中的透镜对光线传播的处理和相机组件的组装,都不会如理想状况下那般精确。同时,由于空间环境和相机的使用年限的影响,相机镜头与理想状态存在一定的误差,导致相机成像系统发生镜头畸变。镜头畸变会导致成像点偏离理想位置,使成像发生变形。此时,上述理想成像模型已经不能准确描述成像的几何关系,所以需要去畸变处理。去畸变处理可以分为:①先对图像去畸变,然后根据去畸变后的图像进行后续的研究;②根据去畸变方程,对所需处理的图像点去畸变。通常,对于图像视觉领域,方法①是较为常用的去畸变方法。那么,在对所需处理的图像去畸变后,就可以使用针孔成像模型,建立空间点到像素坐标系的投影关系。

由于本书在对基于天基图像进行空间目标位姿估计的研究中,侧重于对估计算法的研究。因此,在后文的研究中,本书假设所有图像均经过了去畸变处理。具体的去畸变方法可参考文献[89]。同时,为了方便位姿的求解,本书在计算目标相对于相机的位姿时,假设目标的本体坐标系与世界坐标系重合。

10.2.2 基于光学图像的卫星尺寸判读

设成像系统的探测器 CCD 为正方形,其单个像元尺寸(包含象元间隔在内)为 d_0,光学系统焦距为 f。设目标在垂直于观测视轴方向的平面上的投影面积为 S_{tar},目标到成像系统的距离为 R,根据光电成像系统成像几何关系,可得目标在焦平面上所占像素数量的理论值 N_{tar} 为

$$N_{\mathrm{tar}} = \mathrm{int} \left(\frac{S_{\mathrm{tar}} f^2}{d_0^2 R^2} \right) \tag{10.7}$$

式中,int(•)表示取整函数。对于宽度为 W_{tar}、高为 H_{tar} 的矩形平板,其所占像素数量的理论估算值为 N':

$$N' = \text{int}\left(\frac{W_{tar}f}{d_0R}\right) \cdot \text{int}\left(\frac{H_{tar}f}{d_0R}\right) \tag{10.8}$$

如果需要测量目标任意方向的长度,也只需要获取该方向的像素数量 N,即可得到对应的长度。

$$L = \frac{Nd_0R}{f} \tag{10.9}$$

例:设相机视场为 $10°\times10°$,像元数量为 4096×4096,焦距为 0.216m,目标距离为 10km,像元尺寸 d_0 为 $9\mu\text{m}$。则可以计算得到:

焦平面尺寸 $X' = 4096\times9\times10^{-6}\text{m}$,约为 3.68cm;

若目标某部件在长度上所占像素数量为 50,则目标的实际长度为

$$L = \frac{50\times9\times10^{-6}\times10^4}{0.216} = 20.83(\text{m})$$

10.2.3 相对位姿到地心惯性系下的转换

本书所求解的位姿是目标相对于天基观测平台的位姿,简称为"相对位姿"。在天基观测中,观测平台与目标存在相对运动,而两者在一般情况下,都会按照预定的轨道在轨飞行。因此,如果要进一步探讨和分析目标的轨道与姿态变化规律,应将相对位姿转换到惯性坐标系下,一般为地心惯性系 J2000。由于天基观测平台的姿态与位置是已知的,可以很容易地通过目标-天基平台/相机-地球的几何位置关系和成像模型进行相对位姿到地心惯性系下的转换。目标、天基平台、地球几何位置的关系如图 10.6 所示。

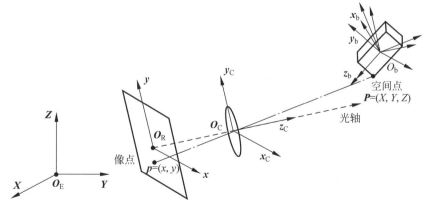

图 10.6 目标、天基平台、地球几何位置的关系示意图

令天基平台上相机的光心为 O_R,每帧图像有唯一的投影中心。假设 $O_E\text{-}XYZ$ 为 J2000 地心惯性系,$O_C\text{-}X_CY_CZ_C$ 为相机坐标系,$O_R\text{-}xy$ 为物理成像平面,O_RO_C 为主光轴方向,$O_b\text{-}X_bY_bZ_b$ 为目标本体坐标系。假设目标上的空间点 P 在其本体坐标系下的坐标为 $P=(X_b,Y_b,Z_b)$,它在成像平面 $O_R\text{-}xy$ 上的投影点(像点)为 $p=(x,y)$。像点 p 在相机坐标系下的 $O_C\text{-}XYZ$ 中的坐标为 $p_C=(x,y,-f)$,f 为焦距。令空间点 P 相对于相机的位姿为 T_{bC},则 p_C 与空间点 P 的对应关系为

$$[x,y,-f]^T=T_{bC}\cdot[X_b,Y_b,Z_b]^T \tag{10.10}$$

若相机坐标系相对于天基平台本体坐标系的位姿为 T_{CP},则成像平面上的像点 p 在天基平台本体坐标系下的坐标可表示为

$$[X_P,Y_P,Z_P]^T=T_{CP}\cdot[x,y,-f]^T \tag{10.11}$$

由于已知在拍照时刻,天基平台的中心点在 J2000 坐标系下的坐标为 $G_e=(X_e,Y_e,Z_e)$,以及天基平台相对于 J2000 坐标或者目标惯性系的位姿 T_{PE},则可得空间点 P 在 J2000 地心惯性系下的坐标为

$$[X,Y,Z]^T=T_{PE}\cdot[X_P,Y_P,Z_P]^T+[X_e,Y_e,Z_e]^T \tag{10.12}$$

综上,根据所估计的目标与相机的相对位姿,可以得到目标相对于 J2000 坐标系的姿态为

$$T_{bE}=T_{PE}\cdot T_{CP}\cdot T_{bC}=\begin{bmatrix}\lambda_{11} & \lambda_{12} & \lambda_{13}\\ \lambda_{21} & \lambda_{22} & \lambda_{23}\\ \lambda_{31} & \lambda_{32} & \lambda_{33}\end{bmatrix} \tag{10.13}$$

虽然相机物理成像平面的中心一般不与天基平台本体坐标系的原点重合,但由于目标到平台的距离远大于该中心点到本体坐标系的原点的距离,故在简化计算时可以忽略相机成像平面的中心点到天基平台本体坐标系的原点之间的差异。

10.3 基于天基可见光图像的位姿估计问题描述与分析

10.3.1 问题描述

基于单幅单目的卫星天基 RGB 图像进行卫星位姿估计的问题可以简化为求解相机坐标系与航天器本体坐标系(或世界坐标系)间的变换问题。6 DOF 位姿由一个 SE(3)变换组成,其中包含 3D 旋转变换 R 和 3D 平移变换 t,R 表示相机坐标系 C 绕航天器坐标系 B 的 X 轴、Y 轴和 Z 轴旋转得到的旋转矩阵,t 是相机坐标系 C 到航天器坐标系 B 的位移。在成像过程中,t 确定了目标在图像中的位置和比例,而 R 根据目标的 3D 形状和纹理,影响目标在图像中的外观[90],如图 10.7 所示。其中,R_{BC} 表示卫星本体坐标系与相机坐标系间的旋转变换,t_{BC} 表示平移变换。

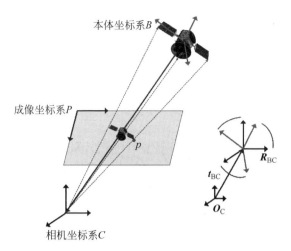

图 10.7　卫星位姿估计问题示意图

大部分基于 RGB 图像的传统位姿估计方法首先通过 SIFT[91]、SURF[92] 或 BRIEF[93] 等特征提取方法,提取并匹配 RGB 图像的特征算子,从而构建 2D-2D 映射关系;接着,利用对极几何、三角测量或者已知的目标 3D 模型,构建图像特征点与 3D 空间点的 2D-3D 映射关系[94];最后,利用构建的映射关系,以及 PnP[95] 或 EPnP[96] 等几何方法,求解卫星的平移和旋转变换。PnP 方法的示意图如图 10.8 所示。

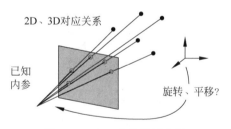

图 10.8　PnP 方法的示意图

传统方法简单且计算快速。但是,当图像中目标的纹理特征非常少时,传统方法的性能就会明显下降。由于空间环境的特殊性,空间图像的清晰度、光线条件、图像背景都会对传统位姿估计方法带来挑战。为了更加明确基于天基图像的传统位姿估计方法所存在的问题,本书使用 SPPED 数据集[97] 中的空间影像,对该问题进行进一步的说明。SPPED 数据集是欧洲航天局(ESA)为其举办的开尔文姿态估计挑战赛(Kelvins Pose Estimation Challenge)[98] 所公布的一个空间影像数据集。该数据集中的所有图像均为"Tango"卫星[99] 的光学影像,数据集包含一部分合成数据和真实数据。拍摄相机为安装在"Mango"卫星[100] 上的光学相机。

图 10.9 描述了卫星图像 2D 特征点的提取与匹配结果。可以看到,在图 10.9 最上方的卫星图像中,卫星呈现出较丰富的纹理。因此,特征点的提取和匹配结果

较好,而中间和最下方的卫星图像由于其纹理特征较少、目标外观变化大、光线条件差等因素,特征提取与特征匹配的结果不理想,这将导致无法通过 PnP 等几何方法估计目标的位姿。图 10.10 展示了在不同角度、距离、光照、背景下,SPEED 数据集中"Tango"卫星的图像样本。可以看出,卫星的 RGB 天基影像与其他自然图像不同的是,RGB 天基影像中的物体一般不会有遮挡的情况,但背景和光照条件的差别会很大。

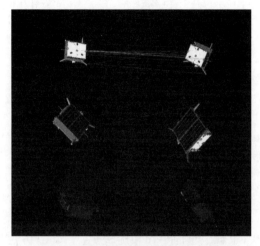

图 10.9　卫星图像特征提取与匹配

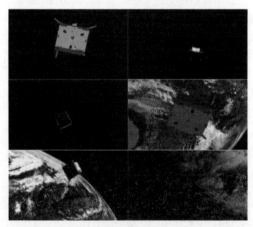

图 10.10　不同角度、距离、光照、背景下,SPEED 数据集中"Tango"卫星的图像样本

综上所述,虽然传统方法的计算速度较快,但当图像的光线条件、背景、拍摄角度等差别较大时,传统方法的鲁棒性较差,只能可靠地处理高分辨率图像中的纹理对象[100]。并且,传统方法的位姿估计性能高度依赖于特征点对应关系的质量。随着人工智能技术的发展,深度学习技术开始被用于解决传统方法的局限性。通过神经网络,可以实现每一张卫星图像的位姿估算。

10.3.2　方法分析

近年来,随着以深度学习为代表的机器学习技术在目标识别、检测领域中的成功应用,深度学习已逐渐应用于目标 6 DOF 位姿估计的研究中。目前,已经提出了多个可以将 RGB 图像直接映射到 6 DOF 位姿的 CNN 神经网络,以及结合了 CNN 和 PnP 的 6 DOF 位姿估计模型。

在传统的图像识别任务中,网络提取的特征多为图案、花纹等细粒度特征,而在位姿估计任务中,需要提取图像中的几何特征。因此,在基于神经网络的位姿估计方法中,目标检测模型是 6 DOF 位姿估计的关键部分。因为通过该模型,能够提取图像的几何特征,这会帮助网络精确定位目标在图像中的位置。Faster-RCN[101] 和 YOLO[102] 等网络是目前主流的目标检测网络。为了追求较高的位姿预测精度,通常会建立大型的深度神经网络。虽然网络层数、参数规模的增加会带来网络精度的提升,但随之而来的问题是过大的计算资源消耗和缓慢的计算速度。因此,为了满足空间接近任务对卫星位姿估计在准确性和实效性方面的要求,应尽量建立如 MobileNets[103]、ShuffleNets[104]、Tiny-YOLOv3[105] 等轻量级的网络,从而更好地实现速度与精度的平衡。

虽然神经网络可以实现端到端的位姿估计,但早期的研究表明,如果能够获得合理的 2D-3D 关键点对应关系,则几何方法能够很好地估计和优化卫星的 6 DOF 位姿。因此,本书在基于神经网络的位姿估计方法中同时使用几何算法,以实现更加准确的卫星位姿估计。通过上文可知,每幅天基卫星图像一般只有一个目标。所以,当没有太高的精度要求时,可以不考虑目标检测的问题。但由于天基图像的背景和光照的变化较大,并考虑到位姿估计模型的通用性,还是需要将图像中的目标假设为"已知但未见过其真形"的目标,并对其进行定位与识别。

为了达到空间目标位姿估计的精度和速度要求,本书提出基于 Tiny-YOLOv3 的架构,构建了新的轻量化 CNN 网络模型,同时结合传统的几何方法,对卫星的位姿进行快速、准确的估计和优化。其中,目标的三维重构是开展位姿估计的前提,10.4 节将在目标 3D 重构的基础上,进一步介绍位姿估计和优化的方法。

10.4　基于关键点回归与几何方法的位姿估计与优化方法

本节在 Tiny-YOLOv3 的基础上建立了轻量化的关键点回归网络,用以实时回归卫星的 3D 关键点在图像中的 2D 投影。卫星的 6 DOF 位姿将会通过 PnP 和位姿优化器得到。基于关键点回归与几何方法的位姿估计与优化方法流程主要分为 3 个步骤:①获取目标的 3D 线框;②构建目标检测器;③位姿估计与优化。流程示意图如图 10.11 所示。由于训练数据的目标模型是已知的,步骤①可以忽略。但是,为了保证方法的完整,先简单地阐述通过图像和所对应的位姿进行目标 3D

线框重构的方法。

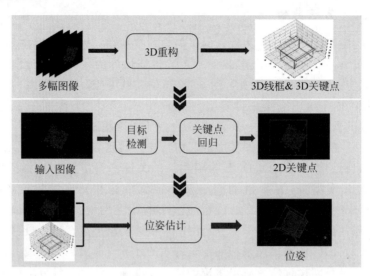

图 10.11　位姿估计流程

　　本节所提出的轻量级的端到端关键点回归网络架构可以实时预测输入图像中,目标 3D 模型的关键点所对应的 2D 位置。该网络架构包含卫星检测子网络与关键点预测子网络两个部分。卫星检测子网络用于识别图像中的目标,并预测输入图像中目标的 2D 边界框(bounding box)。关键点预测子网络将根据原输入图像和 2D 边界框,回归目标关键点在图像中的 2D 位置,从而构建 3D 关键点与图像的 2D 投影点的映射关系。为了能够准确地定位目标在图像中的位置,本章在网络架构的主骨干网络(backbone)中添加了注意力机制模型,并且定义了新的网络输出和损失函数,以提高网络的收敛速度和回归精度。受目前主流的以轻量化网络解决速度-精度平衡问题的启发,关键点回归网络利用了当前新颖的卷积技术来预测精确的 2D-3D 关键点对应关系,并实现了轻量化设计的目的,包括 MobileNetV1 中的深度可分离卷积技术(depth separable convolution)[103],SuffleNetV1[104] 中的组卷积(group convolution)和通道交换(channel shuffle)[105] 技术,以及 CondenseNet[106] 中关于密集网络的策略。与现有的基于神经网络的卫星位姿估计方法[107-108] 相比,本节所提出的网络框架结构更小、参数更少、速度更快。最后,根据获得的 3D-2D 映射关系,利用带有 RANSAC 的 PnP 方法和几何优化模型求解和优化卫星的 6 DOF 位姿。为了方便描述,将 3D 关键点在图像中的投影位置简述为"2D 关键点"。

10.4.1　空间目标的 3D 重构

　　本节介绍了通过多张目标在不同视角、不同姿态下的单目视觉图像,重建由多个 3D 关键点构成的 3D 线框结构。根据已知的目标 3D 模型信息,选择 M 个能够代表目标的 3D 关键点来描述目标的 3D 线框,记为 $\{x_k\}_{k=1}^M$。需要注意的是,这些关键点应在 2D 图像中尽可能可见,并且与已知的 3D 先验模型的几何特征紧密相关,能够较好地描述目标的 3D 结构。对于卫星而言,关键点可以是卫星帆板的角点或端点、卫星本体的角点、特征明显的天线的端点等。对于 SPEED 数据集的“主角”——“Tango”卫星,本节选择了 $M=11$ 个点来描述它的 3D 结构,分别是 8 个卫星的角点,以及 3 个天线的端点(工程中可根据实际情况灵活选择端点)。从 SPEED 数据集的训练集中人工挑选 N 张不同角度、不同姿态、质量清晰的图像,并分别在 N 张图像上仔细标注出 M 个 3D 关键点对应的 2D 投影位置。令 p_k^i 表示第 i 张图像上、第 k 个关键点的 2D 位置,则 3D 关键点 $\{x_k\}_{k=1}^M$ 可以通过下式计算得到:

$$\min\sum_{i,k}\parallel p_k^i - K[R_i\mid t_i]x_k^i\parallel_2^2 \tag{10.14}$$

式中,K 表示相机的内参矩阵,R_i 和 t_i 分别表示第 i 张图像所对应的旋转和平移变换的真实值,则变换矩阵(6 DOF 位姿)可以表示为 $E=[R_i\mid t_i]\in \mathrm{SE}(3)$。使用 MATLAB 的工具箱 CVX solver 求解。“Tango”卫星的 3D 关键点和线框结构如图 10.12(a)所示,3D 关键点投影到图像上的 2D 位置和边界框如图 10.12(b)所示。

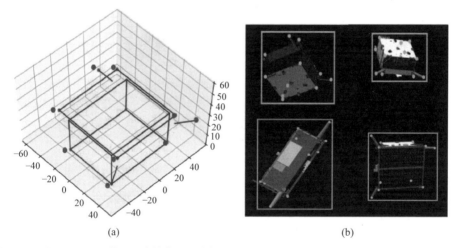

(a)　　　　　　　　　　　　　(b)

图 10.12　“Tango”卫星的 3D 关键点、3D 线框结构和 3D 关键投影到图像上的 2D 位置和边界框
(a) 3D 关键点、线框结构;(b) 3D 关键点投影到图像上的 2D 位置和边界框

10.4.2　可评估边界框可靠性的卫星检测子网络

本节基于 Tiny-YOLOv3 构建了关键点回归网络,其中包括卫星检测子网络与关键点预测子网络。关键点回归网络的结构如图 10.13 所示。图中的骨干网络是卫星检测子网络和关键点预测子网络的主干,卫星检测子网络和关键点预测子网络共享一个主干结构和主干网络参数。

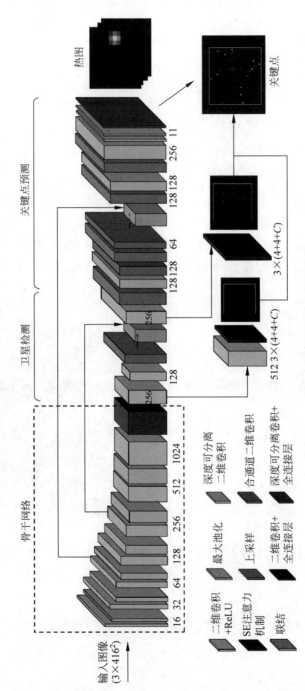

图 10.13　关键点回归网络的结构示意图

1. 模型设计

卫星检测子网络用以预测输入图像中的目标 2D 边界框和目标类别。Tiny-YOLOv3 以其快速的计算特点获得了广泛关注,并可以应用到移动端设备。Tiny-YOLOv3 为全卷积网络,网络中的每一层卷积层后都连接了一层最大池化层(max-pooling),用以对特征图进行下采样(downsampling)。Tiny-YOLOv3 网络使用 13×13、26×26 两种尺度的特征图完成目标的检测。使用多种尺度的特征图会提升目标检测的精度,这也是目前主流目标检测网络常用的做法。简单来说,Tiny-YOLOv3 网络通过缩减骨干网络的网络层数,提高网络计算速度,并利用最大池化层的特点和多尺度策略,保证目标检测的准确度。

虽然 Tiny-YOLOv3 能够保证计算的速度,但由于特征提取层数的减少,相对于 YOLOv3 而言,Tiny-YOLOv3 的目标检测均值平均精度(mean average precision,mAP)不可避免地受到了损失。尤其是对光线和背景变化较大的空间图像,Tiny-YOLOv3 的识别结果并不令人满意。因此,为了使模型具有较快的计算速度,同时提升对空间图像的识别精度,本章在 Tiny-YOLOv3 骨干网络的最后一层后,使用了 SENets 的 SE 注意力机制(SE attention)模型。该模型首先对骨干网络得到的维度为 $C \times H \times W$ 的特征图进行全局平均池化(C、H、W 分别表示特征图的通道数、高、长),从而生成 $1 \times 1 \times C$ 的特征图;然后,使用一层全连接层对该特征图作非线性变换,得到每一个通道的评价分数;最后,将评价分数作为权重与对应的通道进行乘法操作。全局平均池化层可以防止网络过拟合。通过该注意力机制模块,目标检测网络可以学习特征图各通道之间的相关性,得到针对通道的注意力,同时可以增加网络的稳定性,提高网络目标检测的精度。

卫星检测子网络将生成图像的 2D 边界框参数。边界框被定义为包含目标的轴对称矩形框,其参数包括边界框的中心点(c_x,c_y)、长 w 和高 h。Tiny-YOLOv3 将根据 $S = 13 \times 13$ 和 $S = 26 \times 26$ 这两个尺度的特征图进行目标检测,每个尺度的特征图为 $S \times S \times D$ 的 3D 张量。其中,每个特征图被划分为 $S \times S$ 的网格,每一个位置在 i 处的单元格($i \in S \times S$)都会被分配一个维度为 D 的张量,该张量包含 2D 边界框的参数、目标的类别和目标置信度。Tiny-YOLOv3 的输出如图 10.13 所示。Tiny-YOLOv3 使用了锚(anchors)机制进行目标的检测。由于卫星检测网络是基于 Tiny-YOLOv3 构建的,卫星检测网络对每个尺度的特征图使用 3 个锚,以预测卫星边界框的参数,则每个单元格的张量维度为 $D = 3 \times (4 + 1 + C)$。其中,"3"表示 3 个锚,括号中的数字和字母分别代表边界框的 4 个参数、1 个目标置信度,和属于 C 个类中每一个类别的概率。

Tiny-YOLOv3 网络不仅需要具备预测出边界框准确位置的能力,还需要具有赋予目标出现的区域高置信度、赋予其他区域低置信度的能力[98]。目标置信度用以判断图像单元格是否包含所需检测的目标。Tiny-YOLOv3 的目标置信度描述了每一个单元格包含目标的可能性大小,当单元格 i($i \in S \times S$)的目标置信度为 1

时,说明边界框的中心点处于该位置,则目标边界框的 w、h 和目标所属类别都会由该单元的 $\boldsymbol{D}$ 维张量决定。因此,可以将目标置信度看作对边界框的中心坐标 (c_x,c_y) 的可靠性的评价。虽然 Tiny-YOLOv3 预测了边界框中心点位置的可靠性,但并没有预测整个边界框的可靠性,即并没有评估 w、h 的可靠性。这将导致网络无法准确区分不同质量的边界框。由于所有的 2D 关键点都包含于边界框,对于卫星关键点回归而言,无法准确区分不同质量的边界框会对关键点的回归造成很大的影响。文献[109]阐述了 YOLOv3 在回归策略方面存在的问题。

因为 YOLOv3 网络使用 MSE 对边界框进行回归,同时对尺度非常敏感。所以,即使当不同的预测边界框与真值边界框的 $L2$ 范数相同,也会存在交并比(itersection over union,IoU)差别很大的情况。图 10.14 展示了 4 个与边界框真值的 $L2$ 范数相同,但 IoU 不同的预测边界框。图中的绿色实线框表示真值边界框,红色虚线框表示预测的边界框。从图中可以看出,虽然 4 个预测框与真值边界框的 $L2$ 范数相同,边界框的中心点也在同一个单元格内,但由于长和高的边界坐标不同,所以与真值的 IoU 不同,这将导致目标定位不准确,2D 关键点的回归精度也将受到影响。

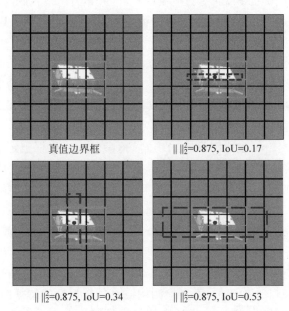

真值边界框　　　　$\|\ \|_2^2$=0.875, IoU=0.17

$\|\ \|_2^2$=0.875, IoU=0.34　　　　$\|\ \|_2^2$=0.875, IoU=0.53

图 10.14　与真值的 $L2$ 范数相同,但 IoU 不同的 4 个预测边界框

为了解决上述问题,本章在卫星检测子网络中增添了对整个边界框可靠性进行评估的模型,用以评估对边界框的 w 和 h 的可靠性。卫星检测子网络的输出除了原有的边界框的 4 个坐标位置、目标置信度和目标所属类别外,还增加了对边界框的 w 和 h 的可靠性评分,分别表示为 Pro_w、Pro_h。将 w、h 和 Pro_w、Pro_h 建模为二维高斯分布。其中,边界框的 w 和 h 为高斯分布的均值,所对应的可靠性评

分 Pro_w、Pro_h 为标准差。因此,卫星检测子网络的输出维度为 $\boldsymbol{D}=3\times(4+2+1+C)$,如图 10.15 所示。通过预测 w 和 h 的可靠性,即边界框的可靠性,并定义新的回归策略,可以提升预测边界框的准确度。

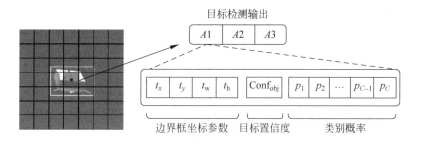

Tiny-YOLOv3原输出

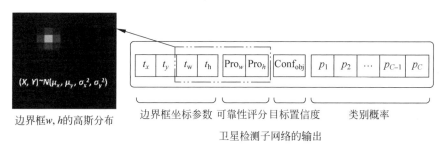

图 10.15　Tiny-YOLOv3 的输出和卫星预测子网络的输出

2. 边界框可靠性评估的损失函数

由于网络的输出包含了对边界框可靠性的判断,需要定义新的回归策略和损失函数。卫星检测子网络的损失函数保留了 Tiny-YOLOv3 的损失函数,同时新增了边界框可靠性评估损失函数。边界框可靠性的损失函数定义为

$$
\begin{cases}
L_{\text{boxgmap}}=-\sum_{i}^{W}\sum_{j}^{H}\sum_{k}^{A}1_k^{\text{truth}}\lambda_{i,j,k}\cdot(\text{truth}^{\text{boxgmap}}-H)^2 \\
H=N(w(g_{i,j,k}),h(g_{i,j,k}),\text{Pro}_w^2(g_{i,j,k}),\text{Pro}_h^2(g_{i,j,k})\mid g_{i,j,k}\in G) \\
(X,Y)\sim N(\mu_x,\mu_y,\sigma_x^2,\sigma_y^2)\quad f(x,y)=\dfrac{1}{2\pi\sigma_x\sigma_y}\exp\left(-\dfrac{1}{2}\left(\dfrac{(x-\mu_x)^2}{\sigma_x^2}+\dfrac{(y-\mu_y)^2}{\sigma_y^2}\right)\right)
\end{cases}
$$
$$(10.15)$$

式中,λ 为权重,$g_{i,j,k}\in G$ 为图像网格 G 的单元格,$w_{i,j,k}=\exp(t_w(g_{i,j,k}))p_w$、$h_{i,j,k}=\exp(t_h(g_{i,j,k}))p_h$ 分别表示预测边界框的宽与高,p_w、p_h 分别为先验锚的宽与高。边界框 2D 高斯分布真值的生成方法为,将边界框真值的宽和高作为均值,标准差设定为 1。式(10.15)为一张图像的损失,对于一个批次,损失取平均。令 Tiny-YOLOv3 的损失函数为 L_{oriDet},则卫星检测子网络的损失函数为

$$L_{\text{ObjDet}}=\lambda_{\text{oriDec}}L_{\text{oriDec}}+\lambda_{\text{boxgmap}}L_{\text{boxgmap}}$$
$$(10.16)$$

根据多次训练的经验结果,将 $\lambda_{\mathrm{oriDec}}$ 设置为 1.0, $\lambda_{\mathrm{boxgmap}}$ 设置为 10.0。卫星检测子网络依旧使用 MSE 计算边界框的预测误差。由于 SPEED 数据库并没有给出每张图像的真值边界框,需要在训练前计算每张图像的边界框真值。通过已知的图像所对应的位姿真值和之前计算得到的 3D 关键点、2D 关键点,能够很容易地利用几何投影关系计算每张图像的边界框真值。计算得到的边界框真值如图 10.12(b) 所示。

综上,在对图像进行卫星检测时,最终的检测边界框将由目标置信度 Pr(Obj)、预测边界框与真值边界框的($\mathrm{IoU}_{\mathrm{GT}}^{\mathrm{Pre}}$)、目标所属类别概率 Pr(cls),以及边界框可靠性评分 Pro_w、Pro_h 共同决定,即

$$\mathrm{score} = \mathrm{Pr(Obj)} * \mathrm{IoU}_{\mathrm{GT}}^{\mathrm{Pre}} * \mathrm{Pr(cls)} * \mathrm{Pro}_w * \mathrm{Pro}_h \tag{10.17}$$

10.4.3　可评估关键点存在性的 2D 关键点预测子网络

卫星检测子网络可以获得目标的边界框,同时精确定位图像中目标所在的位置。因此,卫星检测子网络所提取的特征为图像的几何特征。通过提取的几何特征可以进一步检测目标的 2D 关键点,从而得到目标的位姿状态。本节所提出的关键点预测子网络方法可用于目标 2D 关键点的回归。

关键点预测子网络将使用每张输入图像的 2D 关键点真值 $\{p_k\}_{k=1}^M$、卫星检测子网络预测的边界框和输出的特征图进行网络的训练。关键点预测子网络融合了多个尺度的特征,并充分利用了浅层的定位特征信息。为了节省计算资源和时间,本节利用卫星检测子网络中间层的特征图输出作为关键点预测子网络的输入。为了确定关键点预测子网络的输入特征图和结构,本章从训练集中挑选出不同光照条件、不同背景、目标大小差距较大的 4 张图像作为目标检测子网络的输入,并使用训练了 300 次的卫星检测子网络提取 4 张图像的特征图。卫星检测子网络的最后两个不同尺度的卷积层所生成的特征图如图 10.16 所示,图中的上半部分为 13×13 的特征图,下半部分为 26×26 的特征图。为了方便描述,将卫星检测子网络的最后两层不同尺度的卷积层称为"检测层"。

通过图 10.16 可以发现,由于尺度为 26×26 的检测层融合了浅层特征,即使是光线较暗且目标尺寸较小的图像(如图 10.16 中的图像①、②、④),该检测层生成的特征图也具有与目标纹理和位置相关的丰富特征。因此,该检测层能够较好地检测小目标,并很好地区分背景与目标。对于与图 10.16 中图像③类似的图像(地球背景、物体尺寸较小),网络很难区分地球背景和物体,这可能会影响关键点回归的准确性。综上,将卫星检测网络中尺度为 26×26 的检测层生成的特征图作为关键点预测子网络的输入,从而提高关键点的预测精度。同时,使用由卫星检测子网络生成的 2D 边界框来提高关键点预测精度和对地球背景的鲁棒性。

虽然,在网络的骨干网络中使用多个最大池化层能够增强网络的泛化能力,但是却损失了一些特征信息,这并不利于关键点的回归。为了解决上述问题,本章在

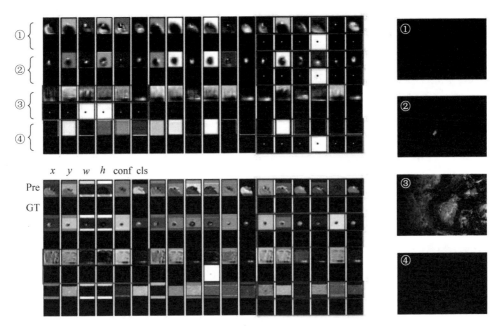

图 10.16 卫星检测子网中,最后 2 层检测层所生成的特征图

关键点预测子网络中,使用了多个上采样层(upsampling),以将 26×26 的特征图还原到输入图像的大小,即 416×416。同时,关键点预测子网络融合了浅层的特征,从而尽可能地保留了图像原有的特征规模。为了能够提升关键点的预测速度,网络模型充分利用了 MobileNetV[103] 的深度可分离卷积技术,SuffleNetV1[104] 的组卷积和通道交换技术进一步减少网络所需要的参数,从而实现构建轻量化网络的目的。同时,网络充分利用了特征图通道间的关联性,以提升关键点预测的准确性。对于回归 2D 关键点的位置,最直接的方法是在卷积层后添加多个全连接层。然而,这样的做法难免使得网络的权值过大,导致网络计算的速度降低。并且,由于一些卫星的细粒度特征(如帆板、本体、天线等)并不明显,某些卫星间的细粒度特征差异也不是很大,而关键点回归的问题则是更倾向于细粒度特征识别,所以,这里所提出的关键点预测子网络末端放弃使用全连接层,而是利用多层卷积层生成每一个关键点的预测热图(heatmap)。在关键点预测子网络的末端使用了 3 层卷积层,分别为 2 层 3×3 的深度可分离卷积层和一层卷积核数量为 $M=11$ 的 1×1 的深度卷积层,以得到每一个 2D 关键点的热图。使用 3 层深度可分离卷积层的原因是可以减少网络参数的数量,同时保持每一个热图的特征(在最后一层卷积层中,每一个热图对应一个卷积核)。模型利用 S 型函数将热图转换到 $[0,1]$ 空间,通过搜寻热图中最大值的坐标位置,得到预测的 2D 关键点坐标 $\{(\hat{x}_k, \hat{y}_k)\}_{k=1}^{M}$。

使用 MSE 定义一个关键点的热图损失:

$$L_{\text{heatmap}} = \lambda_{\text{heatmap}} \frac{1}{M} \sum_{k=1}^{M} 1_k^{\text{visible}} (\hat{h}_{p_k} - \text{truth}_k^h)^2 \qquad (10.18)$$

式中,λ_{heatmap} 为损失系数,M 为 2D 关键点的个数。1_k^{visible} 的定义为,若实际的 2D 关键点 p_k 出现在图像中,则值为 1,否则为 0。$\hat{h}_{p_k}$ 为预测的 2D 关键点的热图,truth_k^h 为每一个 2D 关键点的真值热图,其真值热图的定义是均值为 2D 关键点的 2D 坐标。标准差为 1 的 2D 高斯分布可以写为

$$\text{truth}^h \sim N(x_k, y_k, 1, 1), \quad f(x, y) = \exp[-\log 2 \cdot ((x - x_k)^2 + (y - y_k)^2)]$$
$$(10.19)$$

式中,(x_k, y_k) 是真值 2D 关键点 p_k 的坐标。

如果只通过最小化式(10.19)来训练关键点的预测子网络,则可能导致不同质量的预测热图与真值热图拥有相同的 $L2$ 范数或 $L1$ 范数,进而导致预测的 2D 关键点是错误的。如图 10.17 所示,图中的数字代表预测热图的单元格与对应的真值热图单元格的 $L2$ 范数或 $L1$ 范数。其中,每张预测热图与真值热图的 $L2$ 范数或 $L1$ 范数都是相同的,但并不是所有热图都正确地反映了 2D 关键点的位置。通过图 10.17 右上和左下的热图可以得到正确的 2D 关键点坐标,而右下的热图无法正确预测关键点的位置。

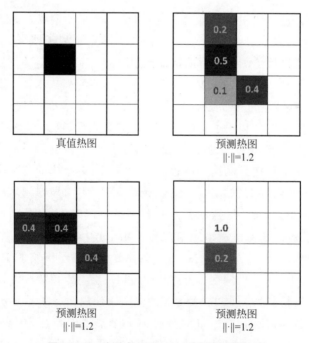

图 10.17　真值热图和 3 个可能的预测热图

为了解决上述问题,同时提高关键点预测精度、加快网络收敛速度,关键点预测子网络增添了 2D 关键点的存在性评分,描述热图的单元格包含关键点的可能

性。关键点存在性损失可以写为

$$
\begin{cases}
L_{\mathrm{kp}} = \lambda_{\mathrm{kp}} \displaystyle\sum_k^M \sum_i^W \sum_j^H 1_k^{\mathrm{visible}} \big[1_{k,i,j}^{\mathrm{coord}} \log(\hat{h}_{p_k}(g_{k,i,j}))\big] \\
L_{\mathrm{nokp}} = \lambda_{\mathrm{nokp}} \displaystyle\sum_k^M \sum_i^W \sum_j^H 1_k^{\mathrm{visible}} \big[1_{k,i,j}^{\mathrm{nocoord}} (1 - \log(\hat{h}_{p_k}(g_{k,i,j})))\big]
\end{cases}
\tag{10.20}
$$

式中，L_{kp} 为热图的单元格包含 2D 关键点的损失；L_{nokp} 表示单元格不包含 2D 关键点的损失；λ 为系数；W 和 H 分别为热图的宽和高；$1_{k,i,j}^{\mathrm{coord}}$ 判断热图的单元格 $g_{k,i,j}$ 是否包含关键点，真值热图中 2D 关键点所在的网格负责该值的判断；$\hat{h}_{p_k}(g_{k,i,j})$ 表示 2D 关键点 p_k 的热图中 $g_{k,i,j}$ 处的值；$1_{k,i,j}^{\mathrm{nocoord}}$ 用来判断热图的单元格是否不包含 2D 关键点，真值热图中除 2D 关键点所在的位置之外的网格负责该值的判断。预测的 2D 关键点的坐标 $\{(\hat{x}_k, \hat{y}_k)\}_{k=1}^M$ 可以通过搜索预测热图中最大值所在的位置的坐标得到。若将实际的 2D 关键点在真值热图的坐标记为 $\{(x_k, y_k)\}_{k=1}^M$，那么可以通过式(10.21)评价预测 2D 关键点坐标的正确性：

$$
\begin{cases}
L_x = \dfrac{1}{M} \displaystyle\sum_{k=1}^M (x_k - \hat{x}_k)^2 \\
L_y = \dfrac{1}{M} \displaystyle\sum_{k=1}^M (y_k - \hat{y}_k)^2
\end{cases}
\tag{10.21}
$$

但问题是，如果预测的 2D 关键点 $\{(\hat{x}_k, \hat{y}_k)\}_{k=1}^M$ 是不可微的，则无法通过最小化 L_x 和 L_y 来调整网络的参数。因此，为了提高对 2D 关键点坐标位置预测的精度，同时加快网络的收敛速度，网络使用 MSE 分别计算预测热图中 2D 关键点所在单元格处的值、其余单元格处的值与对应的真值热图单元格处的值的平均平方误差，记为 L_{coord} 和 L_{nocoord}：

$$
\begin{cases}
L_{\mathrm{coord}} = \lambda_{\mathrm{coord}} \displaystyle\sum_k^M \sum_i^W \sum_j^H 1_k^{\mathrm{visible}} 1_{k,i,j}^{\mathrm{coord}} (\hat{h}_{p_k}(g_{k,i,j}) - \mathrm{truth}_{i,j,k}^h)^2 \\
L_{\mathrm{nocoord}} = \lambda_{\mathrm{nocoord}} \displaystyle\sum_k^M \sum_i^W \sum_j^H 1_k^{\mathrm{visible}} 1_{k,i,j}^{\mathrm{nocoord}} (\hat{h}_{p_k}(g_{k,i,j}) - \mathrm{truth}_{i,j,k}^h)^2
\end{cases}
\tag{10.22}
$$

式中，$\mathrm{truth}_{i,j,k}^h$ 表示真值热图中 2D 关键点所在单元格的值。因此，2D 关键点预测子网络的损失可以写为

$$
L_{\mathrm{KR}} = L_{\mathrm{heatmap}} + L_{\mathrm{kp}} + L_{\mathrm{nokp}} + L_{\mathrm{coord}} + L_{\mathrm{nocoord}}
\tag{10.23}
$$

经过多次的训练实验，将 $\lambda_{\mathrm{heatmap}}$ 设置为 50.0，将 λ_{kp}、λ_{coord} 设置为 1.0，将 λ_{nokp}、$\lambda_{\mathrm{nocoord}}$ 设置为 10.0。为了避免地球背景的干扰，关键点预测子网络使用了卫星检测子网络输出的预测边界框。因此，在计算热图时，只需计算在预测边界框内的单元格的值，这样可以大大减少计算量。

综上，关键点回归网络的损失函数可以写为

$$
L = L_{\mathrm{ObjDet}} + L_{\mathrm{KR}}
\tag{10.24}
$$

式中,L_{ObjDet} 为卫星检测子网络的损失函数,L_{KR} 为关键点预测子网络的损失函数。式(10.24)中的损失函数 L 是每一张图像的损失,对每一个批次的损失取平均值。本书对关键点回归网络的训练策略是"先分阶段训练、后合并训练",即在训练关键点回归网络时,先训练卫星检测子网络,再和关键点预测子网络一起训练。

10.4.4　位姿的估计与优化

本节使用带有 RANSAC 的 EPnP 和几何方法,通过关键点回归网络获得的目标 2D-3D 映射关系,计算并优化 6 DOF 位姿的预测结果。首先,使用 EPnP 和 RANSAC 方法,求出位姿的初值 $\hat{E}_0 = [\hat{R}_0 | \hat{t}_0]$。然后,通过光束法平差(bundle adjustment,BA),对位姿进行优化。通过求解式(10.25)来优化 6 DOF 位姿 $\hat{E}$:

$$\min_E \sum_k \log(\cosh(\hat{p}_k - K\hat{E}x_k)) \tag{10.25}$$

式中,K 为相机内参,$\hat{p}_k$ 为 2D 关键点的估计值,x_k 为目标的 3D 关键点在世界坐标系下的坐标。式(10.25)为 Log-cosh 损失函数,其对异常点的鲁棒性较强。使用莱文贝格-马夸特算法(Levenberg-Marquardt algorithm,LMA)[110] 来求解式(10.25)。

10.5　实验与模型性能评估

本节将评估所提出的位姿估计方法在 SPEED 数据集上的性能。同时,将提出的方法与目前主流的基于单目视觉 RGB 图像的位姿估计方法进行比较,这些方法都不需要使用深度信息来进行位姿估计。

对于基于关键点预测的位姿估计方法,由于关键点的回归性能直接关系位姿估计结果,实验只对方法中的卫星检测和位姿估计结果进行验证,而不再单独对关键点预测性能进行评估。而对于基于位移与旋转回归的位姿估计方法而言,由于方法模型将 BA 过程集成到了网络架构中,实验除了对方法中的卫星检测和位姿估计结果进行验证,还会对可微的 BA 方法与传统的 BA 方法的位姿优化结果进行比较。需要注意的是,由于 SPEED 数据集中的图像只有一个卫星对象,对于 SPEED 图像数据集而言,位姿估计任务中的卫星检测子任务是一个单类目标检测任务。但是,为了使所提出的模型更具泛化性,在实验中,将图像中的卫星目标设定为类别 0,将图像背景设定为类别 1,则单类目标检测子任务就变为了一个多类目标检测任务。两种算法的模型皆使用 Pytorch 架构进行设计与构建。

10.5.1　训练集与测试集

在 SPEED 数据集的训练集中,共有 12000 张合成图像和 5 张实际拍摄的图像,每一张图像都给出了对应的真值位姿数据。在 SPEED 数据集的测试集中,共有 2998 张合成图像和 300 张真实图像[97]。在 SPEED 数据集中,每张图像的尺寸为 1920px×1200px。用于拍摄 SPEED 数据集图像的摄像机参数如表 10.1 所示。相机参数确定了相机的内参矩阵。在实验中,忽略相机畸变带来的影响。

表 10.1　用于拍摄 SPEED 数据集图像的摄像机参数

参　　数	定　　义	数　　值
Fx	水平方向的焦距	17.6mm
Fy	竖直方向的焦距	17.6mm
nu	水平方向的像素数量	1920 个
nv	竖直方向的像素数量	1200 个
du	水平方向的单位像素尺寸	5.86×10^{-3} mm
dv	竖直方向的单位像素尺寸	5.86×10^{-3} mm

由于 SPEED 数据集的测试集并没有给出相应的位姿真值,所以无法基于测试集进行方法的评估。因此在实验时,从 SPEED 数据集的训练集中随机选择 80% 的合成图像作为训练集,剩余的 20% 的合成图像和 5 张真实图像将用作测试集。

10.5.2　评价指标

本章使用不同的评价指标,对卫星检测和位姿估计的结果进行评估,同时也对网络的轻量化设计进行评估。

1. 卫星检测评价指标

卫星检测使用平均 IoU(mIoU)、平均精度(average precision,AP)、平均精度均值(mean average precision,mAP)、平均召回率(average recall,AR)来衡量检测的效果。

如果需要计算检测的精度(precision)和召回率(recall),则必须要判断目标检测的真正例(true positives,TP)、假正例(false positives,FP)、真负例(true negatives,TN)和假负例(false negatives,FN)。为了得到 TP 和 FP,就需要用到预测 2D 边界框的目标置信度,和预测边界框与真值边界框的 IoU。对于目标检测任务来说,一个具体的目标检测包括预测一个边界框的坐标、置信度和目标的类别。卫星检测子网络会输出大量的边界框,但其中大部分的边界框都具有非常低的目标置信度,一般会将低置信度的边界框视为无效的或错误的边界框。通常,会设定一个置信度阈值作为评判预测边界框是否有效的依据;同时,该阈值也是划分预测边界框是正例还是负例的标准之一。在本实验中,目标置信度阈值被设置为 0.5,大于置信度阈值的所有预测结果(不考虑目标分类结果)都被视为正例,低于阈值的预测结果都是负例。

IoU 被定义为预测 2D 边界框与真值边界框的交面积 $\mathfrak{R}_I$ 与预测 2D 边界框和

真值边界框的并面积 $\mathfrak{R}_U$ 之比。IoU 的图形描述如图 10.18 所示。

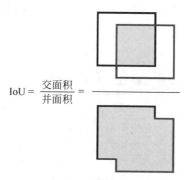

$$\text{IoU} = \frac{\text{交面积}}{\text{并面积}} = \frac{}{}$$

图 10.18　IoU 的图形描述

则 IoU 可以写为

$$\text{IoU} = \frac{\mathfrak{R}_I}{\mathfrak{R}_U} \tag{10.26}$$

若目标检测模型对 N 个样本进行了检测,则 mIoU 的定义为

$$\text{mIoU} = \frac{1}{N}\sum_{k=1}^{N}\text{IoU}_k \tag{10.27}$$

对于目标检测任务,令 IoU 的阈值为 γ,则正例中的 IoU$\geqslant\gamma$ 且目标分类正确的检测结果被认定为 TP。γ 不同,TP 和 FP 的数量也会发生变化。精度 P 和召回率 R 的计算公式为

$$P(\gamma) = \frac{\text{TP}}{\text{TP}+\text{FP}}, \quad R(\gamma) = \frac{\text{TP}}{\text{TP}+\text{FN}} \tag{10.28}$$

每个图像中的目标类别 C 的精度可以表示为,目标类别 C 的精度为边界框的目标置信度大于阈值、IoU 大于 IoU 阈值且目标分类为 C 的预测结果或边界框的目标置信度大于阈值且目标分类为 C 的预测结果。为了计算召回率,需要知道 FN 的数量。对于卫星预测子任务,FN 可以简单定义为检测模型漏检的目标物体。对于每张图片,真值标注数据给出了在图片中各物体类别的实际数量。因此,召回率计算公式中的 TP+FN 为所有真值边界框的总数。

AP 可以通过 $P\text{-}R$ 曲线得到,$P\text{-}R$ 曲线是以精度和召回率作为纵、横轴坐标的二维曲线。通过计算在不同 IoU 阈值下的目标检测精度和召回率,即可画出 $P\text{-}R$ 曲线。精度越高,召回率越低。一般情况下,不可能同时保证较高的精度和召回率。$P\text{-}R$ 曲线围起来的面积就是 AP。通常,分类器的性能越好,AP 越高。在目标检测中,对于每一个类别,都可以根据召回率和精度绘制 $P\text{-}R$ 曲线,AP 就是该曲线下的面积,mAP 就是所有类的 AP 的平均值。AP 的计算公式可写为

$$\text{AP} = \frac{1}{|\Upsilon|}\sum_{\gamma\in\Upsilon}P(\gamma) \tag{10.29}$$

式中,Υ 表示不同的 IoU 阈值所组成的集合,取值为 $\Upsilon = [0.5, 0.55, 0.60, \cdots,$

0.95],|Υ|表示Υ的长度。

式中,AR被定义为在不同的IoU阈值下,召回率R的均值,可以表示为

$$AR = \frac{1}{|\Upsilon|} \sum_{\gamma \in \Upsilon} R(\gamma) \tag{10.30}$$

由于SPEED数据集的每一张图像只对应一个真值边界框且只有一个目标,所以在计算AP时,只需要计算类别0的AP;在计算召回率R时,TP+FN为所有测试集中图像的总数。

本章通过实验计算了IoU阈值$\gamma = 0.5$时的mAP(记为$AP^{0.5}$),以及$\gamma = 0.75$时的mAP(记为$AP^{0.75}$)。同时,也根据测试图像中目标尺寸的大小,定义了6种不同的mAP和mAR指标,包括AP^S、AP^M、AP^L、AR^S、AR^M、AR^L。根据图像中目标真值2D边界框的面积大小$\Re_{gt}$,将图像划分为小尺寸目标图像($\Re_{gt} < 38^2$)、中尺寸目标图像($38^2 < \Re_{gt} < 101^2$)和大尺寸目标图像($\Re_{gt} > 101^2$)。AP^S、AR^S,AP^M、AR^M、AP^L、AR^L分别表示对于小尺寸目标、中尺寸目标、大尺寸目标图像的检测平均精度和平均召回率。

2. 卫星位姿估计评价指标

卫星位姿估计的评价指标为旋转误差ξ_R和平移误差ξ_T。本章将旋转误差定义为估计的旋转变换和真值旋转变换的误差。将旋转变换表示为四元数,假设预测的四元数结果为$\hat{q}$,q表示真值四元数,则旋转误差ξ_R可表示为

$$\xi_R = 2\arccos(|z_r|) \tag{10.31}$$

式中,z_r为$\hat{q}\mathrm{conj}(q)$的实部,$\mathrm{conj}(\cdot)$表示共轭。

平移误差定义为预测的平移矩阵与真值平移矩阵的$L2$范数。令$\hat{t}$和t分别表示预测平移矩阵和估计平移矩阵,则平移误差ξ_T可以写为

$$\xi_T = \|\hat{t} - t\|_2 \tag{10.32}$$

3. 网络轻量化设计指标

为了评估所提出网络模型的复杂性和实时性,使用网络参数总数N_{Params}和每秒帧率(frame per second,FPS)对模型的轻量化设计进行评估。FPS表示每秒内模型可以处理的图片数量。网络模型的参数越少意味着网络的轻量化设计优秀,所占用的计算资源少;FPS越大,模型的计算速度越快,实时性越好。网络的训练和测试均在NVIDIA Titan X上进行。

10.5.3　实验验证

本节将对基于关键点回归与几何方法的位姿估计与优化方法进行实验验证。

1. 训练参数设置

在训练过程中,使用随机梯度下降算法(stochastic parallel gradient descent

algorithm,SGD)对网络进行优化,动量设置为 0.9,权重衰减率设置为 0.0001。训练周期设置为 240。训练批次的大小设置为 8 张图像。将在 COCO 数据集上训练过的 Tiny-YOLOv3 的骨干网络权重作为网络模型的初始参数。初始学习率 lr_0 设置为 0.001,并在每 20 个训练迭代后更新学习率为 $lr=lr_0/2$。

在训练前,需要定义先验锚的尺寸,该项步骤由 K 平均聚类方法完成。由于提出的网络模型需要使用 6 个锚,将需要聚类的类别设置为 6。通过计算,6 个锚的宽和高为:(30,47)、(42,88)、(55,59)、(73,105)、(103,169)、(172,254)。

2. 位姿估计结果

利用训练集和设置的训练参数对模型进行训练,在 240 次迭代后,关键点回归网络的训练损失为 0.015。为了说明使用注意力机制和使用边界框可靠性评估的优势,实验将所提出的模型与①仅使用注意力机制的模型,以及②没有使用注意力机制与边界框可靠性评估的模型进行了比较。由于上述 3 种模型的不同之处在于卫星检测子网络的骨干网络是否使用了注意力机制,以及检测子网络的损失函数是否添加了边界框可靠性评估损失(没有使用注意机制和边界框可靠性评估的模型与 Tiny-YOLOv3 的结构一致),为了方便对比描述,将关键点回归网络模型标记为"Atten-wh",将仅使用注意力机制的模型标记为"Atten",将没有使用注意机制和边界框可靠性评估的模型标记为"Ori-YOLOv3-Tiny"。

经过 240 次迭代后,Atten 的训练损失收敛至 0.7,而 Ori-YOLOv3-Tiny 的训练损失仅收敛至 1.315。3 种模型的训练损失如图 10.19 所示。其中,图 10.19(a)展示了 3 种模型的训练损失曲线趋势,图 10.19(b)展示了卫星检测子网络中,最后两层检测层(标记为 YOLO-1、YOLO-2)的边界框可靠性评估损失。从图 10.19(a)可以看到,当模型使用注意力机制时,模型的收敛速度比没有使用注意力机制和边界框可靠性评估的模型快;当模型没有使用注意力机制和边界框可靠性评估时,模型的收敛速度不仅慢,而且在同样的训练迭代次数下,网络模型的收敛结果并不令人满意;而当模型同时使用注意力机制和边界框可靠性评估时,网络模型的收敛速度和收敛结果都较为优秀。由于关键点回归网络会输出每一个关键点对应的热图,而卷积层输出特征图的一个通道对应的就是一个关键点的热图,所以卷积层输出特征图的每个通道对于回归结果都非常重要。通过添加通道注意力机制,可以控制每个通道的特征,并加快关键点回归模型的收敛速度。通过添加边界框可靠性评估的损失,可以提高目标检测的准确性,也可以加快模型的收敛速度。由于关键点回归需要使用边界框信息,所以提高检测边界框的可靠性是非常有必要的。

同时,本章对关键点存在评估模型对关键点回归的影响进行了验证。首先,实验建立了一个实验对比模型。该模型为删除本章所提出的关键点存在评估模型后的关键点回归模型,将其命名为"NoKE"。然后,分别对使用了关键点存在评估模型的关键点回归子网络(将其称为"KE")和 NoKE 进行训练。实验环境与数据与

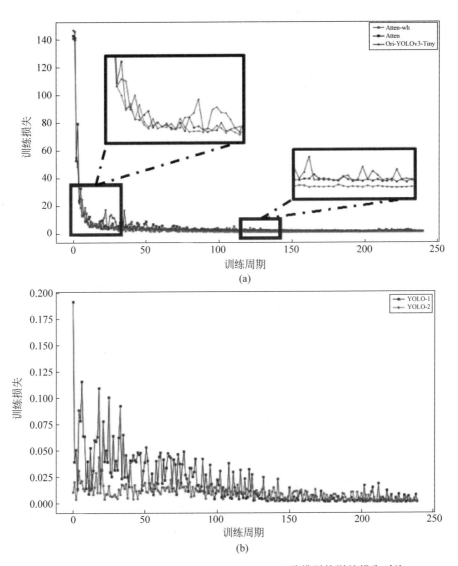

图 10.19 Atten-wh、Atten、Ori-YOLOv3-Tiny 3 种模型的训练损失对比

训练卫星检测子网络的实验环境和数据相同。最后,得到关键点回归子网络的热图回归损失和网络的总损失结果。KE 与 NoKE 的热图损失和总损失的对比结果如图 10.20 所示。从结果可以看出,使用了关键点存在评估模型的关键点回归子网络能够快速收敛,关键点回归的准确度也较高。而对于没有使用关键点存在评估模型的关键点回归子网络,其网络收敛速度较慢,关键点回归精度较低。上述结果证明了关键点存在评估模型的有效性。

实验将基于关键点回归的位姿估计方法与两种较新的基于深度学习的位姿估计方法 SPN[111] 和 HRNet PE[112](由于文献[112]并没有对其网络模型进行命名,

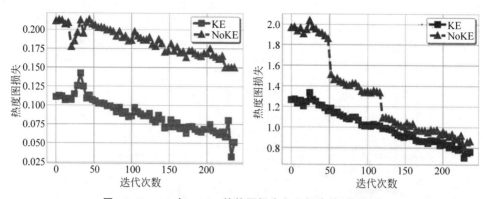

图 10.20　KE 与 NoKE 的热图损失和总损失的对比结果

所以本章将其称为"HRNet-PE")进行比较,比较结果如表 10.2 所示。SPN 方法是端到端的位姿回归方法,HRNet-PE 是基于关键点回归的方法。从比较结果可以看出,本章所提的基于关键点回归的方法在航天器检测和位姿估计方面均达到了较好的性能,旋转误差小于 1°,平移误差小于 1m。

表 10.2　位姿估计方法结果比较

方　　法	平均 IoU	中值 IoU	平均 ξ_R/(°)	中值 ξ_R/(°)	平均 ξ_T/m	中值 ξ_T/m
SPN	0.8582	0.8908	8.4254	7.0689	0.2937	0.1803
HRNet-PE	0.9534	0.9634	0.7277	0.5214	0.0359	0.0147
基于关键点回归方法	0.9610	0.9727	0.6812	0.5027	0.0320	0.0134

由于 SPN 的研究团队并未发布程序代码,此处直接将其实验结果用于位姿方法的比较。文献[112]使用了训练交叉验证数据集来训练提出的网络,从而达到提高位姿估计准确性的目的。但本章提出的基于关键点回归的位姿估计方法的训练策略并没有使用文献[112]的训练机制,仍具有竞争力。

图 10.21 和图 10.22 展示了基于关键点回归方法,对测试集中的 5 个测试样本进行卫星检测、关键点预测和位姿估计的结果。由于篇幅限制,文中只展示了 5 个测试样本的 3 个 2D 关键点的热图。在图 10.21 中,每张图像的预测边界框和真值边界框分别以不同的颜色进行了标记,图中的"GT"表示真值,"Pre"表示预测结果。图 10.22 中的绿色线框为根据重构的目标 3D 线框和预测得到的位姿估计结果,利用投影几何关系画出的 3D 线框在图像上的 2D 投影,红、绿、蓝 3 个坐标轴为位姿表示中的欧拉角。从结果可以看出,位姿估计结果较为准确。

3. 网络性能比较

为了进一步评估文中提出的关键点回归网络的性能,实验使用 YOLO-v2[113]、YOLOv3[114]、SSD[115]、RetinaNet[116]、Faster R-CNN[101] 等 5 种主流目标检测网络,替换关键点回归网络中的卫星检测子网络,并使用上文中利用的训练

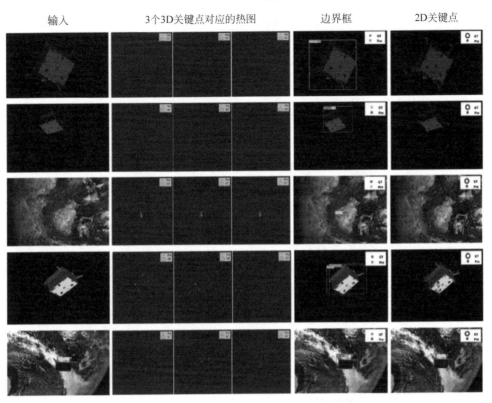

图 10.21　SPEED 测试样本的边界框检测和关键点回归结果的可视化

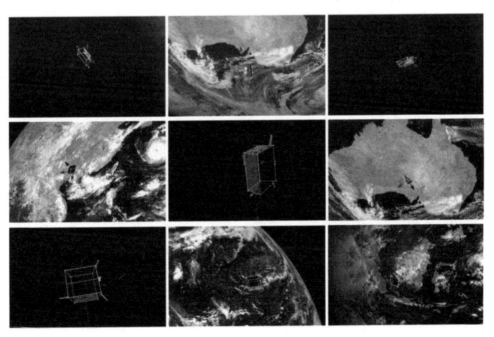

图 10.22　SPEED 测试样本的位姿估计结果的可视化

集和测试集,对 5 个网络模型进行训练,同时获取各网络的 2D 边界框检测结果和位姿估计结果。由于对比网络模型和文中提出的关键点回归网络模型的不同之处仅在于卫星检测子网络的不同,只需要评价检测性能,即可验证所提出方法的优劣。所有模型皆构建于 Pytorch 框架,评价指标使用的是上文定义的卫星检测评价指标和网络轻量化设计指标。

表 10.3 列出了 100 次训练迭代后,提出的关键点回归网络和 5 个对比模型在测试集上的卫星检测性能结果。表中的 Params 代表网络所占的存储空间大小。RetinaNet、Faster R-CNN 模型中的特征金字塔网络(feature pyramaid grids, FPN)的骨干网络包括 ResNet-50、ResNet-101[117]、ResNeXt-101[118]。实验结果表明,本章提出的关键点回归网络中的卫星检测子网络与其他流行的目标检测框架相比具有竞争优势。

实验还对网络的轻量化设计进行了评估。图 10.23 展示了基于 NVIDIA Titan X,且将卫星检测子网络替换为上述检测模型的网络权重参数总量的对比结果,以及将卫星检测子网络替换为 YOLOv2、YOLOv3、Tiny-YOLOv3 后所得到的 3 个 YOLO 系列的对比模型与本章所提出的关键点回归网络模型的参数数量和图像处理时间的对比结果。从各网络的参数总量结果可以得到,本章所提出的网络模型参数总量非常少。并且,与上述 3 个 YOLO 系列网络对比模型相比,文中提出的关键点回归网络的可学习权重参数的总数量 N_{Params} 约为 0.89×10^8 个,网络只需要花费约 20.0ms 即可处理一张 1920px×1200px 的 SPEED 图像,并获得相应的 2D 边界框、2D 关键点和位姿参数,相应的 FPS 约为 50。

尽管提出的基于关键点回归网络与几何方法的位姿估计方法在卫星检测方面的精度表现并没有大幅超过其他最新技术中的大型网络框架模型,但由于其卫星检测子网络增加了通道注意力机制和边界框可靠性评估功能,其关键点预测子网络具有对关键点存在性的评估能力。整体架构使用了轻量化设计,使得基于关键点回归网络与几何方法的位姿估计方法能够很好地权衡精度-速度要求。在保证位姿估计精度的同时,极大地减少了网络模型参数,缩小了模型所占存储空间,进而提高了网络的处理速度。该方法是在高速、高精度、低计算成本、低存储要求下,非常适合空间物体位姿估计的解决方案。

虽然基于关键点回归与几何方法的位姿估计方法可以正确估计大多数图像中目标的位姿参数,但仍然存在失败的情况。失败案例主要是由目标检测失败引起的。图 10.24 展示了两种卫星检测失败的情况,绿色的边界框代表真值 2D 边界框,黄色的边界框表示网络预测边界框。其中,图 10.24(a)中的目标尺寸过小且光照条件非常差,导致网络无法提取目标足够的特征;图 10.24(b)中的地球背景和物体之间的灰度级差异不明确,使网络难以精准定位目标。卫星检测子网提取的特征不足以描述物体,无法定位物体位置,进而导致检测结果错误。因此,在以后的工作中,需要进一步探索在上述极端场景下如何提高目标检测的准确性。

表 10.3　卫星检测性能比较

方法	检测模型	骨干网络	mAP	AP.50	AP.75	APS	APM	APL	mAR	AR^S	AR^M	AR^L	Params/MB
1	YOLO v2	DarkNet-19	60.3	89.3	55.3	61.2	60.7	63.4	64.1	60.0	71.8	66.8	60.58
2	YOLO v3	DarkNet-53	71.5	93.2	62.1	69.6	75.0	51.9	71.7	69.5	74.3	58.0	102.49
3	SSD@300×300	VGG-16	68.1	90.0	70.3	71.5	74.6	73.5	76.1	70.3	82.0	75.9	62.67
4	RetinaNet	ResNet-50+FPN	67.1	83.3	74.4	57.1	82.3	50.0	76.7	70.8	84.0	69.8	66.45
		ResNet-101+FPN	68.8	90.6	75.5	80.4	82.5	68.7	77.3	73.5	84.3	75.1	99.73
		ResNeXt-101+64×4d+FPN	69.3	91.6	79.7	81.3	83.9	72.0	78.0	73.3	84.3	79.0	127.79
5	Faster R-CNN	ResNet-50+FPN	72.6	94.2	79.0	72.7	84.0	76.1	78.0	73.9	86.1	73.9	78.59
		ResNet-101+FPN	72.6	94.2	82.0	72.4	84.2	76.4	78.5	74.6	86.5	74.0	117.53
		ResNeXt-101+64×4d+FPN	74.9	94.5	84.8	73.7	85.2	77.6	80.0	76.2	87.1	77.1	124.38
6	关键点回归网络	DarkNet-19+注意力机制	73.2	92.7	83.0	77.3	83.7	74.3	77.6	74.0	84.8	76.6	34.04

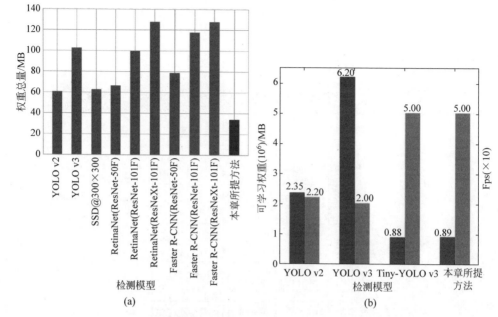

图 10. 23　轻量化网络设计评估对比

（a）各网络的权重总量；（b）网络参数数量与图像处理时间对比

图 10. 24　两种卫星检测失败案例

（a）目标尺寸过小且光线条件极差；（b）地球背景与目标的像素值差异小

参 考 文 献

[1]　MONTES S R, UREÑA C. An overview of BRDF models[R]. LST-2012-1, [s. l.]: University of Grenada, 2012, 19.

[2]　谢东辉. 目标与地物背景光散射特性建模[D]. 西安: 西安电子科技大学, 2002.

[3]　HE X D, HEYNEN P O, PHILLIPS R L, et al. A fast and accurate light reflection model[J]. ACM Siggraph Computer Graphics, 1992, 26(2): 253-254.

[4]　林楠. 基于 Vega 平台的目标光散射特性仿真[D]. 西安: 西安电子科技大学, 2009.

[5]　PHONG B T. Illumination for computer generated pictures[J]. Communications of the ACM, 1998, 18(6): 311-317.

[6]　吴振森, 窦玉红. 空间目标的可见光散射与红外辐射[J]. 光学学报, 2003, 23(10): 1250-1254.

[7]　SCHLICK C. A customizable reflectance model for everyday rendering[J]. Fourth Eurographics Workshop on Rendering, 1993: 73-83.

[8]　SCHLICK C. An inexpensive BRDF model for physically-based rendering[J]. Computer Graphics Forum, 1994, 13(3): 233-246.

[9]　SCHLICK C. A fast alternative to Phong's specular model in Graphics Gems IV[M]. New York: Academic Press Professional Inc. , 1994.

[10]　LAFORTUNE E P F, FOO S C, TORRANCE K E, et al. Nonlinear approximation of reflectance functions[C]. Conference on Computer Graphics and Interactive Techniques, 1997.

[11]　MCGRAW J T, ACKERMANN M R, ZIMMER P C, et al. Blind search for micro satellites in LEO: Optical signatures and search strategies[C]. 2003 AMOS Technical Conference, 2003.

[12]　HALL D. Surface material characterization from multi-band optical observations[C]. Proceedings of the Advanced Maui Optical and Space Surveillance Technologies Conference, 2010.

[13]　徐灿, 张雅声, 李鹏, 李纪莲. 基于 OpenGL 拾取技术的空间目标光学横截面积计算[J]. 光学学报, 2017, 37(7): 072000.

[14]　纪诞磊, 曾令军, 程波, 等. TracePro 在 LED 模拟中的应用[J]. 科技视界, 2012(24): 37-38.

[15]　孙成明, 赵飞, 张泽. 基于 TracePro 的空间目标光学散射特性建模与仿真[J]. 光子学报, 2014, 43(11): 54-58.

[16]　韩意, 孙华燕. 空间目标光学散射特性研究进展[J]. 红外与激光工程, 2013, 42(3): 758-766.

[17]　周海俊, 李智, 李学军. 基于 STK/EOIR 的弹道中段目标红外辐射特性研究[J]. 红外与激光工程, 2017, 38(2): 21-25.

[18]　BARILLI M, MAZZONI A. An equipment for measuring 3D bi-directional scattering distribution function of black painted and differently machined surfaces[J]. Proceedings of SPIE-the International Society for Optical Engineering, 2005, 5962: 59620L-12.

[19]　PATRICK H J, ZAROBILA C J, GERMER T A. The NIST robotic optical scatter instrument

(ROSI) and its application to BRDF measurements of diffuse reflectance standards for remote sensing[J]. The International Socioty for Optical Engineering, 2013,8866(2)：15.

[20] 李俊麟,张黎明,陈洪耀,等. 双向反射分布函数绝对测量装置研制[J]. 光学学报,2014, 34(5)：261-268.

[21] COWARDIN H,LEDERER S,STANSBERY G,et al. NASA's optical measurement program 2014[C]. Proceedings of the Advanced Maui Optical and Space Surveillance Technologies Conference,2014.

[22] 魏祥泉,黄建明,颜根廷,等. 空间目标可见光散射动态特性测试校验系统[J]. 指挥与控制学报,2015,1(1)：81-85.

[23] KRZYSZTOF K,EDWIN W,JUSTYNA G,et al. New optical sensors cluster for efficient space surveillance and tracking[Z]. 2018.

[24] 宋万均,马志昊,刁华飞. 美国空间态势感知力量研究(上)[J]. 中国航天,2019(4)：48-51.

[25] 郝雅楠,陈杰,祝彬,等. 美军地基空间态势感知系统的现状与趋势[J]. 国防科技工业, 2019,225(3)：32-35.

[26] SHARMA J. Space-based visible space surveillance performance[J]. Journal of Guidance, Control and Dynamics,2000,23 (1)：153-158.

[27] PAYNE T P,MORRIS R F. The space surveillance network(SSN) and orbital debris[J]. Advances in the Astronautical Sciences,2010,137 (4)：2010.

[28] FLOHRER T, KRAG H, KLINKRAD H,et al. Feasibility of performing space surveillance tasks with a proposed space-based optical architecture[J]. Advances in Space Research, 2011,47 (6)：1029-1042.

[29] ZHANG H P,JIANG Z G,ELGAMMAL A. Vision-based pose estimation for cooperative space objects[J]. Acta Astronautica,2013,91：115-122.

[30] STEVER D. Battlefield space[J]. Popular Science,2005,11：11-13.

[31] KARASOPOULOS H, CERVISI R, ANTTONEN J, et al. Space maneuver vehicle development by the Mini-Spaceplane Technology Program[C]. Proceedings of the 23rd Atmospheric Flight Mechanics Conference,1998.

[32] 中国新闻网. 卫星、星星分不清？美"星链"计划被指干扰观测[EB/OL]. [2019-05-30]. https://www. chinanews. com. cn/gj/2019/05-30/8851154. shtml.

[33] 李青,刘爱芳,王永梅,等. 美国空间攻防体系发展与能力研究[J]. 航天器工程,2018,27 (3)：9.

[34] 代科学,冯占林,万歆睿. 俄罗斯空间态势感知体系发展综述[J]. 中国电子科学研究院学报,(3)：233-238.

[35] 王雪瑶. 国外空间目标空间目标探测与识别系统发展现状研究[J]. 航天器工程,2018, (3)：86-94.

[36] 唐匀龙,许厚棣,钮俊清,等. 空间态势能力发展启示[J]. 舰船电子对抗,2018,41(2)：56-59.

[37] ASH A,SKULJAN J,SCOTT L,et al. A summary of 5-eyes research collaboration into SSA[C]. Proceedings of the Advanced Maui Optical and Space Surveillance Technologies Conference,2018.

[38] PARK J H,YIM H S,CHOI Y J,et al. OWL-Net：A global network of robotic telescopes for satellite observation[J]. Advances in Space Research,2018,62(1)：152-163.

[39] PARK J H，YIM H S，CHOI Y J，et al. OWL-Net：A global network of robotic telescopes dedicated to SSA observation[C]//7th European Conference on Space Debris. [S. l. : s. n.]，2017：134.

[40] ZHANG C，PING Y D，ZHAO C Y. CHES：A rapid all-sky survey system for SSA[C]. Proceedings of the Advanced Maui Optical and Space Surveillance Technologies Conference，2018.

[41] 毛银盾，唐正宏，于涌，等. 地球同步轨道动态监视光学系统研制进展[J]. 天文学进展，2018,36(1)：59-69.

[42] 王维，毛银盾，陈国平，等. FocusGEO 软件系统的设计与实现[J]. 天文研究与技术，2018，15(2)：225-231.

[43] 丁一高，孙明国，李振伟，等. 阵列结构型空间碎片光电望远镜观测精度分析[J]. 科学技术与工程，2019(18)：25-31.

[44] 苑嘉辉，蔡洪波，魏建彦. 基于能量集中度的广角望远镜自动调焦快速清晰度评价算法[J]. 天文研究与技术，2017(14)：480.

[45] THOMAS G M，COBB R G. Ground-based，daytime modeling and observations in SWIR for satellite custody[C]. Proceedings of the Advanced Maui Optical and Space Surveillance Technologies Conference，Maui，2019.

[46] ZIMMER P，MCGRAW J T，ACKERMANN M R. Optimizing daylight performance of small visible-NIR optical systems[C]//Proceedings of the Advanced Maui Optical and Space Surveillance Technologies Conference. 2020：1-10.

[47] 韦方. BRDF 优化统计建模及应用[D]. 西安：西安电子科技大学，2012.

[48] 徐根兴. 目标和环境的光学特性[M]. 北京：宇航出版社，1995.

[49] 孙成明，张伟，王治乐. 双向反射分布函数在空间目标可见光反射特性建模中的应用[J]. 光学技术，2008,34(5)：750-757.

[50] MAXWELL J R，BEARD J，WEINER S，et al. Bidirectional reflectance model validation and utilization[Z]. 1973.

[51] 苟瑞新，杜小平，刘浩. 光度数据反演空间目标姿态的研究进展[J]. 激光与光电子学进展，2016,53(10)：100002.

[52] 韩意，孙华燕. 空间目标天基光学成像仿真研究进展[J]. 红外与激光工程，2012,41(12)：3372-3378.

[53] 黄珣，白璐，吴振森. 裸露起伏地表的 BRDF 模型[J]. 光学学报，2016,36(1)：0129001.

[54] 刘强. 目标表面激光双向反射分布函数的测量与优化统计建模[D]. 西安：西安电子科技大学，2010.

[55] LAFORTUNE E P，WILLEMS Y D. Using the modified phong reflectance model for physically based rendering[M]. Leuven：Katholieke Universiteit Leuven，1994.

[56] 余胜威. MATLAB 优化算法案例分析与应用[M]. 北京：清华大学出版社，2014.

[57] KENNEDY J. Particle swarm optimization[M]//Encyclopedia of machine learning. New York：Springer，2011：760-766.

[58] DORIGO M，BIRATTARI M，STUTZLE T. Ant colony optimization[J]. IEEE Computational Intelligence Magazine，2006,1(4)：28-39.

[59] 金伟其，胡威捷. 编著辐射度光度与色度及其测量[M]. 北京：北京理工大学出版社，2006.

[60] DRAGOMIRETSKIY K，ZOSSO D. Variational mode decomposition[J]. IEEE Transactions on

Signal Processing,2014,62(3)：531-544.

[61] KEOGH E J,PAZZANI M J. Derivative dynamic time warping[C]//Proceedings of the 2001 SIAM International Conference on Data Mining. [S. l.]：Society for Industrial and Applied Mathematics,2001：1-11.

[62] SALVADOR S,CHAN P. Toward accurate dynamic time warping in linear time and space [J]. Intelligent Data Analysis,2007,11(5)：561-580.

[63] 刘浩,杜小平. 光度曲线反演空间目标形状的发展现状[J]. 中国光学,2015,8(5)：70-80.

[64] DAO P, HEINRICH-JOSTIES E, BOROSON T. Automated algorithms to identify geostationary satellites and detect mistagging using concurrent spatio-temporal and brightness information [C]. Proceedings of the Advanced Maui Optical and Space Surveillance Technologies Conference,2016.

[65] LANE B,POOLE M,CAMP M,et al. Using machine learning for advanced anomaly detection and classification[C]. Proceedings of the Advanced Maui Optical and Space Surveillance Technologies Conference,2016.

[66] SINGH N, HORWOOD J T, ARISTOFF J M, et al. Athena：A data-driven anomaly detection and space object classification tool for SSA[C]. Proceedings of the 26th AAS/ AIAA Space Flight Mechanics Meeting,2016.

[67] LINARES R,FURFARO R. Space object classification using deep convolutional neural networks[C]. International Conference on Information Fusion,2016.

[68] FURFARO R,LINARES R,GAYLOR D,et al. Resident space object characterization and behavior understanding via machine learning and ontology-based Bayesian networks[C]. Proceedings of the Advanced Maui Optical and Space Surveillance Technologies Conference,2016.

[69] HUO Y R,LI Z,FANG Y Q,et al. Space object shape characterization from photometric data using recurrent neural network[C]. 4th IAA Conference on Dynamics and Control of Space Systems,2018.

[70] LI S,LI W Q,COOK C,et al. Independently recurrent neural network (indrnn)：Building a longer and deeper RNN[C]. Proceedings of the IEEE Conference on Computer Vision and Pattern Recognition,2018.

[71] MIKOLOV T,JOULIN A,CHOPRA S,et al. Learning longer memory in recurrent neural networks[J]. arXiv preprint arXiv：14127753,2014.

[72] GREFF K,SRIVASTAVA R K,KOUTNÍK J,et al. LSTM：A search space odyssey[J]. IEEE Transactions on Neural Networks and Learning Systems,2016,28 (10)：2222-2232.

[73] CHO K,VAN M B,GULCEHRE C,et al. Learning phrase representations using RNN encoder-decoder for statistical machine translation[J]. arXiv preprint arXiv：14061078,2014.

[74] CHUNG J,GULCEHRE C,CHO K,et al. Empirical evaluation of gated recurrent neural networks on sequence modeling[J]. arXiv：Neural Evolutionary Computing,2014.

[75] KINGMA D P, BA J. Adam：A method for stochastic optimization[J]. arXiv preprint arXiv：14126980,2014.

[76] REYES J,CONE D. Characterization of spacecraft materials using reflectance spectroscopy [C]. Proceedings of the Advanced Maui Optical and Space Surveillance Technologies Conference,2018.

[77] JORGENSEN K, CULP R, CLARK R. Spectral measurements of returned spacecraft surfaces and the implications for space debris material measurements[J]. Space Debris, 2001: 385-389.

[78] JORGENSEN K, AFRICANO J, HAMADA K, et al. Physical properties of orbital debris from spectroscopic observations[J]. Advances in Space Research, 2004, 34(5): 1021-1025.

[79] 徐融. GEO 目标天基多光谱探测与异动感知[D]. 北京: 中国科学院大学, 2019.

[80] 赵春晖, 田明华, 李佳伟. 光谱相似性度量方法研究进展[J]. 哈尔滨工程大学学报, 2017, 38(8): 1179-1189.

[81] RAJABI R, GHASSEMIAN H. Spectral unmixing of hyperspectral imagery using multilayer NMF[J]. IEEE Geoscience and Remote Sensing Letters, 2015, 12(1): 38-42.

[82] PIPER J, PAUCA V P, PLEMMONS R J, et al. Object characterization from spectral data using nonnegative factorization and information theory[C]. Proceedings of the Advanced Maui Optical and Space Surveillance Technologies Conference, 2004.

[83] LEE D D, SEUNG H S. Learning the parts of objects by non-negative matrix factorization [J]. Nature, 1999, 401(6755): 788.

[84] LU X, WU H, YUAN Y, et al. Manifold regularized sparse NMF for hyperspectral unmixing[J]. IEEE Transactions on Geoscience and Remote Sensing, 2012, 51(5): 2815-2826.

[85] TONG L, ZHOU J, BAI X, et al. Dual graph regularized NMF for hyperspectral unmixing [C]. 2014 International Conference on Digital Image Computing: Techniques and Applications (DICTA), 2014.

[86] 甘玉泉, 刘伟华, 冯向朋, 等. 一种稀疏约束的图正则化非负矩阵光谱解混方法[J]. 光谱学与光谱分析, 2019, 39(4): 1118.

[87] ZHANG S, LI J, LI H-C, et al. Spectral-space weighted sparse regression for hyperspectral image unmixing[J]. IEEE Transactions on Geoscience and Remote Sensing, 2018, 56(6): 3265-3276.

[88] PAYNE T, GREGORY S, LUU K. Ssa analysis of geos photometric signature classifications and solar panel offsets[C]. Proceedings of the Advanced Maui Optical and Space Surveillance Technologies Conference, 2006.

[89] 高翔, 张涛. 视觉 SLAM 十四讲[M]. 北京: 电子工业出版社, 2017.

[90] XIANG Y, SCHMIDT T, NARAYANAN V, et al. Posecnn: A convolutional neural network for 6d object pose estimation in cluttered scenes[J]. arXiv preprint arXiv: 171100199, 2017.

[91] LOWE D G. Distinctive image features from scale-invariant keypoints[J]. International Journal of Computer Vision, 2004, 60(2): 91-110.

[92] BAY H, ESS A, TUYTELAARS T, et al. Speeded-up robust features (SURF)[J]. Computer Vision and Image Understanding, 2008, 110(3): 346-359.

[93] CALONDER M, LEPETIT V, STRECHA C, et al. Brief: Binary robust independent elementary features[C]. Proceedings of the European Conference on Computer Vision. Berlin: Springer, 2010: 778-792.

[94] WAGNER D, REITMAYR G, MULLONI A, et al. Pose tracking from natural features on mobile phones[C]. Proceedings of the 2008 7th IEEE/ACM International Symposium on

Mixed and Augmented Reality,2008.

[95] LI S Q,XU C,XIE M. A Robust O(n) solution to the perspective-x-point problem[J]. IEEE Transactions on Pattern Analysis and Machine Intelligence,2012,34 (7): 1444-1450.

[96] LEPETIT V,MORENO-NOGUER F,FUA P. EPnP: An accurate O(n) solution to the PnP problem[J]. International Journal of Computer Vision,2009,81(2): 155-166.

[97] SHARMA S,D'AMICO S. Pose estimation for non-cooperative rendezvous using neural networks[J]. arXiv preprint arXiv: 190609868,2019.

[98] AGENCY EUROPEAN SPACE. European space agency Kelvins[EB/OL]. [2023-12-14]. https://kelvins.esa.int/.

[99] D'AMICO S,BENN M,JØRGENSEN J L. Pose estimation of an uncooperative spacecraft from actual space imagery[C]. Proceedings of the 5th International Conference on Spacecraft Formation Flying Missions and Technologies,2013.

[100] TEKIN B,SINHA S N,FUA P. Real-time seamless single shot 6d object pose prediction [C]. Proceedings of the IEEE Conference on Computer Vision and Pattern Recognition, 2018: 292-301.

[101] REN S Q, HE K M, GIRSHICK R,et al. Faster r-cnn: Towards real-time object detection with region proposal networks[C]. Proceedings of the Advances in Neural Information Processing Systems. 2015: 91-99.

[102] REDMON J,FARHADI A. YOLOv3: An incremental improvement[J]. arXiv preprint arXiv: 180402767,2018.

[103] HOWARD A G,ZHU M L,CHEN B,et al. Mobilenets: Efficient convolutional neural networks for mobile vision applications[J]. arXiv preprint arXiv: 170404861,2017.

[104] ZHANG X Y, ZHOU X Y, LIN M X, et al. Shufflenet: An extremely efficient convolutional neural network for mobile devices[C]. Proceedings of the IEEE conference on computer vision and pattern recognition,2018: 6848-6856.

[105] Tiny-YOLOv3[EB/OL]. [2023-12-14]. https://github.com/ultralytics/yolov3.

[106] HUANG G,LIU S C,VAN DER MAATEN L,et al. Condensenet: An efficient densenet using learned group convolutions[C]. Proceedings of the IEEE Conference on Computer Vision and Pattern Recognition,2018: 2752-2761.

[107] CHEN B, CAO J W, PARRA A, et al. Satellite pose estimation with deep landmark regression and nonlinear pose refinement[C]. Proceedings of the IEEE International Conference on Computer Vision Workshops,2019: 1-10.

[108] HU J,SHEN L,SUN G. Squeeze-and-excitation networks[C]. Proceedings of the IEEE Conference on Computer Vision and Pattern Recognition,2018: 7132-7141.

[109] REZATOFIGHI H,TSOI N,GWAK J Y,et al. Generalized intersection over union: A metric and a loss for bounding box regression[C]. Proceedings of the IEEE Conference on Computer Vision and Pattern Recognition,2019: 658-666.

[110] LOURAKIS M I A. A brief description of the Levenberg-Marquardt algorithm implemented by levmar[J]. Foundation of Research and Technology,2005,4 (1): 1-6.

[111] SHARMA S, D'AMICO S. Neural network-based pose estimation for noncooperative spacecraft rendezvous[J]. IEEE Transactions on Aerospace and Electronic Systems,

2020(6)：56.

[112] CHEN B，CAO J W，PARRA A，et al. Satellite pose estimation with deep landmark regression and nonlinear pose refinement［C］. Proceedings of the IEEE International Conference on Computer Vision Workshops，2019：1-6.

[113] REDMON J，FARHADI A. YOLO9000：Better，faster，stronger［C］. Proceedings of the Computer Vision and Pattern Recognition，2017：6517-6525.

[114] REDMON J，FARHADI A. YOLOv3：An incremental improvement［J］. arXiv preprint arXiv：180402767，2018.

[115] LIU W，ANGUELOV D，ERHAN D，et al. SSD：Single shot multibox detector［C］. Proceedings of the European Conference on Computer Vision，2016：21-37.

[116] LIN T Y，GOYAL P，GIRSHICK R，et al. Focal loss for dense object detection［C］. Proceedings of the IEEE International Conference on Computer Vision，2017.

[117] HE K M，ZHANG X Y，REN S Q，et al. Deep residual learning for image recognition ［C］. Proceedings of the Computer Vision and Pattern Recognition，2016：770-778.

[118] BOLME D S，BEVERIDGE J R，DRAPER B A，et al. Visual object tracking using adaptive correlation filters［C］. Proceedings of the 2010 IEEE Computer Society Conference on Computer Vision and Attern Recognition，2010.